JN093330

理工系のための
[詳解]線形代数入門

冨 田 耕 史

長 郷 文 和

日 比 野 正 樹

共 著

学術図書出版社

はじめに

　本書は, 大学の教育課程における「線形代数学」の教科書として書かれたものである. 線形代数学の理論は, 自然科学や工学をはじめ, コンピューターグラフィックスや経済予測など, 情報科学や社会科学といったさまざまな分野で広く応用されている. このように, 線形代数学は, 理工系学問の礎となる理論となっており, 微分積分学とともに大学初学年で学ぶ「数学の2つの柱」といわれている.

　本書では, 自習書としても利用できるよう, 定義, 定理, 証明という数学を論じるための流れを大切にしつつ, 定義の直後には例を, 定理の証明のあとには例題を配置して, わかりやすい言葉で, 計算の過程がわかるように丁寧に説明することに心がけた. また, 高等学校の数学とのつながりを考え, 高等学校の新課程で学んだことのある複素数や複素平面から学べるように配慮した. 第1章は, 複素数および行列の基礎からはじめて, 行列の連立1次方程式への応用を到達目標とした. 第2章では, ベクトルの基礎からはじめて, 行列の対角化までを到達目標とした. いずれの章も, 各1節がおおよそ1回分の講義分と考え, 半期週1コマの15回程度で学べるように配慮した. 定理の証明は自習用であるから, 講義では証明については簡単な説明のみですませることを想定している. 1年あれば1冊分の内容を学ぶことができるようになっている. 数学の本を一人で最後まで読み進めるのは大変な労力を要するが, 講義を通して1冊読み終えたという実感を多くの学生に体験してもらいたい. 大学で学ぶ数学の教科書を最後まで読み終える体験は, 大きな支えとなるはずである.

　高等学校の新課程では, 行列を扱わなくなったため, 線形代数学は, 行列という非可換な代数構造をはじめて学ぶ場となる. 高等学校とのつながりを重視して, 2次の行列のみを扱う方法もあろうかと思われるが, 計算過程や解説を詳細まで記述することで, 大学初学年で学ぶべき内容を維持できるように努めた.

　本書の出版にあたっては, いくつかの線形代数の教科書を参考にさせていただきました. ここに深く感謝致します. また, 名城大学理工学部の初学年のいくつかのクラスでは, 資料として配布した本書の原稿に対して, 理解しにくい記述や計算ミスを指摘いただき, いくつかの問題点を改善することができました. お礼申し上げます. さらに, 学術図書出版社の発田孝夫氏はじめ編集部の方々には, 執筆がなかなか進まないときにも, 温かく励ましていただきました. また, 読者が学びやすいよう, 板書や手書きに近い印字を実現するなど, 執筆者のわがままな要求にこたえていただきました. 心よりお礼申し上げます.

2021年10月

著　者

目　　次

第 1 章　行列と連立 1 次方程式 　　1

§ 1.1　複素数 . . . . 　1

§ 1.2　複素平面 . . . . 　6

§ 1.3　行列の定義, 和とスカラー倍 . . . . 　13

§ 1.4　行列の積, 転置行列 . . . . 　18

§ 1.5　正方行列と正則行列 . . . . 　24

§ 1.6　行列式の定義, サラスの方法 . . . . 　34

§ 1.7　行列式の基本性質 . . . . 　41

§ 1.8　行列式の展開 . . . . 　51

§ 1.9　逆行列とクラメルの公式 . . . . 　56

§ 1.10　行列の基本変形 . . . . 　63

§ 1.11　行列の階数 . . . . 　74

§ 1.12　連立 1 次方程式の解法 . . . . 　81

§ 1.13　同次連立 1 次方程式と応用 . . . . 　87

第 2 章　ベクトルと線形空間 　　**96**

§ 2.1　ベクトル . . . . 　96

§ 2.2　線形空間の定義と数ベクトル空間 . . . . 　103

§ 2.3　ベクトルの 1 次独立と 1 次従属 . . . . 　110

§ 2.4　基底と次元 (集合の広がり) . . . . 　116

§ 2.5　写像の定義と線形写像 . . . . 　125

§ 2.6　線形写像と行列 . . . . 　131

§ 2.7　ベクトルの内積 . . . . 　139

§ 2.8　グラム-シュミットの直交化法 . . . . 　145

§ 2.9　外積の定義と応用 . . . . 　150

§ 2.10　固有値と固有ベクトル . . . . 　156

§ 2.11　行列の正則行列による対角化 . . . . 　162

§ 2.12　対称行列の対角化 . . . . 　169

ヒントと解答　　179

§ 1.1　複素数 179

§ 1.2　複素平面 179

§ 1.3　行列の定義, 和とスカラー倍 181

§ 1.4　行列の積, 転置行列 181

§ 1.5　正方行列と正則行列 182

§ 1.6　行列式の定義, サラスの方法 183

§ 1.7　行列式の基本性質 184

§ 1.8　行列式の展開 185

§ 1.9　逆行列とクラメルの公式 185

§ 1.10　行列の基本変形 186

§ 1.11　行列の階数 186

§ 1.12　連立 1 次方程式の解法 187

§ 1.13　同次連立 1 次方程式と応用 188

§ 2.1　ベクトル 190

§ 2.2　線形空間の定義と数ベクトル空間 191

§ 2.3　ベクトルの 1 次独立と 1 次従属 191

§ 2.4　基底と次元 191

§ 2.5　写像の定義と線形写像 192

§ 2.6　線形写像と行列 192

§ 2.7　ベクトルの内積 193

§ 2.8　グラム-シュミットの直交化法 194

§ 2.9　外積の定義と応用 194

§ 2.10　固有値と固有ベクトル 195

§ 2.11　行列の正則行列による対角化 196

§ 2.12　対称行列の対角化 197

索引　　199

1

行列と連立 1 次方程式

§ 1.1　複素数

実数全体からなる集合を $\mathbb{R}$ で表し, 数 x を実数として考えることを $x \in \mathbb{R}$ で表す[1]. 一般に集合 A に数 a が属することを $a \in A$ と書く. また, a のことを 集合 A の**元**または**要素**という. 数学で使う言葉の取り決めや約束を定めたものを**定義**という[2].

✎ 今後, 太字で書かれた言葉や定義が出てきたら, 正確にその内容を記憶するようにしたい.

▌**複素数の定義**▐　実数の範囲では計算できないものがある. たとえば, 実数 x に対して, 方程式 $x^2 = -1$ は実数の範囲で解くことができない. そこで新しい数の概念を導入する.

定義 1.1　$i^2 = -1$ を満たす数 i を**虚数単位**といい, 実数 x, y に対して, $z = x + yi$ で表される数 z を**複素数**という.

上の定義 1.1 において, $z = x + yi$ の yi のところを, iy のように i を先に記述してもよい. 場合によって使い分けるとよい (定義 1.8 参照). また, $x + yi$ における和 $+$ と積 $y \cdot i$ は, ここでは実数における和, 積と同じ性質をもつものと思ってよい. 集合 $\mathbb{C}$ を複素数全体からなる集合とするとき, $\mathbb{C}$ の詳細を

$$\mathbb{C} := \{x + yi \mid x, y \in \mathbb{R}, \ i^2 = -1\}$$

のように記述する. ここで, 「$:=$」 は, 左辺のものを右辺で定めるときに使う記号である. また, 集合 A が,

$$A := \{x \mid x \text{を定める条件}\}$$

のように定義された場合, A の元は, 中カッコ $\{\ \}$ のなかの条件を満たすものを考える. $z \in \mathbb{C}$ ならば, 定義 1.1 により z は ある数 $x, y \in \mathbb{R}$ を使って, $z = x + yi$ と書くことができる. このときすべての実数 x は $y = 0$ と考えれば, $x = x + 0 \cdot i \in \mathbb{C}$ であるから, 集合の包含関係 $\mathbb{R} \subset \mathbb{C}$ が成り立つ. 一方, $z = x + yi$ において, $y \neq 0$ のとき, z は実数には属さない. このことを $z \notin \mathbb{R}$ と書く. $z \notin \mathbb{R}$ となる複素数 z を**虚数**といい, 特に, $x = 0, \ y \neq 0$ のとき, すなわち $z = yi$ となるとき, z を**純虚数**という.

✎ 虚数単位の記号は, 一般に i を使うが, 文字 i は添字記号でも a_i などのように利用するので, 前後の文脈から虚数単位かどうか判断する必要がある.

---
[1] $\mathbb{R} \ni x$ と書いてもよい. しかし, $x \ni \mathbb{R}$ や $\mathbb{R} \in x$ と書くのは誤り.
[2] 定義は数学にとって野球やゲームなどのルールに該当する. ルールなしでは野球の正しい勝敗が決定できないのと同様, 数学では間違った結果を導くことになる.

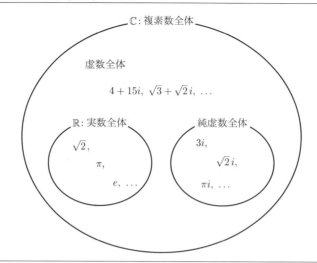

定義 1.2　$\mathbb{C} \ni z = x + yi$ に対して, x を z の**実部**といい, $\mathrm{Re}\,(z)$ で表す. また, y を z の**虚部**といい, $\mathrm{Im}\,(z)$ で表す.

例 1.1　$\mathbb{R} \ni \sqrt{2}$ は, $\sqrt{2} + 0 \cdot i \in \mathbb{C}$ とも表されるから $\sqrt{2}$ は実数でかつ複素数である. $\sqrt{2} + 3i \in \mathbb{C}$ であるが, $\sqrt{2} + 3i \notin \mathbb{R}$ であるから, 複素数 $\sqrt{2} + 3i$ は虚数である. また, $\mathrm{Re}\,(\sqrt{2} + 3i) = \sqrt{2}$ で, $\mathrm{Im}\,(\sqrt{2} + 3i) = 3$ である. 複素数 $3i$ は実部が 0 より純虚数である[3].

　新しい数の概念を導入する場合, 通常は「等しい」ことを定義する. 新たに導入した複素数においても, 2 つの実数が等しいことの概念は今までどおりである. 2 つの虚数が等しいかどうかは, その実部と虚部を用いて次のように定義される.

定義 1.3　$\mathbb{C} \ni z_1 = x_1 + y_1 i, z_2 = x_2 + y_2 i$ に対して, $x_1 = x_2$ かつ $y_1 = y_2$ となるとき, またそのときに限り z_1 と z_2 は等しいといい, $z_1 = z_2$ で表す.

　$z_1 = 1 + i, z_2 = 1 - i$ とすると, z_1 と z_2 は等しくない. このときは, $z_1 \neq z_2$ と書く. $\mathbb{C} \ni z = x + yi$ に対して, $x \neq 0$ または $y \neq 0$ であれば, $z \neq 0$ である.
✎　$z = x + yi = 0 \Longleftrightarrow x = 0$ かつ $y = 0$ である.

例 1.2　　$2x + 3i = 3 + 3yi$ となるとき, x, y を求めよ.

解答　定義 1.3 より, $2x = 3, 3y = 3$ より, それぞれ $x = \dfrac{3}{2}, y = 1$ でなければならない.

▍**複素数の四則演算**▍　複素数の四則演算は, 虚数単位 i を文字のように考えて, 文字式の計算と同様に定義する.

1.　加法 (減法) については, 実部, 虚部それぞれについて加法 (減法) を行い, その結果を $x + yi$ の形に書く.

---

[3] 実部, 虚部を英語では, それぞれ **real part**, **imaginary part** という.

> **例 1.3**

(1) $(2 + 3i) + (4 - 5i) = (2 + 4) + (3 - 5)i = 6 - 2i,$

(2) $(2 + 3i) - (4 - 5i) = (2 - 4) + \{3 - (-5)\}i = -2 + 8i.$

このように，虚数単位 i を文字として扱うように定義した加法 (減法) の結果は，複素数の集合 $\mathbb{C}$ の元となる．このことを $\mathbb{C}$ は加法 (減法) の演算について**閉じている**という．

2. 複素数の乗法は，i を文字として文字式と同様に計算するが，i^2 を -1 に置き換えて計算する．

> **例 1.4**

$$(2 + 3i)(4 - 5i) = 2 \cdot 4 + 3 \cdot 4i + 2 \cdot (-5)i + 3 \cdot (-5)\underline{i^2}$$

$$= 8 + 12i - 10i - 15 \cdot \underline{(-1)}$$

$$= 8 + 2i + 15$$

$$= 23 + 2i.$$

定義 1.4 $\mathbb{C} \ni z = x + yi$ に対して，$x - yi$ を z の**共役複素数**といい，$\overline{z}$ で表す．

> **例 1.5** $2 + 3i$ の共役複素数は $2 - 3i$ であり，$2 - 3i$ の共役複素数は $2 + 3i$ である．

3. 複素数の除法は，$\mathbb{C} \ni z_1, z_2$ $(z_2 \neq 0)$ に対して，$\dfrac{z_1}{z_2}$ の分母の共役複素数 $\overline{z_2}$ を分子，分母に掛けて，$x + yi$ の形になるように計算する．

> **例 1.6**

$$\frac{2 + 3i}{4 - 5i} = \frac{(2 + 3i)(4 + 5i)}{(4 - 5i)(4 + 5i)}$$

$$= \frac{8 + 12i + 10i + 15i^2}{16 - 25i^2}$$

$$= \frac{-7 + 22i}{41} = \frac{-7}{41} + \frac{22}{41}i$$

このように，$\mathbb{C}$ は四則演算について閉じている集合である．

複素数の四則演算の計算方法を次のように定義にまとめておく．ただし，この定義を記憶しなくても，i を文字として文字式と同様に計算すればよい．

定義 1.5 $\mathbb{C} \ni z_1 = x_1 + y_1 i$, $z_2 = x_2 + y_2 i$ に対して，四則演算を次のように定義する．

加法・減法： $z_1 \pm z_2 := (x_1 \pm x_2) + (y_1 \pm y_2)i,$

乗法 ： $z_1 z_2 := (x_1 x_2 - y_1 y_2) + (x_1 y_2 + x_2 y_1)i,$

除法 ： $\dfrac{z_1}{z_2} := \dfrac{x_1 x_2 + y_1 y_2}{x_2{}^2 + y_2{}^2} + \dfrac{x_2 y_1 - x_1 y_2}{x_2{}^2 + y_2{}^2}i,$

（ただし $z_2 \neq 0$ すなわち $x_2 \neq 0$ または $y_2 \neq 0$ とする）．

ここで，共役複素数および複素数の四則演算について成り立つことを定理としてまとめておく.

✎ 定理とは，正しいことが証明されている主張のことをいう. 定理が登場したら，主張が成り立つ条件に注意しながら活用できるようにすることが大切である.

定理 1.1

(1) $\mathbb{C} \ni z$ に対して，次が成り立つ.
$$\overline{(\overline{z})} = z, \quad \mathrm{Re}\,(z) = \frac{z + \overline{z}}{2}, \quad \mathrm{Im}\,(z) = \frac{z - \overline{z}}{2i}.$$

(2) $\mathbb{C} \ni z_1, z_2$ に対して，次が成り立つ.
$$\overline{z_1 \pm z_2} = \overline{z_1} \pm \overline{z_2}, \quad \overline{z_1 z_2} = \overline{z_1}\,\overline{z_2}, \quad \overline{\left(\frac{z_1}{z_2}\right)} = \frac{\overline{z_1}}{\overline{z_2}} \quad (z_2 \neq 0).$$

証明 (1) のみ示す. $z = x + yi$ とすると，定義 1.4 より $\overline{z} = x - yi$. よって，$\overline{(\overline{z})} = \overline{x - yi} = x + yi = z$. また，$z + \overline{z} = (x + yi) + (x - yi) = 2x$ であるから，$\dfrac{z + \overline{z}}{2} = x = \mathrm{Re}\,(z)$. 同様にして，$z - \overline{z} = (x + yi) - (x - yi) = 2yi$ であるから，$\dfrac{z - \overline{z}}{2i} = y = \mathrm{Im}\,(z)$. ∎

問 1.1 定理 1.1 の (2) が正しいことを確認せよ.

次の定理 1.2 で提示される複素数と実数についての性質は，以降の節において別の数を対象とする場合でも確認されることとなる.

定理 1.2 $\mathbb{C} \ni a, b, c$ および $\mathbb{R} \ni \alpha, \beta$ に対して，次が成り立つ.

(1) $a + b = b + a$, (加法の交換律)
(2) $(a + b) + c = a + (b + c)$, (加法の結合律)
(3) $a + 0 = 0 + a = a$,
(4) $a + (-a) = (-a) + a = 0$,
(5) $\alpha(a + b) = \alpha a + \alpha b$, (分配律)
(6) $(\alpha + \beta)a = \alpha a + \beta a$, (分配律)
(7) $\alpha(\beta a) = (\alpha\beta)a$,
(8) $1a = a$.

定理 1.3 $\mathbb{C} \ni a, b$ に対して，次が成り立つ.

$$ab = 0 \iff a = 0 \ \text{または} \ b = 0$$

証明 $\Leftarrow$) $a = x + yi$, $b = 0 (= 0 + 0i)$ とすると，定義 1.5 より，$ab = (x \cdot 0 - y \cdot 0) + (x \cdot 0 + y \cdot 0)i = 0 + 0i = 0$ である. これは，a と b の立場を入れかえても成り立つから，$a = 0$ または $b = 0 \implies ab = 0$ が示された.

$\Rightarrow$) 次に，$ab = 0$ とする. $a \neq 0$ のとき，
$$\frac{ab}{a} = b$$

を得る. 一方, 右辺は $\dfrac{0}{a} = 0$. よって, $b = 0$ を得る. $b \neq 0$ の場合も同様にして, $a = 0$ を得る. ゆえに定理の主張が示された.

例題 1.1　$\mathbb{C} \ni z_1 = 2 + 3i, z_2 = 3 - i$ のとき,

$$3z_1 - 2z_2, \quad z_1 z_2 + 2\overline{z_1}, \quad \frac{z_1}{z_2}$$

を $x + yi$ の形で表せ.

解答　$3z_1 - 2z_2 = 3(2 + 3i) - 2(3 - i) = 6 + 9i - 6 + 2i = 11i$.

$z_1 z_2 = (2 + 3i)(3 - i) = 6 + 3 + (-2 + 9)i = 9 + 7i$ であるから, $z_1 z_2 + 2\overline{z_1} = 9 + 7i + 2(\overline{2 + 3i}) = 9 + 7i + 2(2 - 3i) = 13 + i$ を得る.

また, $\dfrac{z_1}{z_2} = \dfrac{z_1 \overline{z_2}}{\overline{z_2} z_2} = \dfrac{9 + 7i}{9 + 1} = \dfrac{9}{10} + \dfrac{7}{10}i$ のように計算できる.

問 1.2　$z_1 = 1 + 4i, z_2 = 2 - 3i$ のとき

$$3z_1 - 2z_2, \quad z_1 z_2 + 2\overline{z_1}, \quad \frac{z_1}{z_2}$$

を $x + yi$ の形で表せ.

◆◆練習問題 § 1.1 ◆◆

A

1.　次の複素数を $x + yi$ の形で表せ.

(1)　i^6　　　　　(2)　$(1 + i)^2$　　　　　(3)　$\dfrac{-1 + 3i}{2 - i}$

(4)　$(2 + i)^3 + (2 - i)^3$

2.　$z_1 = 5 + 3i, z_2 = 4 - 2i$ のとき, 次の数を $x + yi$ の形で表せ.

(1)　$\overline{z_1}$　　　　(2)　$\overline{z_2}$　　　　(3)　$z_1 + z_2$

(4)　$z_1 + \overline{z_2}$　　(5)　$z_1 - z_2$　　(6)　$z_1 - \overline{z_2}$

(7)　$z_1{}^2$　　　　(8)　$z_1 z_2$　　　　(9)　$z_2{}^2$

(10)　$z_1 \overline{z_2}$　　(11)　$\dfrac{z_1}{z_2}$　　(12)　$\dfrac{z_2}{z_1}$

(13)　$\dfrac{z_1}{\overline{z_2}}$

B

1.　$2i(x - 2i)^2 \in \mathbb{R}$ となるように $x \in \mathbb{R}$ を定めよ.

2.　$\mathbb{C} \ni z$ に対して, $\mathrm{Re}(z) = 0$ のとき, $\overline{z} = -z$ となることを示せ.

3.　$z^2 - \overline{z}^2$ と $\overline{z_1} z_2 - z_1 \overline{z_2}$ が 0 でなければ純虚数になることを確かめよ.

§1.2   複素平面

2 つの複素数に対して「等しい」という概念は, 定義 1.3 で学習した. しかし, 複素数には大小関係はない. この節では, 複素数を図示することで, 複素数を計量するための道具をいくつか定義する.

▍複素平面▍

定義 1.6 $\mathbb{C} \ni z = x + yi$ を平面上の座標 (x, y) に対応させることで, 平面全体を集合 $\mathbb{C}$ と同一視して考えることができる. このように, 各点 (x, y) がそれぞれ 1 つの複素数と対応する平面を**複素平面**またはガウス平面という.

実数 x は, $x + 0 \cdot i$ と考えれば, 複素平面において x 軸上の点に対応する. そこで, 複素平面では, x 軸というかわりに, **実軸**という. また, 純虚数 yi は, 複素平面において y 軸上の点と対応するので, 複素平面では, y 軸というかわりに, **虚軸**という. 実軸と虚軸は, $0 = 0 + 0 \cdot i$ に対応する原点 O で直交する.

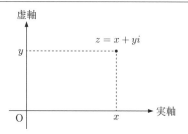

例 1.7 $\mathbb{C} \ni 4 + 3i, -1 - 2i$ を複素平面に図示すると図のようになる.

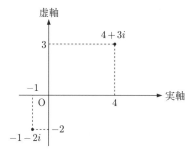

▍絶対値と偏角▍

複素数を複素平面の点だと考えると, 複素数 $z = x + yi$ を表す点 (x, y) の位置は一意的に定まる. 具体的には, 原点 O からの距離と, Oz と実軸の正の部分とのなす角が定まる. そこで次のように定義する.

✎ 唯一つに定まることを数学では「一意的に定まる」などと表現する.

定義 1.7 $\mathbb{C} \ni z = x + yi$ を複素平面の点として考えるとき, 原点 O と z との距離 $\sqrt{x^2 + y^2}$ を z の**絶対値**といい, $|z|$ で表す. また, $z \neq 0$ のとき, 線分 Oz と実軸の正の向きとのなす角を z の**偏角**といい, $\arg(z)$ で表す.

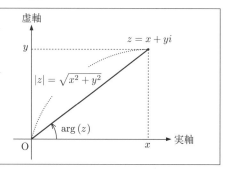

$z = x + yi$ のとき, $z\bar{z} = x^2 + y^2 = |z|^2$ であるから, $|z| > 0 \iff z \neq 0$ が成り立つ.

また, $\theta = \arg(z)$ とおくと, $0 \leq \theta < \dfrac{\pi}{2}$ ならば $\theta = \tan^{-1}\dfrac{y}{x}$ である[4]. $\theta + 2k\pi \ (k \in \mathbb{Z})$ も z の偏角となり, z の偏角は一意的には定まらない[5]. 偏角を一意的に定めるために, また, θ が z の偏角ならば通常は, $0 \leq \theta < 2\pi$ の範囲で考える. また, $|z|, \arg(z) \in \mathbb{R}$ であることに注意したい.

例 1.8 $\mathbb{C} \ni 4 + 12i$ の絶対値は, $|4 + 12i| = \sqrt{4^2 + 12^2} = \sqrt{16 + 144} = \sqrt{160} = 4\sqrt{10}$ である. また, $\mathbb{C} \ni \sqrt{3} + i$ の偏角は, $\tan^{-1}\dfrac{1}{\sqrt{3}} = \dfrac{\pi}{6}$ であるから, $\arg(\sqrt{3} + i) = \dfrac{\pi}{6} + 2k\pi$, $(k \in \mathbb{Z})$.

すなわち, $\arg(\sqrt{3} + i) = \cdots, -\dfrac{23}{6}\pi, -\dfrac{11}{6}\pi, \dfrac{\pi}{6}, \dfrac{13}{6}\pi, \dfrac{25}{6}\pi, \cdots$ となる.

■ 極形式 ■

定義 1.7 のように, $\mathbb{C} \ni z$ が 1 つ定まると, z の絶対値と偏角が定まる. 逆に, 複素平面の原点からの距離と偏角を決めると, 複素平面上の点 (x, y) として $z = x + yi \in \mathbb{C}$ が一意的に定まる.

定義 1.8 $\mathbb{C} \ni z = x + yi \, (\neq 0)$ に対して, $r := |z|, \theta := \arg(z)$ とすると,

$$\begin{cases} x = r\cos\theta \\ y = r\sin\theta \end{cases}$$

であるから,
$z = x + yi = r\cos\theta + r\sin\theta \cdot i = r\cos\theta + r\,i\,\sin\theta$
となって,

$$z = r(\cos\theta + i\sin\theta)$$

と書くことができる. z のこの表現方法を, 極形式または極表示という.

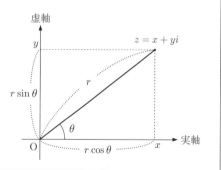

✎ $e^{i\theta} := \cos\theta + i\sin\theta$ と記述することがある[6]. この表記を導入すれば, 極形式は, $z = re^{i\theta}$ と書くことができる. z を極形式で表記するには, z の絶対値と偏角を求めればよい.

例 1.9 虚数単位 i を考えると, $|i| = \sqrt{0^2 + 1^2} = 1$, また, 虚軸上の正の部分の点であるから, $\arg(i) = \dfrac{\pi}{2} + 2k\pi \ (k \in \mathbb{Z})$. よって,

---

[4] $\tan^{-1}\dfrac{y}{x}$ は, $\tan\theta = \dfrac{y}{x}$ となる θ の値のことで, $\tan^{-1}$ の部分はアークタンジェントと読む.

[5] ここで, $\mathbb{Z}$ は整数全体の集合であり, $(k \in \mathbb{Z})$ の部分は, $(k = 0, \pm 1, \pm 2, \ldots)$ を表す.

[6] この等式は, **オイラーの公式**として知られており, 大学初学年で学ぶ微分積分学のテイラー展開を使って正当化される.

$0 \leq \arg(i) < 2\pi$ で考えれば,

$$i = \cos\frac{\pi}{2} + i\sin\frac{\pi}{2} (= 0 + i \cdot 1)$$

が i の極形式である. また, $2 + 2i$ を極形式にするには,
$|2 + 2i| = \sqrt{2^2 + 2^2} = \sqrt{8} = 2\sqrt{2}$, 図より
$\arg(2 + 2i) = \dfrac{\pi}{4} + 2k\pi \quad (k \in \mathbb{Z})$ であるから,
$0 \leq \arg(2 + 2i) < 2\pi$ で考えれば,

$$2 + 2i = 2\sqrt{2}\left(\cos\frac{\pi}{4} + i\sin\frac{\pi}{4}\right).$$

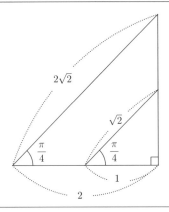

例題 1.2　$\mathbb{C} \ni z$ に対して, $|z| < 1$ を満たす, z の領域を複素平面に図示せよ.

解答　$|z| < 1$ を満たす複素数を $z = x + yi$ とすると, 定義 1.7 より $|z| = \sqrt{x^2 + y^2}$ であるから, $|z|^2 = x^2 + y^2 < 1$ が成り立つ. よって, $|z| < 1$ の領域は, 下図のように原点 O を中心とする半径 1 の円の内部である. ただし, 境界は含まない.

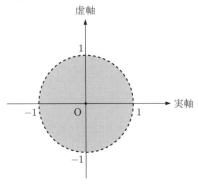

✎　極形式 $z = r(\cos\theta + i\sin\theta)$ において, 複素平面での座標 $(r\cos\theta, r\sin\theta)$, $0 \leq r < 1$, $0 \leq \theta < 2\pi$ を考えてもよい.

例題 1.3　$\mathbb{C} \ni z$ が, $\arg(z + 1) = \dfrac{\pi}{4}$ を満たすとき, z を複素平面上に図示せよ.

解答　$\arg(z + 1) = \dfrac{\pi}{4}$ より, $z + 1$ は偏角 $\dfrac{\pi}{4}$ を満たす複素数であるから, それを図示すると下図のようになる. ここで, 求めたいのは $z + 1$ の図ではなく z の図であり, z は $z + 1$ に -1 を加えると得られるから, z の図は $z + 1$ の図を実軸方向に -1 平行移動させればよいことになる. したがって,

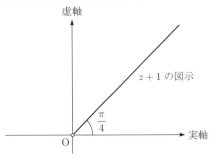

平行移動させたものを図示すると,

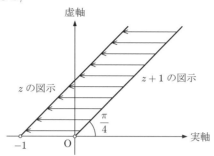

のようになる.

▌問 **1.3** $\mathbb{C} \ni z$ に対して, $|z - i| < 1$ を満たす, z の領域を複素平面に図示せよ.

次の定理は, 絶対値と偏角についての基本的な性質を示している.

> **定理 1.4** $\mathbb{C} \ni z, z_1, z_2$ に対して, 次が成り立つ.
>
> (1) $|\overline{z}| = |z|$,
>
> (2) $|z_1 z_2| = |z_1| \cdot |z_2|$,
>
> (3) $\left| \dfrac{z_1}{z_2} \right| = \dfrac{|z_1|}{|z_2|}$ $(z_2 \neq 0)$,
>
> (4) $\arg(z_1 z_2) = \arg(z_1) + \arg(z_2)$ $(z_1 \neq 0 \text{ かつ } z_2 \neq 0)$,
>
> (5) $\arg\left(\dfrac{z_1}{z_2}\right) = \arg(z_1) - \arg(z_2)$ $(z_1 \neq 0 \text{ かつ } z_2 \neq 0)$.

証明　(1)　$z = r(\cos\theta + i\sin\theta)$ とすると, $\overline{z} = r(\cos\theta - i\sin\theta) = r(\cos(-\theta) + i\sin(-\theta))$ であるから, $|\overline{z}| = r = |z|$.

(2),(4)　$z_1 = r_1(\cos\theta_1 + i\sin\theta_1)$, $z_2 = r_2(\cos\theta_2 + i\sin\theta_2)$ とすると,

$$z_1 z_2 = r_1 r_2 (\cos\theta_1 + i\sin\theta_1)(\cos\theta_2 + i\sin\theta_2)$$

$$= r_1 r_2 ((\underline{\cos\theta_1 \cos\theta_2 - \sin\theta_1 \sin\theta_2}) + i(\underline{\cos\theta_1 \sin\theta_2 + \sin\theta_1 \cos\theta_2}))$$

ここで, 下線部に加法定理を使えば,

$$z_1 z_2 = r_1 r_2 (\cos(\theta_1 + \theta_2) + i\sin(\theta_1 + \theta_2))$$

である. 定義 1.7 により, $|z_1 z_2| = r_1 r_2 = |z_1||z_2|$. 同様に, $\arg(z_1 z_2) = \theta_1 + \theta_2 = \arg(z_1) + \arg(z_2)$ が得られる.

(3),(5)　(2),(4) と同様に, z_1, z_2 を極形式で考えると,

$$\frac{z_1}{z_2} = \frac{r_1(\cos\theta_1 + i\sin\theta_1)}{r_2(\cos\theta_2 + i\sin\theta_2)}$$

$$= \frac{r_1}{r_2} \cdot \frac{(\cos\theta_1 + i\sin\theta_1)(\cos\theta_2 - i\sin\theta_2)}{\cos^2\theta_2 + \sin^2\theta_2}$$

$$= \frac{r_1}{r_2}(\cos\theta_1 + i\sin\theta_1)(\cos\theta_2 - i\sin\theta_2)$$

$$= \frac{r_1}{r_2}\{(\underline{\cos\theta_1\cos\theta_2 + \sin\theta_1\sin\theta_2}) + i(\underline{\sin\theta_1\cos\theta_2 - \cos\theta_1\sin\theta_2})\}$$

(2),(4) の証明と同様に下線部分に加法定理を使えば,

$$\frac{z_1}{z_2} = \frac{r_1}{r_2}\left(\cos\left(\theta_1 - \theta_2\right) + i\sin\left(\theta_1 - \theta_2\right)\right)$$

が得られる. よって,

$$\left|\frac{z_1}{z_2}\right| = \frac{r_1}{r_2} = \frac{|z_1|}{|z_2|}.$$

また, 偏角についても,

$$\arg\left(\frac{z_1}{z_2}\right) = \theta_1 - \theta_2 = \arg\left(z_1\right) - \arg\left(z_2\right)$$

を得る.

✎ 定理 1.4 の (2) を繰り返し使うと, $|z^n| = |\underbrace{z \cdot z \cdots z}_{n\,個}| = \underbrace{|z| \cdot |z| \cdots |z|}_{n\,個} = |z|^n$ が得られる.

例題 1.4　次の複素数を極形式で表示せよ. ただし, 偏角 θ は, $0 \le \theta < 2\pi$ で考えるものとする.

(1)　$(3 + 3i)(1 + \sqrt{3}i),$

(2)　$\dfrac{1 + \sqrt{3}i}{3 + 3i}.$

解答　$3 + 3i$ と $1 + \sqrt{3}i$ の絶対値と偏角をそれぞれ求めると,

$$|3 + 3i| = |3(1 + i)| = |3| \cdot |1 + i| = 3(\sqrt{1^2 + 1^2}) = 3\sqrt{2},$$

$$\arg\left(3 + 3i\right) = \arg\left(3(1 + i)\right) = \arg\left(3\right) + \arg\left(1 + i\right) = 0 + \tan^{-1}\frac{1}{1} = \frac{\pi}{4},$$

$$|1 + \sqrt{3}i| = \sqrt{1^2 + (\sqrt{3})^2} = \sqrt{1 + 3} = 2, \arg\left(1 + \sqrt{3}i\right) = \tan^{-1}\frac{\sqrt{3}}{1} = \frac{\pi}{3}$$

である. これらの値と定理 1.4 を使えばよい.

(1)　定理 1.4 (2), (4) より, $|(3 + 3i)(1 + \sqrt{3}i)| = |3 + 3i| \cdot |1 + \sqrt{3}i| = 3\sqrt{2} \cdot 2 = 6\sqrt{2}$, $\arg\left\{(3 + 3i)(1 + \sqrt{3}i)\right\} = \arg\left(3 + 3i\right) + \arg\left(1 + \sqrt{3}i\right) = \frac{\pi}{4} + \frac{\pi}{3} = \frac{7}{12}\pi$ であるから,

$$(3 + 3i)(1 + \sqrt{3}i) = 6\sqrt{2}\left(\cos\frac{7}{12}\pi + i\sin\frac{7}{12}\pi\right)$$

となる.

(2)　同様に, 定理 1.4 (3), (5) より, $\left|\dfrac{1 + \sqrt{3}i}{3 + 3i}\right| = \dfrac{|1 + \sqrt{3}i|}{|3 + 3i|} = \dfrac{2}{3\sqrt{2}} = \dfrac{\sqrt{2}}{3}$, $\arg\left(\dfrac{1 + \sqrt{3}i}{3 + 3i}\right) = \arg\left(1 + \sqrt{3}i\right) - \arg\left(3 + 3i\right) = \dfrac{\pi}{3} - \dfrac{\pi}{4} = \dfrac{1}{12}\pi$ となるから,

$$\frac{1 + \sqrt{3}i}{3 + 3i} = \frac{\sqrt{2}}{3}\left(\cos\frac{1}{12}\pi + i\sin\frac{1}{12}\pi\right)$$

を得る.

✎ 例題 1.4 (1), (2) は, 定理 1.4 を使わずに, 最初に $(3 + 3i)(1 + \sqrt{3}i) = 3(1 - \sqrt{3}) + 3(1 + \sqrt{3})i$ と計算してしまったり, $\dfrac{1 + \sqrt{3}i}{3 + 3i} = \dfrac{(1 + \sqrt{3}) - (1 - \sqrt{3})i}{6}$ と分母を実数化してしまうと, 偏角が求めにくい.

問 **1.4** 次の複素数を極形式で表示せよ. ただし, 偏角 θ は $0 \le \theta < 2\pi$ で考えるものとする:

(1) $1+i$　　　　(2) $-1+i$　　　　(3) $-1-i$

(4) $1-i$　　　　(5) $(1+i)(-1+i)$　　(6) $\dfrac{1-i}{-1-i}$

▒ ド・モアブルの公式 ▒

$z = r(\cos\theta + i\sin\theta)$ について, $z^n = r^n(\cos\theta + i\sin\theta)^n$, $n \in \mathbb{Z}$ の極形式を考察する場合, 次のド・モアブルの公式が基本となる.

定理 1.5 (ド・モアブルの公式)　$\mathbb{R} \ni \theta, \mathbb{Z} \ni n$ に対して, 次が成り立つ.

$$(\cos\theta + i\sin\theta)^n = \cos n\theta + i\sin n\theta.$$

証明　$n=0$ のときは, 両辺 1 となるので明らか. $n>0$ のときは, 定理 1.4 (4) より,

$$\arg\left((\cos\theta + i\sin\theta)^n\right) = n\arg(\cos\theta + i\sin\theta) = n\theta.$$

また,

$$|(\cos\theta + i\sin\theta)^n| = 1 = |\cos n\theta + i\sin n\theta|.$$

$n<0$ のときは,

$$(\cos\theta + i\sin\theta)^{-1} = \frac{1}{\cos\theta + i\sin\theta} = \frac{\cos\theta - i\sin\theta}{\cos^2\theta + \sin^2\theta} = \cos\theta - i\sin\theta = \cos(-\theta) + i\sin(-\theta)$$

であるから, 同様に証明できる.

▒ 1 の n 乗根 ▒

$\mathbb{C} \ni z$ に対して, 方程式 $f(z) = z^n - 1 = 0$ の解, すなわち $z^n = 1$ の解を **1 の n 乗根**という.

定理 1.6　$\mathbb{C} \ni z$ に対して, 方程式 $z^n = 1$ の解は,

$$\cos\frac{2k\pi}{n} + i\sin\frac{2k\pi}{n} \quad (k = 0, 1, \ldots, n-1)$$

で与えられる.

証明　$z = r(\cos\theta + i\sin\theta)$ とすると, 定理 1.5 より, $z^n = r^n(\cos n\theta + i\sin n\theta)$ となる. 一方, 1 の極形式を考えると, $|1| = \sqrt{1^2 + 0^2} = 1$, $\arg(1) = 0 + 2k\pi \ (k \in \mathbb{Z})$ であるから, 1 の極形式は, $1 = \cos 2k\pi + i\sin 2k\pi \ (k \in \mathbb{Z})$ である. よって, $z^n = 1$ を満たすためには, $r^n = 1$, $n\theta = 2k\pi \ (k \in \mathbb{Z})$ でなければならない. ここで, $\mathbb{R} \ni r \ge 0$ より, $r^n = 1$ となるのは, $r = 1$ のみである. また, $\theta = \dfrac{2k\pi}{n} \ (k \in \mathbb{Z})$ であるが, 三角関数は, 周期 2π ごとに同じ値をとるから, $0 \le \arg(z) < 2\pi$ で考えればよい. したがって, $\theta = \dfrac{2k\pi}{n} \ (k = 0, 1, 2, \ldots, n-1)$ の n 個の $k \in \mathbb{Z}$ のみ考えればよいから, $z^n = 1$ を満たすのは,

$$\cos\frac{2k\pi}{n} + i\sin\frac{2k\pi}{n} \quad (k = 0, 1, 2, \ldots, n-1)$$

の n 個の複素数である.

例題 **1.5**　$\mathbb{C} \ni z$ に対して, $z^3 = 1$ の解をすべて求めよ.

解答　定理 1.6 より, $z^3 = 1$ の解は,

$$\cos\frac{2k\pi}{3} + i\sin\frac{2k\pi}{3} \quad (k = 0, 1, 2)$$

の 3 個の複素数である. これらは, $k = 0, 1, 2$ に応じて,

$$1, \quad \cos\frac{2\pi}{3} + i\sin\frac{2\pi}{3}, \quad \cos\frac{4\pi}{3} + i\sin\frac{4\pi}{3}$$

であるから, $x + yi$ の形で書けば,

$$1, \quad -\frac{1}{2} + \frac{\sqrt{3}}{2}i, \quad -\frac{1}{2} - \frac{\sqrt{3}}{2}i$$

である. ∎

✎　定理 1.6 より, $\alpha := e^{i\frac{2\pi}{n}} = \cos\frac{2\pi}{n} + i\sin\frac{2\pi}{n}$ とすれば, $\alpha^k = e^{\frac{2\pi i}{n}k}$ であるから, $z^n = 1$ の解は, $1, \alpha, \alpha^2, \dots, \alpha^{n-1}$ の n 個であることがわかる. また, $z^n = \beta$ の解も, β の極形式を求めれば, 定理 1.6 の証明と同じ考え方ですべての解を求めることが可能である.

問 1.5　次の方程式の解 $z \in \mathbb{C}$ をすべて求めよ.

(1) $z^6 = 1$ (2) $z^3 = i$ (3) $z^4 = -16$

　証明はしないが, 理系の学生の心得として, 次の定理についても知識として記憶にとどめておきたい.

定理 1.7 (代数学の基本定理)　n 次多項式 $f(z) = a_n z^n + a_{n-1}z^{n-1} + \cdots + a_1 z + a_0$ $(a_i \in \mathbb{C}, a_n \neq 0)$ に対して, 方程式 $f(z) = 0$ は, 複素数の範囲で必ず解をもつ. つまり, ある複素数 α_i $(i = 1, 2, \dots, n)$ を使って,

$$f(z) = a_n(z - \alpha_1)(z - \alpha_2)\cdots(z - \alpha_n)$$

と書ける.

◆◆練習問題 §1.2 ◆◆

A

1. 次の複素数を極形式で表示せよ. ただし, 偏角 θ は $0 \leq \theta < 2\pi$ で考えるものとする.

(1) $-2 + 2\sqrt{3}\,i$ (2) $-3\sqrt{3} - 3i$

(3) $(-2 + 2\sqrt{3}\,i)(-3\sqrt{3} - 3i)$ (4) $\dfrac{-3\sqrt{3} - 3i}{-2 + 2\sqrt{3}\,i}$

2. 次の式を満たす複素数 z からなる集合を, 複素平面に図示せよ.

(1) $|z - 2| = 1$ (2) $|z - 2| \leq 1$ (3) $|z - i| = 1$

(4) $|z - i| \leq 1$ (5) $|z - 3 - 4i| = 5$ (6) $|z - 3 - 4i| \geq 5$

B

1. $z = 2 + i$ のとき, 次の値を $x + yi$ の形で表せ.

    (1) $z^3 - 6z^2 + 8z - 13$ (2) $z - 4 + \dfrac{4}{z}$

2. $\mathbb{C} \ni z, w$ について, $|z| = 2$ のとき, $2|\bar{z} - \overline{w}| = |4 - \bar{z}w|$ を示せ.

§ 1.3 　行列の定義, 和とスカラー倍

　この節から, いくつかの数をまとめて扱う行列という考え方を学ぶ. いくつかの数を同時に扱いやすいように, a_{11}, A_{12} などのように添字の部分を 2 つの要素 i, j を使って a_{ij}, A_{ij} と表す. i, j は, 順序づけるための数なので, いずれも自然数 ($\mathbb{N} := \{1, 2, 3, \ldots\}$) の元を考えればよい.

▌ 行列の定義 ▐

定義 1.9 　$\mathbb{N} \ni m, n$ に対して, mn 個の数 a_{ij} $(i = 1, 2, 3, \ldots, m, \ j = 1, 2, 3, \ldots, n)$ を次のように長方形にならべて括弧でまとめたものを<ruby>行列<rt>ぎょうれつ</rt></ruby>という.

$$\begin{pmatrix} a_{11} & a_{12} & \cdots & a_{1n} \\ a_{21} & a_{22} & \cdots & a_{2n} \\ \vdots & \vdots & \ddots & \vdots \\ a_{m1} & a_{m2} & \cdots & a_{mn} \end{pmatrix}.$$

行列の横の数のならびを**行**, 縦の数のならびを**列**といい, 上のほうから, 第 1 行, 第 2 行, $\ldots$, 第 m 行, 左のほうから, 第 1 列, 第 2 列, $\ldots$, 第 n 列という. 特に, m 行 n 列からなる行列を **$m \times n$ 行列**, **(m, n) 型の行列**, **m 行 n 列の行列**などという. また, 行列を構成する数を**成分**といい, 第 i 行と 第 j 列の交点にある成分 a_{ij} を行列の **(i, j) 成分**という.

第 j 列

$$\text{第 } i \text{ 行} \begin{pmatrix} a_{11} & a_{12} & \cdots & a_{1j} & \cdots & a_{1n} \\ a_{21} & a_{22} & \cdots & a_{2j} & \cdots & a_{2n} \\ \vdots & \vdots & & \vdots & & \vdots \\ a_{i1} & a_{i2} & \cdots & a_{ij} & \cdots & a_{in} \\ \vdots & \vdots & & \vdots & & \vdots \\ a_{m1} & a_{m2} & \cdots & a_{mj} & \cdots & a_{mn} \end{pmatrix}$$

上のような行列を一般に (a_{ij}) と略記する. 特に $m \times n$ 行列であることを明記する場合は, $(a_{ij})_{1 \le i \le m, 1 \le j \le n}$ と略記する.

　行列を 1 つの文字で表すときは, 通常 $A, B, C, \ldots$ などの大文字を使って, $A = (a_{ij})$, $B = (b_{ij})$ などのように書く.

▌実行列と複素行列▐

定義 1.10 行列 A の成分として実数のみを考えるとき, A は**実行列**といい, A の成分として複素数を考えるとき, A は**複素行列**であるという.

(m, n) 型の実行列全体の集合を $M(m, n, \mathbb{R})$, (m, n) 型の複素行列全体の集合を $M(m, n, \mathbb{C})$ のように書く. また, 単に (m, n) 型の行列全体の集合を表したいときは, $M(m, n)$ と書く.

✎ このテキストでは, 断らないかぎり, 実行列を扱う.

例 1.10 $A = \begin{pmatrix} 1 & 2 & 3 & 4 \\ 5 & 6 & 7 & 8 \\ 9 & 10 & 11 & 12 \end{pmatrix}$ は, 3×4 行列で, A の $(3, 2)$ 成分は 10 で, $(2, 4)$ 成分

は 8 である. また, A は実行列である. $B = \begin{pmatrix} 1 & 2 - 3i \\ 5 & 6 \end{pmatrix}$ は, 2×2 の行列で, B の $(1, 2)$ 成分は実数でない複素数であるから, B のすべての成分を $\mathbb{C}$ の元と考えて, B は複素行列である.

▌列ベクトルと行ベクトル▐

1 行だけの行列や 1 列だけの行列も特別な考察の対象である. そこで, 次のように名前が付けられている.

定義 1.11 1 行だけからなる $1 \times n$ 行列 $\begin{pmatrix} a_1 & a_2 & \cdots & a_n \end{pmatrix}$ を $\boldsymbol{n}$ **項行ベクトル**といい,

1 列だけからなる $m \times 1$ 行列 $\begin{pmatrix} a_1 \\ a_2 \\ \vdots \\ a_m \end{pmatrix}$ を $\boldsymbol{m}$ **項列ベクトル**という.

例 1.11 $\begin{pmatrix} 1 & 2 & 4 & -1 & 6 \end{pmatrix}$ は, 5 項行ベクトルで, $\begin{pmatrix} -1 \\ 4 \\ 2 \end{pmatrix}$ は, 3 項列ベクトルである.

▌正方行列▐

次に定義する行数と列数が一致する行列は扱いやすい特別な行列である.

定義 1.12 $\mathbb{N} \ni n$ に対して, 行列 A が $A \in M(n, n)$ となるとき, 行列 A は n **次正方行列**であるという. n 次正方行列全体の集合を M_n と書く.

✎ n 次実正方行列全体の集合, n 次複素正方行列全体の集合をそれぞれ $M_n(\mathbb{R})$, $M_n(\mathbb{C})$ などと書く.

例 1.12 $A = \begin{pmatrix} 1 & -2 \\ -4 & 16 \end{pmatrix}$ は, A の行数と列数がともに 2 であるから, $M_2(\mathbb{R})$ の元, すな

わち 2 次正方行列である. また, $B = \begin{pmatrix} 2 & 0 & -1 \\ 0 & 2-i & 4 \\ 1 & -6 & 0 \end{pmatrix}$ は, B の行数と列数がともに 3 であ

り, B の $(2,2)$ 成分が虚数 (実数でない複素数) であるから, $B \in M_3(\mathbb{C})$ で 3 次 (複素) 正方行列である.

▓ 行列の相等 ▓

この節以降, 行列を数の仲間に加えたい. ここでは, その準備をはじめる. まず, §1.1 で学習した複素数の場合の定義 1.3 のように, 2 つの行列に対して「等しい」ことを定義する.

> **定義 1.13** $\mathbb{N} \ni m, n$ に対して, 2 つの行列 A, B がともに $A, B \in M(m, n)$ となるとき, A と B は, **同じ型の行列**であるという. また, $A = (a_{ij})$, $B = (b_{ij})$ が同じ型の行列のとき, すべての i, j $(1 \le i \le m, \ 1 \le j \le n)$ に対して,
>
> $$a_{ij} = b_{ij}$$
>
> が成り立つとき, 行列 A と B は等しいといい, $A = B$ と書く. 等しくないときには, $A \ne B$ と書く.

例 1.13 $A = \begin{pmatrix} 1 & 2 & 3 \\ 4 & 5 & 6 \end{pmatrix}$, $B = \begin{pmatrix} 1 & 4 \\ 2 & 5 \\ 3 & 6 \end{pmatrix}$, $C = \begin{pmatrix} 1 & -2 & 3 \\ 4 & 5 & 6 \end{pmatrix}$ とおくと, A と B は,

それぞれ, $(2,3)$ 型と $(3,2)$ 型の行列で同じ型の行列ではないから, $A \ne B$. また, 同様の理由で $B \ne C$. A と C は, $A, C \in M(2,3)$ で同じ型の行列だが, $(1,2)$ 成分が異なるので, $A \ne C$ である.

▓ 行列の和とスカラー倍 ▓

> **定義 1.14** 同じ型の 2 つの行列 $A = (a_{ij})$, $B = (b_{ij}) \in M(m, n)$ に対して, A と B の対応する成分どうしの和を成分とする行列を A と B の**和**といい, $A + B$ で表す.
>
> $$A + B := (a_{ij} + b_{ij}) = \begin{pmatrix} a_{11} + b_{11} & a_{12} + b_{12} & \cdots & a_{1n} + b_{1n} \\ a_{21} + b_{21} & a_{22} + b_{22} & \cdots & a_{2n} + b_{2n} \\ \vdots & \vdots & & \vdots \\ a_{m1} + b_{m1} & a_{m2} + b_{m2} & \cdots & a_{mn} + b_{mn} \end{pmatrix}.$$

例 1.14 $A = \begin{pmatrix} 4 & -1 & 8 \\ -2 & 1 & 2 \end{pmatrix}$, $B = \begin{pmatrix} 1 & 2 & -3 \\ 0 & -4 & 5 \end{pmatrix}$ とするとき,

$A + B = \begin{pmatrix} 4+1 & -1+2 & 8+(-3) \\ -2+0 & 1+(-4) & 2+5 \end{pmatrix} = \begin{pmatrix} 5 & 1 & 5 \\ -2 & -3 & 7 \end{pmatrix}$ となる.

定義 1.15　行列 $A \in M(m,n)$ と $c \in \mathbb{R}$ に対して, A の各成分を c 倍したものを成分とする行列を cA と書き, 行列の**スカラー倍**という.

$$cA := (ca_{ij}) = \begin{pmatrix} ca_{11} & ca_{12} & \cdots & ca_{1n} \\ ca_{21} & ca_{22} & \cdots & ca_{2n} \\ \vdots & \vdots & & \vdots \\ ca_{m1} & ca_{m2} & \cdots & ca_{mn} \end{pmatrix}.$$

例 1.15　$A = \begin{pmatrix} -4 & 1 & 3 \\ 0 & -2 & 5 \end{pmatrix}$ とするとき, $(-3)A = \begin{pmatrix} 12 & -3 & -9 \\ 0 & 6 & -15 \end{pmatrix}$.

通常, A の (-1) によるスカラー倍 $(-1)A$ は, $-A$ と書き, $B + (-A)$ は $B - A$ と書く.

また, すべての成分が 0 となる $m \times n$ 行列を**零行列**といい, $O_{m,n}$ または 単に O と書く.

$$O_{m,n} := \begin{pmatrix} 0 & 0 & \cdots & 0 \\ \vdots & \vdots & & \vdots \\ 0 & 0 & \cdots & 0 \end{pmatrix} = O.$$

次の定理は, 定義 1.14, 1.15 にしたがった計算により確かめられる.

定理 1.8　行列 $A, B, C \in M(m,n)$ と スカラー $c, d \in \mathbb{R}$ に対して, 次の (1) から (8) が成り立つ.

(1)　$A + B = B + A,$

(2)　$(A + B) + C = A + (B + C),$

(3)　$A + O = O + A = A,$

(4)　$A + (-A) = (-A) + A = O,$

(5)　$c(A + B) = cA + cB,$

(6)　$(c + d)A = cA + dA,$

(7)　$(cd)A = c(dA),$

(8)　$1A = A.$

✎　定理 1.8 の性質は, 複素数の節で学んだ定理 1.2 と同様に, 後の節でより抽象的に線形空間として扱う.

例題 1.6　$A = \begin{pmatrix} -2 & 5 & 1 \\ 3 & 0 & -4 \end{pmatrix}$, $B = \begin{pmatrix} 6 & -2 & 4 \\ -8 & -1 & 3 \end{pmatrix}$ のとき, 次の行列を求めよ.

(1)　$A - 4B$　　　(2)　$2(A + B) - 3A$　　　(3)　$2(A - 6B) + 4B$

解答　$A, B \in M(2, 3, \mathbb{R})$ で A と B は同じ型であるから (1) から (3) の計算は定義され, 次のように計算できる.

(1) $\quad A - 4B = \begin{pmatrix} -2 & 5 & 1 \\ 3 & 0 & -4 \end{pmatrix} - 4\begin{pmatrix} 6 & -2 & 4 \\ -8 & -1 & 3 \end{pmatrix}$

$\quad = \begin{pmatrix} -2-4\cdot 6 & 5-4\cdot(-2) & 1-4\cdot 4 \\ 3-4\cdot(-8) & 0-4\cdot(-1) & -4-4\cdot 3 \end{pmatrix} = \begin{pmatrix} -26 & 13 & -15 \\ 35 & 4 & -16 \end{pmatrix}.$

(2) $\quad 2(A+B) - 3A = 2A + 2B - 3A = -A + 2B = \begin{pmatrix} 2+2\cdot 6 & -5+2\cdot(-2) & -1+2\cdot 4 \\ -3+2\cdot(-8) & 0+2\cdot(-1) & 4+2\cdot 3 \end{pmatrix}$

$\quad = \begin{pmatrix} 14 & -9 & 7 \\ -19 & -2 & 10 \end{pmatrix}.$

(3) $\quad 2(A-6B) + 4B = 2A - 12B + 4B = 2A - 8B = 2(A-4B) = 2\begin{pmatrix} -26 & 13 & -15 \\ 35 & 4 & -16 \end{pmatrix}$

$\quad = \begin{pmatrix} -52 & 26 & -30 \\ 70 & 8 & -32 \end{pmatrix}$

問 1.6 $\quad A = \begin{pmatrix} 2 & 0 \\ 3 & 1 \end{pmatrix}, B = \begin{pmatrix} 1 & -1 \\ 0 & 2 \end{pmatrix}, C = \begin{pmatrix} -3 & 1 \\ 2 & -4 \end{pmatrix}$ のとき，次の行列を求めよ．

(1) $\quad A + B$ 　　　　　　　　　　　(2) $\quad A - C$

(3) $\quad 2B - A$ 　　　　　　　　　　(4) $\quad 2(A+2B) + 3A$

(5) $\quad 3(2A-C) + 5C$ 　　　　　　(6) $\quad 2(2B-C) - C$

(7) $\quad 2(A+4B-3C) - 3(A+2B-2C)$

行列って何？

　学生から『行列って一体何なのですか？』という質問をよく受けます．大学初学年で学ぶ線形代数学では，主に行列の性質について調べ，応用することを考えます．実際に，連立 1 次方程式を解く場合 (§1.12 参照) に応用できるように，道具としての役割はよく見るのですが，確かにその正体はあまり議論に出てきません．行列とは「連立方程式の計算ための単なる道具」なのでしょうか？　線形代数学を学ぶにあたり，このことをいつも頭の片隅に置いておくと，いろいろ気付くこともあるかもしれませんので，試してみてください．

◆◆練習問題 § 1.3 ◆◆

A

1. $A = \begin{pmatrix} 2 & 0 & 3 \\ -1 & 5 & 4 \end{pmatrix}$,　$B = \begin{pmatrix} 3 & 1 & 0 \\ 2 & -2 & 1 \end{pmatrix}$,　$C = \begin{pmatrix} -3 & 1 & 2 \\ 0 & 4 & 1 \end{pmatrix}$ のとき,
   次の行列を求めよ.

   (1)　$A + 2B + 3C$　　　　　　　　　(2)　$2(A + B) + 3(C - A)$

   (3)　$3(2A - B - C) + 5C$　　　　　(4)　$4(A+2B-C)+3(-A-2B+C)$

2. $A = \begin{pmatrix} a & 2 & b \\ 4 & c & 2 \\ d & 1 & e \end{pmatrix}$, $B = \begin{pmatrix} -2 & f & 3 \\ g & 2 & h \\ 4 & i & 1 \end{pmatrix}$ とする.

   $$2A + 3B = \begin{pmatrix} 0 & 4 & 11 \\ 23 & 6 & 22 \\ 10 & 5 & -1 \end{pmatrix}$$

   が成り立つとき, $a, b, c, d, e, f, g, h, i$ を求めよ.

§ 1.4　行列の積, 転置行列

　前節に続き, 行列を数として扱うために必要な演算を定義する. この節の目標は, **行列の積の**定義を学習し, 「特別な行列どうしの場合のみ積を定義」していること, および, 2つの行列 A, B の積 AB が定義できても, 「一般には, $AB \neq BA$」であることを理解すること. また, 行列の積が計算できるようにすることにある.

▪ **行列の積** ▪

　次の定義では, 積の結果の (i, j) 成分に注意しながら学習するとよい.

> **定義 1.16**　2つの行列 A, B の積 AB は, A の列の数と B の行の数が等しいときに限り定義し, $A = (a_{ij}) \in M(\ell, m)$, $B = (b_{ij}) \in M(m, n)$ とするとき, $AB = (c_{ij}) \in M(\ell, n)$ を
>
> $$AB := \begin{matrix} \\ \\ 第i行 \\ \\ \\ \end{matrix} \begin{pmatrix} a_{11} & a_{12} & \cdots & a_{1m} \\ \cdots & \cdots & \cdots & \\ a_{i1} & a_{i2} & \cdots & a_{im} \\ \cdots & \cdots & \cdots & \\ a_{\ell 1} & a_{\ell 2} & \cdots & a_{\ell m} \end{pmatrix} \begin{pmatrix} b_{11} & & \overset{\text{第}j\text{列}}{b_{1j}} & & b_{1n} \\ b_{21} & \vdots & b_{2j} & \vdots & b_{2n} \\ \vdots & \vdots & \vdots & \vdots & \vdots \\ b_{m1} & & b_{mj} & & b_{mn} \end{pmatrix}$$

$$\text{第 } j \text{ 列}$$

$$= \text{第 } i \text{ 行} \begin{pmatrix} c_{11} & c_{12} & \cdots & c_{1j} & \cdots & c_{1n} \\ \vdots & & & \vdots & & \vdots \\ c_{i1} & c_{i2} & \cdots & c_{ij} & \cdots & c_{in} \\ \vdots & & & \vdots & & \vdots \\ c_{\ell 1} & c_{\ell 2} & \cdots & c_{\ell j} & \cdots & c_{\ell n} \end{pmatrix},$$

$$c_{ij} = \sum_{k=1}^{m} a_{ik} b_{kj} = a_{i1} b_{1j} + a_{i2} b_{2j} + \cdots + a_{im} b_{mj} \tag{1.1}$$

$$(i = 1, 2, \ldots, \ell, \quad j = 1, 2, \ldots, n)$$

で定める.

✎ 和 $\displaystyle\sum_{k=1}^{m} a_{ik} b_{kj}$ は, k ($k = 1, \ldots, m$) のみを動かす和であることに注意したい. また, 積 AB の各成分は, それぞれ (1.1) 式で計算する必要がある. 積の結果が $\ell \times n$ 行列になることも大切である.

例 1.16 $A = \begin{pmatrix} 1 & -1 & 4 \\ 3 & 2 & 0 \\ 0 & 1 & 1 \end{pmatrix}$ は 3×3 行列, $B = \begin{pmatrix} 2 & 5 \\ 0 & 1 \\ -1 & -1 \end{pmatrix}$ は 3×2 行列であるから, A の列数と B の行数が一致し, 積 AB が定義 1.16 より計算することができる. AB は, 3×2 行列で, 次のように計算できる.

$$\begin{aligned} AB &= \begin{pmatrix} 1 & -1 & 4 \\ 3 & 2 & 0 \\ 0 & 1 & 1 \end{pmatrix} \begin{pmatrix} 2 & 5 \\ 0 & 1 \\ -1 & -1 \end{pmatrix} \\ &= \begin{pmatrix} 1 \cdot 2 + (-1) \cdot 0 + 4 \cdot (-1) & 1 \cdot 5 + (-1) \cdot 1 + 4 \cdot (-1) \\ 3 \cdot 2 + 2 \cdot 0 + 0 \cdot (-1) & 3 \cdot 5 + 2 \cdot 1 + 0 \cdot (-1) \\ 0 \cdot 2 + 1 \cdot 0 + 1 \cdot (-1) & 0 \cdot 5 + 1 \cdot 1 + 1 \cdot (-1) \end{pmatrix} \\ &= \begin{pmatrix} -2 & 0 \\ 6 & 17 \\ -1 & 0 \end{pmatrix}. \end{aligned}$$

同様に BA を考えると, 先に確認したように, $B \in M(3, 2)$, $A \in M(3, 3)$ であり, B の列数と A の行数は一致しない. よって BA はこの場合, 定義されない.

次の例 1.17 のように, 列ベクトル, 行ベクトルも定義 1.16 にしたがって積を計算する.

例 1.17　$A = \begin{pmatrix} -6 \\ 3 \\ 2 \end{pmatrix}$, $B = \begin{pmatrix} 4 & 1 & -5 \end{pmatrix}$ とするとき, $A \in M(3,1)$, $B \in M(1,3)$ より

積 AB が定義され,

$$
AB = \begin{pmatrix} -6 \\ 3 \\ 2 \end{pmatrix} \begin{pmatrix} 4 & 1 & -5 \end{pmatrix} = \begin{pmatrix} -6 \cdot 4 & (-6) \cdot 1 & (-6) \cdot (-5) \\ 3 \cdot 4 & 3 \cdot 1 & 3 \cdot (-5) \\ 2 \cdot 4 & 2 \cdot 1 & 2 \cdot (-5) \end{pmatrix}
$$

$$
= \begin{pmatrix} -24 & -6 & 30 \\ 12 & 3 & -15 \\ 8 & 2 & -10 \end{pmatrix}
$$

と計算できる. 同様に, $B \in M(1,3)$, $A \in M(3,1)$ であるから, 積 BA を定義することができて,

$$
BA = \begin{pmatrix} 4 & 1 & -5 \end{pmatrix} \begin{pmatrix} -6 \\ 3 \\ 2 \end{pmatrix} = (4 \cdot (-6) + 1 \cdot 3 + (-5) \cdot 2) = (-31) = -31
$$

のように計算できる.

　例 1.17 のように, AB と BA がともに定義されても, 実数の積とは異なり, 一般には, $AB \neq BA$ になる.

例 1.18　$A = \begin{pmatrix} 3 & -1 \\ 6 & -2 \end{pmatrix}$, $B = \begin{pmatrix} -1 & 2 \\ -3 & 6 \end{pmatrix}$ とすると, 積 AB, BA ともに定義されて,

$$
AB = \begin{pmatrix} -3+3 & 6-6 \\ -6+6 & 12-12 \end{pmatrix} = \begin{pmatrix} 0 & 0 \\ 0 & 0 \end{pmatrix} = O,
$$

$$
BA = \begin{pmatrix} -3+12 & 1-4 \\ -9+36 & 3-12 \end{pmatrix} = \begin{pmatrix} 9 & -3 \\ 27 & -9 \end{pmatrix}
$$

である.

　$\mathbb{R} \ni a, b$ について, $a \neq 0$ かつ $b \neq 0$ ならば $ab \neq 0$ が成り立つが, 行列の場合は, 成り立たないときがある. 実際, 例 1.18 は, $A \neq O$ かつ $B \neq O$ のときに $AB = O$ となる例になっている. このような A, B を零因子という.

問 1.7　$A = \begin{pmatrix} 2 & 1 & 3 \\ -1 & 4 & 6 \end{pmatrix}$, $B = \begin{pmatrix} 0 & -1 & 7 \\ 1 & 4 & 1 \end{pmatrix}$, $C = \begin{pmatrix} 3 & 8 \\ -1 & 2 \\ 7 & -1 \end{pmatrix}$ とする. 積が定義される

　場合に, AB, AC, CA を計算せよ.

定理 1.9　行列 A, B, C について, 和と積がすべて定義されるとき, 次が成り立つ.

(1)　$(AB)C = A(BC)$,

(2)　$A(B+C) = AB + AC$,

(3)　$(A+B)C = AC + BC$,

(4)　$c(AB) = (cA)B = A(cB)$, $c \in \mathbb{R}$.

例題 1.7　$A = \begin{pmatrix} 2 & 1 & 3 \\ -1 & 4 & 6 \end{pmatrix}$, $B = \begin{pmatrix} 0 & -1 & 7 \\ 1 & 4 & 1 \end{pmatrix}$, $C = \begin{pmatrix} 3 & 8 \\ -1 & 2 \\ 7 & -1 \end{pmatrix}$ とするとき,

$(A+B)C$ と $AC + BC$ を計算して比較せよ.

解答　$(A+B)C = \begin{pmatrix} 2+0 & 1-1 & 3+7 \\ -1+1 & 4+4 & 6+1 \end{pmatrix} \begin{pmatrix} 3 & 8 \\ -1 & 2 \\ 7 & -1 \end{pmatrix} = \begin{pmatrix} 2 & 0 & 10 \\ 0 & 8 & 7 \end{pmatrix} \begin{pmatrix} 3 & 8 \\ -1 & 2 \\ 7 & -1 \end{pmatrix}$

$= \begin{pmatrix} 6+0+70 & 16+0-10 \\ 0-8+49 & 0+16-7 \end{pmatrix} = \begin{pmatrix} 76 & 6 \\ 41 & 9 \end{pmatrix}$. 一方, $AC = \begin{pmatrix} 2 & 1 & 3 \\ -1 & 4 & 6 \end{pmatrix} \begin{pmatrix} 3 & 8 \\ -1 & 2 \\ 7 & -1 \end{pmatrix} =$

$\begin{pmatrix} 6-1+21 & 16+2-3 \\ -3-4+42 & -8+8-6 \end{pmatrix} = \begin{pmatrix} 26 & 15 \\ 35 & -6 \end{pmatrix}$, $BC = \begin{pmatrix} 0 & -1 & 7 \\ 1 & 4 & 1 \end{pmatrix} \begin{pmatrix} 3 & 8 \\ -1 & 2 \\ 7 & -1 \end{pmatrix} =$

$\begin{pmatrix} 0+1+49 & 0-2-7 \\ 3-4+7 & 8+8-1 \end{pmatrix} = \begin{pmatrix} 50 & -9 \\ 6 & 15 \end{pmatrix}$ であるから, $AC + BC = \begin{pmatrix} 26+50 & 15-9 \\ 35+6 & -6+15 \end{pmatrix} =$

$\begin{pmatrix} 76 & 6 \\ 41 & 9 \end{pmatrix}$ となる. よって $(A+B)C = AC + BC$ である. ∎

▌転置行列▐

ここでは, 行列の行と列を入れかえるとどうなるかを考察する.

定義 1.17　行列 $A = (a_{ij}) \in M(m, n)$ の行と列を入れかえて得られる $n \times m$ 行列を A の転置行列といい, ${}^t A$ で表す.

$$A = \begin{pmatrix} a_{11} & a_{12} & \cdots & a_{1n} \\ a_{21} & a_{22} & \cdots & a_{2n} \\ & \cdots & \\ a_{m1} & a_{m2} & \cdots & a_{mn} \end{pmatrix} \text{ ならば } {}^t A = \begin{pmatrix} a_{11} & a_{21} & & a_{m1} \\ a_{12} & a_{22} & \vdots & a_{m2} \\ \vdots & \vdots & & \vdots \\ a_{1n} & a_{2n} & & a_{mn} \end{pmatrix} \text{ である.}$$

例 1.19　$A = \begin{pmatrix} 20 & 12 \\ -5 & 4 \\ 9 & -3 \end{pmatrix}$ のとき, ${}^t A = \begin{pmatrix} 20 & -5 & 9 \\ 12 & 4 & -3 \end{pmatrix}$ である.

> **定理 1.10** 行列 A, B について次が成り立つ.
>
> (1) $^t(^tA) = A$,
>
> (2) $^t(A + B) = {}^tA + {}^tB$ (A, B は同じ型とする),
>
> (3) $^t(AB) = {}^tB\,{}^tA$ (積 AB が定義されているものとする),
>
> (4) $^t(cA) = c\,{}^tA$ ($c \in \mathbb{R}$).

証明 (1) $M(m,n) \ni A = (a_{ij})$ とする. ^tA の (i,j) 成分を s_{ij} とおくと, 定義 1.17 より, ^tA は A の行と列を入れかえた行列であるから, $^tA \in M(n,m)$ であり, $s_{ij} = a_{ji}$ である. また, 同様にして, $^t(^tA) = (t_{ij})$ とおくと, $^t(^tA)$ は ^tA の行と列を入れかえたものであるから, $^t(^tA) \in M(m,n)$ で $^t(^tA)$ の (i,j) 成分は, $t_{ij} = s_{ji} = a_{ij}$ である. ここで, a_{ij} は A の (i,j) 成分で, A と $^t(^tA)$ は同じ型であるから, $^t(^tA) = A$ である.

(2) 定義 1.14 より, 行列の和が定義できるのは, 同じ型の行列であるから, $A = (a_{ij}), B = (b_{ij}) \in M(m,n)$ とすると, $A+B$ の (j,i) 成分は, $a_{ji}+b_{ji}$ である. $^t(A+B) \in M(n,m)$ で, $^t(A+B) = (s_{ij})$ の (i,j) 成分は, $A+B$ の (j,i) 成分であるから, $s_{ij} = a_{ji}+b_{ji}$. ここで, a_{ji} と b_{ji} は, $^tA, {}^tB \in M(n,m)$ のそれぞれの (i,j) 成分であり, $^t(A+B)$ と $^tA, {}^tB$ は同じ型であるから, 再び和の定義より,

$$^t(A+B) = (a_{ji} + b_{ji}) = (a_{ji}) + (b_{ji}) = {}^tA + {}^tB$$

を得る.

(3) $A = (a_{ij}) \in M(\ell,m), B = (b_{ij}) \in M(m,n)$ とする. $AB \in M(\ell,n)$ であるから, $^t(AB) \in M(n,\ell)$ である. そこで, $^t(AB) = (c_{ij})$ とすると, $^t(AB)$ の (i,j) 成分は, AB の (j,i) 成分であるから,

$$c_{ij} = \sum_{k=1}^m a_{jk}b_{ki}.$$

ここで, $^tA = (s_{ij}), {}^tB = (t_{ij})$ とおくと, $^tA \in M(m,\ell), {}^tB \in M(n,m)$ で, $s_{ij} = a_{ji}, t_{ij} = b_{ji}$ である. また, $^tB\,{}^tA$ が定義されて, $^tB\,{}^tA \in M(n,\ell)$ となる. $^tB\,{}^tA$ の (i,j) 成分は,

$$\sum_{k=1}^m t_{ik}s_{kj}$$

であるから,

$$^t(AB) = \left(\sum_{k=1}^m a_{jk}b_{ki}\right) = \left(\sum_{k=1}^m s_{kj}t_{ik}\right) = \left(\sum_{k=1}^m t_{ik}s_{kj}\right) = {}^tB\,{}^tA$$

を得る.

(4) $M(m,n) \ni A = (a_{ij})$ とする. $\mathbb{R} \ni c$ に対して, $cA = (ca_{ij}) \in M(m,n)$ である. $^t(cA) = (s_{ij}) \in M(n,m)$ とすると, $^t(cA)$ の (i,j) 成分は, cA の (j,i) 成分であるから,

$$s_{ij} = ca_{ji}.$$

ここで, $^tA \in M(n,m)$ の (i,j) 成分は a_{ji} で, スカラー倍の定義に注意すれば,

$$^t(cA) = (ca_{ji}) = c(a_{ji}) = c\,{}^tA.$$ ∎

定理 1.10(3) は, A, B の積の順序に注意が必要である. 次の例題で具体的な行列の計算をして整理をしておきたい.

例題 1.8 $A = \begin{pmatrix} 1 & -3 & 6 \\ 3 & 4 & -1 \end{pmatrix}, B = \begin{pmatrix} 1 & 7 \\ 0 & -1 \\ 8 & 2 \end{pmatrix}$ に対して, $^t(AB), {}^tB\,{}^tA$ を計算せよ.

解答 $AB = \begin{pmatrix} 1+0+48 & 7+3+12 \\ 3+0-8 & 21-4-2 \end{pmatrix} = \begin{pmatrix} 49 & 22 \\ -5 & 15 \end{pmatrix}$. よって, $^t(AB) = \begin{pmatrix} 49 & -5 \\ 22 & 15 \end{pmatrix}$ であ

る. 一方, $^tB = \begin{pmatrix} 1 & 0 & 8 \\ 7 & -1 & 2 \end{pmatrix}$, $^tA = \begin{pmatrix} 1 & 3 \\ -3 & 4 \\ 6 & -1 \end{pmatrix}$ であるから, $^tB\,^tA = \begin{pmatrix} 1+0+48 & 3+0-8 \\ 7+3+12 & 21-4-2 \end{pmatrix}$

$= \begin{pmatrix} 49 & -5 \\ 22 & 15 \end{pmatrix}$ となる.

問 **1.8** $A = \begin{pmatrix} 2 & 3 \\ 5 & 6 \\ 10 & -1 \end{pmatrix}$, $B = \begin{pmatrix} 4 & 5 \\ 0 & 1 \\ 2 & 3 \end{pmatrix}$ のとき, 次の行列を求めよ.

(1) ^tA (2) ^tB

(3) $^t(A+B)$ (4) $^t(A-B)$

(5) ^tAB (6) ^tBA

☕ 複素数と行列 ☕

2 次正方行列の積を考えてみると,

$$\begin{pmatrix} a & b \\ c & d \end{pmatrix} \cdot \begin{pmatrix} e & f \\ g & h \end{pmatrix} = \begin{pmatrix} ae+bg & af+bh \\ ce+dg & cf+dh \end{pmatrix}$$

となっていますが, これは, 以下に示す様に複素数の積に対応しています:

$$(a+ib) \cdot (e+if) = (ae-bf) + i(af+be),$$

$$\begin{pmatrix} a & -b \\ b & a \end{pmatrix} \cdot \begin{pmatrix} e & -f \\ f & e \end{pmatrix} = \begin{pmatrix} ae+(-b)f & a(-f)+(-b)e \\ be+af & b(-f)+ae \end{pmatrix}.$$

このように, 行列の積は, 複素数の立場から見れば, 「複素数の積に対応するように定義されている」と見ることもできます. これは行列の積のルール創りにある背景の 1 つかもしれません. さて, 上記の対応では, **虚数単位** $i = \sqrt{-1}$ は

$$\begin{pmatrix} 0 & -1 \\ 1 & 0 \end{pmatrix}$$

という実 2 次正方行列に対応しています. これを 2 乗してみるとどうでしょうか?

$$\begin{pmatrix} 0 & -1 \\ 1 & 0 \end{pmatrix} \cdot \begin{pmatrix} 0 & -1 \\ 1 & 0 \end{pmatrix} = \begin{pmatrix} -1 & 0 \\ 0 & -1 \end{pmatrix}$$

となり, これは実数の -1 に対応する行列になっています. 実数の拡張として複素数を見ると, 実数の世界にはない数の概念が現れてしまい, **虚数**という少しかわいそうな名前をつけられてしまいますが, 実 2 次正方行列の立場から見れば, ちゃんと実在する対象なのです. 行列の和 (差) に関しても, 同様の考察ができますので, 興味のある読者は, 実践してみるとよいでしょう.

◆◆練習問題 § 1.4 ◆◆

A

1. $A = \begin{pmatrix} 2 & 1 & 3 \\ 0 & -2 & 4 \\ -3 & 1 & 5 \end{pmatrix}$, $\quad B = \begin{pmatrix} 3 & -6 \\ 1 & 5 \\ 0 & -2 \end{pmatrix}$, $\quad C = \begin{pmatrix} 2 & 0 \\ 7 & 3 \\ -2 & 1 \end{pmatrix}$, $P =$

$\begin{pmatrix} 1 & 0 & -3 & 2 \\ -5 & 1 & 0 & 3 \end{pmatrix}$, $\quad Q = \begin{pmatrix} 5 & 1 \\ 2 & 3 \end{pmatrix}$ のとき，次の行列を求めよ．

(1) $\quad AB$ 　　　　　　　　　　(2) $\quad AC$

(3) $\quad BP$ 　　　　　　　　　　(4) $\quad CP$

(5) $\quad A(B+C)$ 　　　　　　　(6) $\quad (B+C)P$

(7) $\quad {}^{t}PQ$ 　　　　　　　　　(8) $\quad {}^{t}P\,{}^{t}Q$

(9) $\quad {}^{t}QP$ 　　　　　　　　　(10) $\quad {}^{t}P(2Q + 3\,{}^{t}Q)$

(11) $\quad A(CQ)$

§ 1.5　正方行列と正則行列

この節では，扱いやすい行列や特徴のある行列に名前をつける．これらの名前は，数学の議論を円滑に進めるための大切な用語となる．

▮ **正方行列** ▮

§ 1.3, § 1.4 で学んだように，2 つの行列 A, B に対して，行列の和 $A + B$ や積 AB は，定義される場合と定義されない場合があった．行列をより扱いやすい数学的な対象としてとらえるには，常に和や積が定義される都合のよい場合を考察する必要がある．定義 1.12 で定義した正方行列は，和と積が常に定義され，実数などの数と同じように扱いやすい行列である．

積について，定義 1.16 により，$A, B \in M_n$ ならば $AB, BA \in M_n$ となるから，同じ $A \in M_n$ を何度掛けても n 次正方行列となる．そこで，

$$A^k := \underbrace{AA \cdots A}_{k \,\text{個}}$$

で k 個の A の積を定義し，A の k 乗という．$A^k A = A^{k+1}$ である．

例 1.20　$M_2 \ni A = \begin{pmatrix} 3 & 2 \\ 0 & 4 \end{pmatrix}$ とすると，

$$A^2 = \begin{pmatrix} 3 & 2 \\ 0 & 4 \end{pmatrix}\begin{pmatrix} 3 & 2 \\ 0 & 4 \end{pmatrix} = \begin{pmatrix} 9 & 14 \\ 0 & 16 \end{pmatrix},$$

$A^3 = A^2 A = \begin{pmatrix} 9 & 14 \\ 0 & 16 \end{pmatrix} \begin{pmatrix} 3 & 2 \\ 0 & 4 \end{pmatrix} = \begin{pmatrix} 27 & 74 \\ 0 & 64 \end{pmatrix}$ となる.

例題 1.9 $M_2 \ni A = \begin{pmatrix} 1 & -3 \\ 4 & 2 \end{pmatrix}$, $B = \begin{pmatrix} -1 & 1 \\ 2 & -2 \end{pmatrix}$ とするとき, $(A+B)(A-B)$ と $A^2 - B^2$ を計算せよ.

解答 $A + B = \begin{pmatrix} 0 & -2 \\ 6 & 0 \end{pmatrix}$, $A - B = \begin{pmatrix} 2 & -4 \\ 2 & 4 \end{pmatrix}$ であるから,

$(A+B)(A-B) = \begin{pmatrix} 0 & -2 \\ 6 & 0 \end{pmatrix} \begin{pmatrix} 2 & -4 \\ 2 & 4 \end{pmatrix} = \begin{pmatrix} 0+(-4) & 0+(-8) \\ 12+0 & -24+0 \end{pmatrix} = \begin{pmatrix} -4 & -8 \\ 12 & -24 \end{pmatrix}$

を得る.

また, $A^2 = \begin{pmatrix} 1 & -3 \\ 4 & 2 \end{pmatrix} \begin{pmatrix} 1 & -3 \\ 4 & 2 \end{pmatrix} = \begin{pmatrix} 1+(-12) & -3-6 \\ 4+8 & -12+4 \end{pmatrix} = \begin{pmatrix} -11 & -9 \\ 12 & -8 \end{pmatrix}$ であり, $B^2 = \begin{pmatrix} 1+2 & -1-2 \\ -2-4 & 2+4 \end{pmatrix} = \begin{pmatrix} 3 & -3 \\ -6 & 6 \end{pmatrix}$ であるから,

$A^2 - B^2 = \begin{pmatrix} -11 & -9 \\ 12 & -8 \end{pmatrix} - \begin{pmatrix} 3 & -3 \\ -6 & 6 \end{pmatrix} = \begin{pmatrix} -14 & -6 \\ 18 & -14 \end{pmatrix}$

を得る.　■

✎ $\mathbb{R} \ni a, b$ に対して, $(a+b)(a-b) = a^2 - b^2$ が成り立つが, 例題 1.9 の A, B に対しては成り立たない. 理由は, A, B が正方行列であっても, 一般に, $AB \neq BA$ であることによる. 実際, 例題の場合は, $AB = \begin{pmatrix} -7 & 7 \\ 0 & 0 \end{pmatrix}$, $BA = \begin{pmatrix} 3 & 5 \\ -6 & -10 \end{pmatrix}$ となり, $AB \neq BA$ であるから, $(A+B)(A-B) = A^2 - AB + BA - B^2 \neq A^2 - B^2$ となる.

▌対角行列と単位行列▐

正方行列のなかで, 基本的な行列は, 次に定義する対角行列と単位行列である. あとで確認するように, 和においても積においてもたいへん扱いやすい行列である.

定義 1.18 n 次正方行列 $A = \begin{pmatrix} a_{11} & a_{12} & \cdots & a_{1n} \\ a_{21} & a_{22} & & \vdots \\ \vdots & & \ddots & \\ a_{n1} & \cdots & & a_{nn} \end{pmatrix}$ において, 左上から右下に対角線

上にならぶ成分 $a_{11}, a_{22}, \ldots, a_{nn}$ を A の対角成分（たいかく）という.

例 1.21 $M_2 \ni A = \begin{pmatrix} 2 & 5 \\ -3 & 1 \end{pmatrix}$, $M_3 \ni B = \begin{pmatrix} -7 & -1 & 3 \\ -2 & 4 & 6 \\ 3 & -10 & 5 \end{pmatrix}$ とするとき, A の対角成

分は, $2, 1$ であり, B の対角成分は, $-7, 4, 5$ である.

定義 1.19　正方行列 $A \in M_n$ について，A の対角成分以外の成分がすべて 0 であるとき，A を**対角行列**という．また，0 となる成分全体を，大きな文字を使って次のように略記することがある．

$$\begin{pmatrix} a_{11} & & & \\ & a_{22} & & O \\ & & \ddots & \\ O & & & a_{nn} \end{pmatrix}.$$

例 1.22　$M_2 \ni A = \begin{pmatrix} 2 & 0 \\ 0 & 1 \end{pmatrix}$, $M_3 \ni B = \begin{pmatrix} -7 & 0 & 0 \\ 0 & 4 & 0 \\ 0 & 0 & 5 \end{pmatrix}$ とするとき，A は 2 次の対角行列であり，B は 3 次の対角行列である．

定義 1.20　対角成分がすべて 1 である対角行列を**単位行列**といい，E で表す．

$$E := \begin{pmatrix} 1 & & & \\ & 1 & & O \\ & & \ddots & \\ O & & & 1 \end{pmatrix}.$$

✎　E が n 次であるとき，E_n と次数を明記することがある．

　次に定義する記号 δ_{ij} を，**クロネッカーの $\overset{\text{デルタ}}{\delta}$** という．

$$\delta_{ij} := \begin{cases} 1 & i = j \text{ のとき}, \\ 0 & i \neq j \text{ のとき}. \end{cases}$$

クロネッカーの δ を使えば，単位行列 E は，$E = (\delta_{ij})$ と書くことができる．

定義 1.21　スカラー $a \in \mathbb{R}$ に対して，aE を**スカラー行列**という．

$$aE = \begin{pmatrix} a & & & \\ & a & & O \\ & & \ddots & \\ O & & & a \end{pmatrix}$$

例 1.23　$\begin{pmatrix} 1 & 0 \\ 0 & 1 \end{pmatrix}$, $\begin{pmatrix} 1 & 0 & 0 \\ 0 & 1 & 0 \\ 0 & 0 & 1 \end{pmatrix}$ は，それぞれ，2 次の単位行列と 3 次の単位行列である．

また, $\begin{pmatrix} 3 & 0 & 0 & 0 \\ 0 & 3 & 0 & 0 \\ 0 & 0 & 3 & 0 \\ 0 & 0 & 0 & 3 \end{pmatrix}$ は, 4 次のスカラー行列である.

定理 1.11　$A, B, E \in M_n$ について次が成り立つ.
(1)　$AE = EA = A$ (E は単位行列).
(2)　A, B が対角行列ならば, $AB = BA$ である.

証明　(1) $A = (a_{ij}) \in M_n$ とすると, $E = (\delta_{ij})$ であるから, AE の (i,j) 成分は, $\displaystyle\sum_{k=1}^{n} a_{ik}\delta_{kj} = a_{i1}\delta_{1j} + a_{i2}\delta_{2j} + \cdots + a_{ij}\delta_{jj} + \cdots + a_{in}\delta_{nj}$ であり, クロネッカーの δ の定義より,

$$\delta_{kj} = \begin{cases} 1 & (k = j) \\ 0 & (k \neq j) \end{cases}$$

であるから, $\displaystyle\sum_{k=1}^{n} a_{ik}\delta_{kj} = a_{ij}\delta_{jj} = a_{ij}$ を得る. よって AE の (i,j) 成分と A の (i,j) 成分は等しいことがわかり, $AE = A$ となる. $EA = A$ についても同様に示すことができる.

(2) (1) と同様にクロネッカーの δ を使うと, A, B が対角行列のとき, $A = (a_{ij}\delta_{ij}), B = (b_{ij}\delta_{ij})$ と書くことができる. AB の (i,j) 成分は, $\displaystyle\sum_{k=1}^{n} a_{ik}\delta_{ik}b_{kj}\delta_{kj}$ であるが, $\delta_{ik} = \delta_{kj} = 1$ となるのは, $i = k = j$ のときだから, $i \neq j$ のとき和は 0 となる. よって, AB の (i,j) 成分は, $i = j$ のとき $a_{ii}b_{ii}$, $i \neq j$ のとき 0 となる対角行列である.

同様に, BA の (i,j) 成分は, $\displaystyle\sum_{k=1}^{n} b_{ik}\delta_{ik}a_{kj}\delta_{kj}$ で, $i = j = k$ のとき, 和は $b_{ii}a_{ii}$ でそれ以外の和は 0 となる. よって, BA の (i,j) 成分は, $i = j$ のとき $b_{ii}a_{ii}$, $i \neq j$ のとき 0 となる対角行列である. ここで, $b_{ii}a_{ii} = a_{ii}b_{ii}$ であるから, $AB = BA$ を得る. ∎

例題 1.10　$M_2 \ni A = \begin{pmatrix} a & 0 \\ 0 & b \end{pmatrix}$ に対して, $A^n = \begin{pmatrix} a^n & 0 \\ 0 & b^n \end{pmatrix}$ が成り立つことを示せ.

解答　n に関する数学的帰納法により示す.
(I)　$n = 1$ のときは成り立つ.
(II)　$n = k$ のとき, $A^k = \begin{pmatrix} a^k & 0 \\ 0 & b^k \end{pmatrix}$ が成り立つとすれば,

$$A^{k+1} = A^k A = \begin{pmatrix} a^k & 0 \\ 0 & b^k \end{pmatrix}\begin{pmatrix} a & 0 \\ 0 & b \end{pmatrix} = \begin{pmatrix} a^k \cdot a + 0 & 0 \\ 0 & 0 + b^k \cdot b \end{pmatrix} = \begin{pmatrix} a^{k+1} & 0 \\ 0 & b^{k+1} \end{pmatrix}.$$

よって, $k+1$ のときも成り立つので, すべての $n \in \mathbb{N}$ に対して成り立つ. ∎

問 1.9　$M_2 \ni A = \begin{pmatrix} a & b \\ 0 & 0 \end{pmatrix}$ に対して, $A^n = \begin{pmatrix} a^n & a^{n-1}b \\ 0 & 0 \end{pmatrix}$ が成り立つことを証明せよ.

▌正則行列▐

$a, b \in \mathbb{R}$ と未知数 $x \in \mathbb{R}$ において，方程式 $ax = b$ を満たす x は，辺々 a の逆数 a^{-1} を掛けて，$x = a^{-1}b$ として解くことができた．行列も数の場合と同様に，$A, B \in M_n$ と未知の $X \in M_n$ に対して，$AX = B$ を満たす X を求めることはできるであろうか．もし，$A^{-1}A = E$ となるような $A^{-1} \in M_n$ が存在すれば，定理 1.11 の (1) より，$EX = X$ であるから，$AX = B$ の辺々左から A^{-1} を掛けて，$X = A^{-1}B$ として X を求めることができる．そこで，次の行列を定義する．

> **定義 1.22** $A \in M_n$ に対して，
> $$AX = E = XA$$
> となる n 次正方行列 X が存在するとき，X を A の逆行列といい，A は逆行列をもつという．ここで，X を A^{-1} と書く．

✎ $A \in M_n$ に対して，A が逆行列をもつとき，A の逆行列を A^{-1} と書くのは，A の逆行列が一意的に定まるからである[7]．実際，X_1, X_2 が A の逆行列だとすると，$X_1A = E$，$AX_2 = E$ であるから，$X_1 = X_1E = X_1(AX_2) = (X_1A)X_2 = EX_2 = X_2$ となり，$X_1 = X_2$ を得る．

> **定義 1.23** $M_n \ni A$ が逆行列をもつとき，A は正則行列であるという．
> $$A \text{ が正則行列} \iff AA^{-1} = A^{-1}A = E.$$

✎   数学では，「P ならば Q である」という主張を，$P \implies Q$ と書く．特に，$P \implies Q$ かつ $Q \implies P$ をまとめて $P \iff Q$ と書く．

例 1.24 $M_2 \ni A = \begin{pmatrix} 2 & 1 \\ 5 & 3 \end{pmatrix}$ とすると，A は逆行列 $A^{-1} = \begin{pmatrix} 3 & -1 \\ -5 & 2 \end{pmatrix}$ をもち，実際，

$$AA^{-1} = \begin{pmatrix} 2 & 1 \\ 5 & 3 \end{pmatrix}\begin{pmatrix} 3 & -1 \\ -5 & 2 \end{pmatrix} = \begin{pmatrix} 6-5 & -2+2 \\ 15-15 & -5+6 \end{pmatrix} = \begin{pmatrix} 1 & 0 \\ 0 & 1 \end{pmatrix}$$

となる．同様に $A^{-1}A = \begin{pmatrix} 1 & 0 \\ 0 & 1 \end{pmatrix}$ である．

また，$M_3 \ni B = \begin{pmatrix} 1 & 2 & 0 \\ 0 & 1 & 1 \\ 0 & 3 & 2 \end{pmatrix}$ は，逆行列 $B^{-1} = \begin{pmatrix} 1 & 4 & -2 \\ 0 & -2 & 1 \\ 0 & 3 & -1 \end{pmatrix}$ をもち，

$$B^{-1}B = \begin{pmatrix} 1 & 4 & -2 \\ 0 & -2 & 1 \\ 0 & 3 & -1 \end{pmatrix}\begin{pmatrix} 1 & 2 & 0 \\ 0 & 1 & 1 \\ 0 & 3 & 2 \end{pmatrix} = \begin{pmatrix} 1+0+0 & 2+4-6 & 0+4-4 \\ 0+0+0 & 0-2+3 & 0-2+2 \\ 0+0+0 & 0+3-3 & 0+3-2 \end{pmatrix}$$

---

[7] 実数のときのように $1/A$ とは書かない．

$$= \begin{pmatrix} 1 & 0 & 0 \\ 0 & 1 & 0 \\ 0 & 0 & 1 \end{pmatrix}$$

となる. BB^{-1} も同様に単位行列になることが確かめられる. ここで, 2 次の行列の逆行列の求め方については, 定理 1.13 で, 3 次の行列の逆行列の求め方は別の節でそれぞれ学ぶことになる.

例 1.25　n 次単位行列 E について, $EE = E$ より, $E^{-1} = E$ であるから E は正則行列である.

> **定理 1.12**　A, B が正則行列であるとき, 次が成り立つ.
> (1)　A の逆行列 A^{-1} は正則行列で, $(A^{-1})^{-1} = A$.
> (2)　AB は正則行列で, $(AB)^{-1} = B^{-1}A^{-1}$.
> (3)　A の転置行列 ${}^t A$ は正則行列で, $({}^t A)^{-1} = {}^t (A^{-1})$.

証明　(1) A は正則行列であるから, 逆行列 A^{-1} が存在して, 定義 1.23 より, $AA^{-1} = A^{-1}A = E$ となる. このことから, A と A^{-1} の立場を逆に考えれば, A^{-1} は正則でなければならず, $(A^{-1})^{-1}$ は A でなければならない.
(2) A, B はともに正則行列であるから, A^{-1}, B^{-1} が存在する. よって, AB が逆行列 $B^{-1}A^{-1}$ をもつことを確かめればよい.
　　$BB^{-1} = AA^{-1} = E$ であるから,
$$(AB)(B^{-1}A^{-1}) = A(BB^{-1})A^{-1} = AEA^{-1} = AA^{-1} = E.$$
同様にして, $A^{-1}A = B^{-1}B = E$ であることに注意すれば,
$$(B^{-1}A^{-1})(AB) = B^{-1}(A^{-1}A)B = B^{-1}EB = B^{-1}B = E$$
を得る. よって, AB は, 逆行列 $B^{-1}A^{-1}$ をもち, AB は正則行列であることがわかる.
(3) A は正則行列であるから, $AA^{-1} = A^{-1}A = E$ が成り立つ. ここで, 定理 1.10 (3) より, ${}^t(A^{-1}){}^t A = {}^t(AA^{-1}) = {}^t E = {}^t(A^{-1}A) = {}^t A {}^t(A^{-1})$ であり, ${}^t E = E$ であるから, ${}^t(A^{-1}){}^t A = {}^t A {}^t(A^{-1}) = E$ を得る. よって, ${}^t A$ は正則で, 逆行列 ${}^t(A^{-1})$ をもつ. ∎

✎　$M_n \ni A$ が正則行列のとき, A^{-1} の k 個の積 $(A^{-1})^k = \underbrace{A^{-1}A^{-1}\cdots A^{-1}}_{k \text{ 個}}$ を A^{-k} と書く. $A^0 := E$

と定めれば, 実数のときと同様に, $k, \ell \in \mathbb{Z}$ に対して, 指数法則
$$A^k A^\ell = A^{k+\ell}, (A^k)^\ell = A^{k\ell}$$
が成り立つ.

任意の正方行列 A に対して[8], A が正則行列であるかどうかの判定方法は §1.6 以降に学ぶ. ここでは, 2 次の正方行列の正則性の判定について紹介する.

---

[8] 数学において, 「任意の」という言い回しは, 「無作為の」ということである. 「任意の A に対して」は「勝手に与えた A に対して」または「あらゆる A に対して」などと解釈すればよい.

定理 **1.13** $M_2 \ni A$ に対して,

$$A = \begin{pmatrix} a & b \\ c & d \end{pmatrix} \text{ が正則行列} \iff ad - bc \neq 0$$

が成り立つ. このとき, A の逆行列は,

$$A^{-1} = \frac{1}{ad - bc} \begin{pmatrix} d & -b \\ -c & a \end{pmatrix}$$

で与えられる.

証明 $\implies$ の証明: A が正則行列であるとし, $A^{-1} = \begin{pmatrix} x & y \\ z & w \end{pmatrix}$ を A の逆行列とする. $AA^{-1} = E$ であるから

$$\begin{pmatrix} a & b \\ c & d \end{pmatrix}\begin{pmatrix} x & y \\ z & w \end{pmatrix} = \begin{pmatrix} 1 & 0 \\ 0 & 1 \end{pmatrix} \quad \text{すなわち} \quad \begin{pmatrix} ax+bz & ay+bw \\ cx+dz & cy+dw \end{pmatrix} = \begin{pmatrix} 1 & 0 \\ 0 & 1 \end{pmatrix}$$

となって

$$\begin{cases} ax + bz = 1 & \cdots ① \\ cx + dz = 0 & \cdots ② \end{cases} \quad \text{および} \quad \begin{cases} ay + bw = 0 & \cdots ③ \\ cy + dw = 1 & \cdots ④ \end{cases}$$

が成り立つ. ②$\times a -$①$\times c$ と ①$\times d -$②$\times b$ から

$$(ad-bc)z = -c \cdots ⑤ \quad , \quad (ad-bc)x = d \cdots ⑥$$

が得られるので, もし $ad - bc = 0$ であるとすると, ⑤, ⑥ から $c = d = 0$ となって ④ に矛盾する. したがって $ad - bc \neq 0$ でなければならない. さらに ④$\times a -$③$\times c$ と ③$\times d -$④$\times b$ から

$$(ad-bc)w = a \cdots ⑦ \quad , \quad (ad-bc)y = -b \cdots ⑧$$

が得られるので, ⑤, ⑥, ⑦, ⑧ から $x = \dfrac{d}{ad-bc}, y = \dfrac{-b}{ad-bc}, z = \dfrac{-c}{ad-bc}, w = \dfrac{a}{ad-bc}$ が導

かれる. したがって $A^{-1} = \dfrac{1}{ad-bc}\begin{pmatrix} d & -b \\ -c & a \end{pmatrix}$.

$\impliedby$ の証明: $ad - bc \neq 0$ のとき, 行列 $X := \dfrac{1}{ad-bc}\begin{pmatrix} d & -b \\ -c & a \end{pmatrix}$ が $AX = E = XA$ を満た

すことは計算によって容易に確かめることができる. よって X は A の逆行列であり, A は正則行列である.

例題 **1.11** $A = \begin{pmatrix} 2 & -1 \\ -3 & 4 \end{pmatrix}, B = \begin{pmatrix} -5 & -2 \\ 3 & 1 \end{pmatrix}, C = \begin{pmatrix} -1 & -2 \\ 1 & 2 \end{pmatrix}$ とするとき, A, B, C, AB が正則行列かどうか調べて, 正則行列のときは, その逆行列を計算せよ.

解答 A について, $2 \cdot 4 - (-1) \cdot (-3) = 8 - 3 = 5 \neq 0$ であるから, 定理 1.13 より A は正則行列で, $A^{-1} = \dfrac{1}{5}\begin{pmatrix} 4 & 1 \\ 3 & 2 \end{pmatrix}$ となる. 同様にして, B に対して, $-5 \cdot 1 - (-2) \cdot 3 = -5 + 6 = 1 \neq 0$ であるから, B は正則行列で, $B^{-1} = \begin{pmatrix} 1 & 2 \\ -3 & -5 \end{pmatrix}$ である. C は, $-1 \cdot 2 - (-2) \cdot 1 = -2 + 2 = 0$ であるから, C は正則行列ではない.

AB については, A, B が正則行列であるから, 定理 1.12 の (2) より $(AB)^{-1} = B^{-1}A^{-1} =$

$\begin{pmatrix} 1 & 2 \\ -3 & -5 \end{pmatrix} \cdot \dfrac{1}{5} \begin{pmatrix} 4 & 1 \\ 3 & 2 \end{pmatrix} = \dfrac{1}{5} \begin{pmatrix} 4+6 & 1+4 \\ -12-15 & -3-10 \end{pmatrix} = \dfrac{1}{5} \begin{pmatrix} 10 & 5 \\ -27 & -13 \end{pmatrix}$ である. ∎

問 1.10　次の行列が正則行列かどうか調べて, 正則行列のときは, その逆行列を計算せよ.

(1) $\begin{pmatrix} 3 & 1 \\ 2 & 1 \end{pmatrix}$　　　(2) $\begin{pmatrix} 2 & 4 \\ -3 & -6 \end{pmatrix}$　　　(3) $\begin{pmatrix} 2 & 4 \\ 1 & 3 \end{pmatrix}$

(4) $\begin{pmatrix} -2 & -6 \\ 3 & 9 \end{pmatrix}$　　　(5) $\begin{pmatrix} -1 & 2 \\ -2 & 5 \end{pmatrix}$　　　(6) $\begin{pmatrix} 3 & -3 \\ -5 & 2 \end{pmatrix}$

■ 対称行列と交代行列, 直交行列 ■

次に, §1.4 で学習した転置行列によって特徴づけられる行列を紹介する.

定義 1.24　$M_n \ni A$ が, ${}^tA = A$ を満たすとき, A を**対称行列**といい, ${}^tA = -A$ を満たすとき, A を**交代行列**という.

例 1.26　$A = \begin{pmatrix} 2 & 6 & 10 \\ 6 & 10 & 14 \\ 10 & 14 & 18 \end{pmatrix}$, $B = \begin{pmatrix} 0 & 2 & 4 \\ -2 & 0 & 2 \\ -4 & -2 & 0 \end{pmatrix}$ とすると, ${}^tA = A$ より A は対称

行列である. また, ${}^tB = \begin{pmatrix} 0 & -2 & -4 \\ 2 & 0 & -2 \\ 4 & 2 & 0 \end{pmatrix} = -B$ であるから, B は交代行列である.

定理 1.14　任意の $A \in M_n$ に対して, $A + {}^tA$ は対称行列であり, $A - {}^tA$ は交代行列となる.

証明　定理 1.10 の (1), (2) より, ${}^t(A + {}^tA) = {}^tA + {}^t({}^tA) = {}^tA + A = A + {}^tA$ である. よって, $A + {}^tA$ は対称行列である.

同様にして,

$$ {}^t(A - {}^tA) = {}^tA - {}^t({}^tA) = {}^tA - A = -(A - {}^tA) $$

であるから, $A - {}^tA$ は 交代行列である. ∎

例題 1.12　$A = \begin{pmatrix} 1 & 4 & 7 \\ 2 & 5 & 8 \\ 3 & 6 & 9 \end{pmatrix}$ を対称行列と交代行列の和で表せ.

解答　定理 1.14 より, $A + {}^tA$ は対称行列で, $A - {}^tA$ は交代行列となるから, $(A + {}^tA) + (A - {}^tA) = 2A$ より,

$$ A = \frac{1}{2} \left\{ (A + {}^tA) + (A - {}^tA) \right\} $$

である. いま, $A + {}^tA = \begin{pmatrix} 2 & 6 & 10 \\ 6 & 10 & 14 \\ 10 & 14 & 18 \end{pmatrix}$, $A - {}^tA = \begin{pmatrix} 0 & 2 & 4 \\ -2 & 0 & 2 \\ -4 & -2 & 0 \end{pmatrix}$ であるから,

$$A = \frac{1}{2} \left\{ \begin{pmatrix} 2 & 6 & 10 \\ 6 & 10 & 14 \\ 10 & 14 & 18 \end{pmatrix} + \begin{pmatrix} 0 & 2 & 4 \\ -2 & 0 & 2 \\ -4 & -2 & 0 \end{pmatrix} \right\} = \begin{pmatrix} 1 & 3 & 5 \\ 3 & 5 & 7 \\ 5 & 7 & 9 \end{pmatrix} + \begin{pmatrix} 0 & 1 & 2 \\ -1 & 0 & 1 \\ -2 & -1 & 0 \end{pmatrix}$$

である.

問 1.11　$A = \begin{pmatrix} 1 & -5 & 9 \\ 1 & 3 & 6 \\ -1 & -2 & 2 \end{pmatrix}$ を対称行列と交代行列の和で表せ.

次の定義は特別な実行列である.

定義 1.25　$M_n \ni A$ が $A^{-1} = {}^tA$ を満たすとき, すなわち,

$$ {}^tAA = A{}^tA = E $$

を満たすとき, A を**直交行列** (または**実ユニタリ行列**) という.

例 1.27　$A = \frac{1}{2} \begin{pmatrix} 1 & -\sqrt{3} \\ \sqrt{3} & 1 \end{pmatrix}$ とすると, $\frac{1}{4}(1 \cdot 1 - (-\sqrt{3}) \cdot \sqrt{3}) = \frac{1}{4} \cdot 4 = 1 \neq 0$ であ

るから, 定理 1.13 より, A は正則行列で, $A^{-1} = \frac{1}{2} \begin{pmatrix} 1 & \sqrt{3} \\ -\sqrt{3} & 1 \end{pmatrix} = {}^tA$ を得る. よって, A

は直交行列である.

問 1.12　$\begin{pmatrix} \cos\theta & -\sin\theta \\ \sin\theta & \cos\theta \end{pmatrix}$ は直交行列であることを確かめよ.

━━ ☕ 複素数と行列 2 ☕ ━━

　行列の積についてもう一度考えてみます．たとえば，複素数が 2 次正方行列に再現されたことを思い出してください：

$$x + iy \mapsto \begin{pmatrix} x & -y \\ y & x \end{pmatrix}$$

2 つの複素数の積の順序は交換可能 (**可換, commutative**) です．その複素数の世界を上記の対応が再現してくれているのですから，たとえば，次の 2 つの行列の積の順序は可換です：

$$\begin{pmatrix} x_1 & -y_1 \\ y_1 & x_1 \end{pmatrix}, \quad \begin{pmatrix} x_2 & -y_2 \\ y_2 & x_2 \end{pmatrix}$$

(実際に確かめてみてください)．しかし，複素数には対応していない

$$\begin{pmatrix} 1 & 2 \\ 3 & 2 \end{pmatrix}, \quad \begin{pmatrix} 0 & 1 \\ 1 & 1 \end{pmatrix}$$

などの 2 次正方行列の積の順序は可換とは限りません．これが行列と数の大きな違いです．単位行列はどのような行列とも可換です．可換な行列，非可換な行列をきちんと見分けて，効率のよい計算を行うことも重要です．

◆◆練習問題 §1.5 ◆◆

A

1.　$A = \begin{pmatrix} 2 & 0 \\ -1 & 3 \end{pmatrix}, \quad B = \begin{pmatrix} -1 & -3 \\ 0 & 2 \end{pmatrix}$ のとき，次の行列を求めよ．

(1)　A^2 　　　　　　　　　　(2)　A^3

(3)　A^4 　　　　　　　　　　(4)　AB

(5)　BA 　　　　　　　　　　(6)　$(A+B)(A-B)$

(7)　$(A-B)(A+B)$ 　　　　(8)　$A^2 - B^2$

(9)　$A^3 - B^3$

2.　$A = \begin{pmatrix} 3 & 0 & 1 \\ 0 & -2 & 2 \\ 4 & 1 & 0 \end{pmatrix}$ のとき，A^2, A^3, A^5 を求めよ．

3.　$M_2 \ni A = \begin{pmatrix} a & 0 \\ b & 0 \end{pmatrix}$ に対して，$A^n = \begin{pmatrix} a^n & 0 \\ a^{n-1}b & 0 \end{pmatrix}$ が成り立つことを証明せよ．

4. 次の行列が正則行列かどうか調べて，正則行列のときは，その逆行列を計算せよ．

(1) $\begin{pmatrix} 8 & 6 \\ 9 & 7 \end{pmatrix}$ (2) $\begin{pmatrix} 6 & -9 \\ -8 & 12 \end{pmatrix}$ (3) $\begin{pmatrix} 2 & -3 \\ 5 & -9 \end{pmatrix}$

5. $A = \begin{pmatrix} 3 & -3 & 5 & -3 \\ 1 & 4 & -7 & 6 \\ -1 & 1 & 0 & 8 \\ -1 & -4 & 4 & 5 \end{pmatrix}$ を対称行列と交代行列の和で表せ．

6. (1) $A = \begin{pmatrix} 2 & 2a-1 & 5 \\ c & 1 & a \\ b & 3c-2 & 3 \end{pmatrix}$ が対称行列であるとき，a, b, c の値を求めよ．

(2) $B = \begin{pmatrix} 0 & 3b+5 & 6 \\ c+3 & 0 & 2b \\ -6 & 4 & a \end{pmatrix}$ が交代行列であるとき，a, b, c の値を求めよ．

7. (1) $A = \begin{pmatrix} a & \dfrac{2}{\sqrt{5}} \\ b & -\dfrac{1}{\sqrt{5}} \end{pmatrix}$ が直交行列となるように，a, b の値を求めよ．

(2) $B = \begin{pmatrix} \dfrac{2}{\sqrt{5}} & \dfrac{7}{3\sqrt{30}} & a \\ 0 & \dfrac{5}{3\sqrt{30}} & b \\ -\dfrac{1}{\sqrt{5}} & \dfrac{14}{3\sqrt{30}} & c \end{pmatrix}$ が直交行列となるように，a, b, c の値を求めよ．

§1.6　行列式の定義，サラスの方法

$\mathbb{C} \ni a, b$ について，a と b を比べるために，絶対値や偏角などの計量の道具を準備した．行列 A, B についても，そのままでは計量できないので，この節では，行列式という道具を準備する．行列式は，各正方行列に対して定まる値であり，後の節で，正則行列かどうかの判定 (逆行列をもつかどうかの判定) などに利用する重要な値である[9]．

定義 1.26 $M_2 \ni A = \begin{pmatrix} a & b \\ c & d \end{pmatrix}$ に対して，$ad - bc$ を A の行列式といい，$\begin{vmatrix} a & b \\ c & d \end{vmatrix}$, $|A|$ または，$\det(A)$ で表す．

---

[9] 行列式は行列を計るための値である．行列と行列式を混同しないように学習したい．

✎ $M_2 \ni A$ に対して, $|A|$ を次数をつけて 2 次の行列式ということもある.

例 1.28 $A = \begin{pmatrix} 2 & 3 \\ 4 & 5 \end{pmatrix}$ のとき, $|A| = \begin{vmatrix} 2 & 3 \\ 4 & 5 \end{vmatrix} = 2 \cdot 5 - 3 \cdot 4 = -2.$

行列式は, 今後, さまざまな場面で行列の性質を判定するときに利用する.

行列式の起源は, 連立 1 次方程式の一般解法にある. 連立 1 次方程式

$$\begin{cases} ax + by = k & \cdots ① \\ cx + dy = \ell & \cdots ② \end{cases}$$

を消去法で解くことを考える. x の項を消去するために, $② \times a - ① \times c$ を計算すると, $(ad - bc)y = a\ell - ck$ を得る. ここで, $ad - bc \neq 0$ ならば, $y = \dfrac{a\ell - ck}{ad - bc}$ として y が定まる. 同様にして, y を消去して x を求めるために, $① \times d - ② \times b$ を計算すると, $(ad - bc)x = dk - b\ell$ となる. ここで, $ad - bc \neq 0$ ならば, $x = \dfrac{dk - b\ell}{ad - bc}$ と x が定まる. これら, x, y の一般的解法を 2 次正方行列 $A = \begin{pmatrix} a & b \\ c & d \end{pmatrix}$ の行列式 $|A|$ を使って記述すると, $|A| \neq 0$ のとき,

$$x = \frac{\begin{vmatrix} k & b \\ \ell & d \end{vmatrix}}{|A|}, \qquad y = \frac{\begin{vmatrix} a & k \\ c & \ell \end{vmatrix}}{|A|}$$

となる.

■ 順列と転倒数 ■

n 次正方行列の行列式を定義するために順列, 転倒数など, いくつか準備を行う.

定義 1.27 1 から n までの自然数を任意の順序で一列にならべたものを $\{1, 2, 3, \ldots, n\}$ の順列といい,

$$(p_1 \ p_2 \ \cdots \ p_n)$$

で表す.

✎ このような順列は, 全部で $n!$ 個存在する.

例 1.29 $(1\ 3\ 2)$ は, $\{1, 2, 3\}$ の順列で, $(4\ 1\ 2\ 3)$ は, $\{1, 2, 3, 4\}$ の順列である.

定義 1.28　順列 $(p_1\ p_2\ \cdots\ p_n)$ において, i 番目の自然数 p_i に対して, $p_j < p_i\ (i < j \leq n)$ となるような p_j の個数を $k_i\ (1 \leq i \leq n-1)$ とするとき, その個数の和

$$\sum_{i=1}^{n-1} k_i = k_1 + k_2 + \cdots + k_{n-1}$$

を順列 $(p_1\ p_2\ \cdots\ p_n)$ の転倒数という.

例 1.30　順列 $(1\ 2\ 4\ 3)$ について, $k_1 = 0$, $k_2 = 0$, $k_3 = 1$ であるから, $(1\ 2\ 4\ 3)$ の転倒数は, $k_1 + k_2 + k_3 = 0 + 0 + 1 = 1$ である. また, 順列 $(4\ 3\ 2\ 1)$ の転倒数は, $k_1 + k_2 + k_3 = 3 + 2 + 1 = 6$ となる.

問 1.13　次の順列の転倒数を求めよ.

(1)　$(2\ 1\ 3)$　　　　(2)　$(4\ 2\ 1\ 3)$　　　　(3)　$(3\ 5\ 2\ 1\ 4)$

　この転倒数を使って, 次のように順列に符号を定義する. この符号が, 行列式の定義において大切なものとなる.

定義 1.29　順列 $(p_1\ p_2\ \cdots\ p_n)$ に対して,

$$\varepsilon(p_1\ p_2\ \cdots\ p_n) := \begin{cases} 1 & (p_1\ p_2\ \cdots\ p_n)\ \text{の転倒数が偶数}, \\ -1 & (p_1\ p_2\ \cdots\ p_n)\ \text{の転倒数が奇数}, \end{cases}$$

で $\varepsilon(p_1\ p_2\ \cdots\ p_n)$ を定めて, 順列 $(p_1\ p_2\ \cdots\ p_n)$ の符号という.

例 1.31　$(3\ 4\ 2\ 1)$ の転倒数は, $k_1 + k_2 + k_3 = 2 + 2 + 1 = 5$ で奇数であるから, $\varepsilon(3\ 4\ 2\ 1) = -1$ となる.

　$(4\ 3\ 2\ 1)$ の転倒数は, $k_1 + k_2 + k_3 = 3 + 2 + 1 = 6$ となり, 偶数であるから, $\varepsilon(4\ 3\ 2\ 1) = 1$ となる.

定理 1.15　順列の隣り合う 1 組の数のならびの順序を入れかえると, 順列の符号は変わる:

$$\varepsilon(p_1\ p_2\ \cdots\ p_i\ p_{i+1}\ \cdots\ p_n) = -\varepsilon(p_1\ p_2\ \cdots\ p_{i+1}\ p_i\ \cdots\ p_n)\quad (1 \leq i \leq n-1).$$

証明　$(p_1\ p_2\ \cdots\ p_i\ p_{i+1}\ \cdots\ p_n)$　$(1 \leq i \leq n-1)$ の転倒数を $K = \sum_{s=1}^{n-1} k_s$ とし, $k_i + k_{i+1} = k$ とするとき, p_i と p_{i+1} を入れかえると, i 番目が p_{i+1}, $i+1$ 番目が p_i となる. ここで, $p_i < p_{i+1}$ ならば, p_i は p_{i+1} の後にならぶから, $k_i + k_{i+1}$ は $k+1$ となり, $k_j\ (j \neq i,\ j \neq i+1)$ は不変である. よって, このとき $(p_1\ p_2\ \cdots\ p_{i+1}\ p_i\ \cdots\ p_n)$ の転倒数は, $K+1$ となる. 一方, $p_i > p_{i+1}$ ならば, p_i は p_{i+1} の後にならび, p_{i+1} のほうが, p_i よりも小さいので, $k_i + k_{i+1}$ は $k-1$ となり, $k_j\ (j \neq i,\ j \neq i+1)$ は不変である. よって, このとき $(p_1\ p_2\ \cdots\ p_{i+1}\ p_i\ \cdots\ p_n)$ の転倒数は, $K-1$ となる. いずれの場合も転倒数は 1 だけ変化するから, 符号が反転し, 定理の主張を得る.

例題 1.13 $n = 3$ のとき，$\{1, 2, 3\}$ のすべての順列の符号を求めよ．

解答 $\{1, 2, 3\}$ の順列は，全部で $3! = 3 \cdot 2 = 6$ 個存在し，

$$\begin{array}{cc} (1\ 2\ 3), & (1\ 3\ 2), \\ (2\ 1\ 3), & (2\ 3\ 1), \\ (3\ 1\ 2), & (3\ 2\ 1), \end{array}$$

である．$(1\ 2\ 3)$ の転倒数は，$k_1 + k_2 = 0 + 0 = 0$ で偶順列となり，
$\varepsilon(1\ 2\ 3) = 1$ である．定理 1.15 より，　$\varepsilon(1\ 3\ 2) = -\varepsilon(1\ 2\ 3) = -1$，
$\varepsilon(2\ 1\ 3) = -\varepsilon(1\ 2\ 3) = -1$，　　　　$\varepsilon(2\ 3\ 1) = -\varepsilon(2\ 1\ 3) = -(-1) = 1$，
$\varepsilon(3\ 1\ 2) = -\varepsilon(1\ 3\ 2) = -(-1) = 1$，　$\varepsilon(3\ 2\ 1) = -\varepsilon(3\ 1\ 2) = -1$
である．

問 1.14 次の順列の符号を求めよ．

(1)　$(4\ 1\ 2\ 3)$　　　　(2)　$(3\ 2\ 4\ 1)$　　　　(3)　$(2\ 1\ 3\ 4)$
(4)　$(1\ 2\ 3\ 4\ 5)$　　　(5)　$(2\ 4\ 5\ 1\ 3)$　　　(6)　$(5\ 4\ 1\ 6\ 3\ 2)$

▒ 行列式の定義 ▒

ここでは，$A \in M_n$ に対して，行列式を定義する．まず，行列の各行から，列番号が重ならないように成分を 1 つずつ取り出して掛けたもののすべての場合を考える．このとき，各項で選択した成分の列番号がつくる順列の符号を掛けて，すべてを足しあわせたものを，以下のように行列式と定義する．

定義 1.30 $M_n \ni A = (a_{ij})$ に対して，A の行列式を

$$\begin{vmatrix} a_{11} & a_{12} & \cdots & a_{1n} \\ a_{21} & a_{22} & \cdots & a_{2n} \\ \vdots & & \cdots & \vdots \\ a_{n1} & a_{n2} & \cdots & a_{nn} \end{vmatrix} := \sum_{(p_1\ p_2\ \cdots\ p_n)} \varepsilon(p_1\ p_2\ \cdots\ p_n) a_{1p_1} a_{2p_2} \cdots a_{np_n}$$

で定義する．ここで，$\displaystyle\sum_{(p_1\ p_2\ \cdots\ p_n)}$ は $n!$ 個の $\{1, 2, \ldots, n\}$ のすべての順列に関する和である．
A の行列式を $|A|$ または $\det(A)$ などで表す．

✎　$A \in M_n$ のとき $|A|$ を n **次の行列式**ということがある．

例 1.32 $M_2 \ni A = \begin{pmatrix} a_{11} & a_{12} \\ a_{21} & a_{22} \end{pmatrix}$ について，定義 1.30 を使って行列式を求めると，$|A| =$

$\begin{vmatrix} a_{11} & a_{12} \\ a_{21} & a_{22} \end{vmatrix} = \varepsilon(1\ 2) a_{11} a_{22} + \varepsilon(2\ 1) a_{12} a_{21}$ である．ここで，$(1\ 2)$ の転倒数は 0 より $\varepsilon(1\ 2) = 1$

となり，$\varepsilon(2\ 1) = -\varepsilon(1\ 2) = -1$ となるから，$|A| = a_{11} a_{22} - a_{12} a_{21}$ である．これは，定義 1.26 による結果と一致する．

例 **1.33** $M_3 \ni B = \begin{pmatrix} a_{11} & a_{12} & a_{13} \\ a_{21} & a_{22} & a_{23} \\ a_{31} & a_{32} & a_{33} \end{pmatrix}$ について, 定義 1.30 と例題 1.13 の結果を使って

行列式を求めると,

$$
\begin{aligned}
|B| &= \begin{vmatrix} a_{11} & a_{12} & a_{13} \\ a_{21} & a_{22} & a_{23} \\ a_{31} & a_{32} & a_{33} \end{vmatrix} \\
&= \varepsilon(1\ 2\ 3)a_{11}a_{22}a_{33} + \varepsilon(1\ 3\ 2)a_{11}a_{23}a_{32} \\
&\quad + \varepsilon(2\ 1\ 3)a_{12}a_{21}a_{33} + \varepsilon(2\ 3\ 1)a_{12}a_{23}a_{31} \\
&\quad + \varepsilon(3\ 1\ 2)a_{13}a_{21}a_{32} + \varepsilon(3\ 2\ 1)a_{13}a_{22}a_{31} \\
&= a_{11}a_{22}a_{33} - a_{11}a_{23}a_{32} \\
&\quad - a_{12}a_{21}a_{33} + a_{12}a_{23}a_{31} \\
&\quad + a_{13}a_{21}a_{32} - a_{13}a_{22}a_{31}
\end{aligned}
$$

のように計算できる.

▌サラスの方法▐

2 次と 3 次の行列については, 下の図で示す**サラスの方法**を使って順列の符号を記憶するとよい.

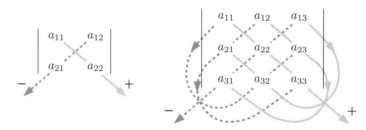

例 **1.34** $\begin{pmatrix} 6 & -9 \\ 3 & 1 \end{pmatrix}$ の行列式をサラスの方法で計算すると,

$$\begin{vmatrix} 6 & -9 \\ 3 & 1 \end{vmatrix} = 6 \cdot 1 - (-9) \cdot 3 = 6 + 27 = 33 \ となる.$$

また, $\begin{pmatrix} 5 & 0 & 3 \\ 9 & -1 & 4 \\ 2 & 1 & -2 \end{pmatrix}$ の行列式をサラスの方法で計算すると,

$$\begin{vmatrix} 5 & 0 & 3 \\ 9 & -1 & 4 \\ 2 & 1 & -2 \end{vmatrix} = 5 \cdot (-1) \cdot (-2) + 0 \cdot 4 \cdot 2 + 3 \cdot 1 \cdot 9 - 3 \cdot (-1) \cdot 2 - 0 \cdot 9 \cdot (-2) - 5 \cdot 4 \cdot 1 = $$

$10 + 0 + 27 + 6 + 0 - 20 = 23.$

✎　サラスの方法は，4次以上の行列式には利用できない．たとえば，$\begin{vmatrix} a_{11} & a_{12} & a_{13} & a_{14} \\ a_{21} & a_{22} & a_{23} & a_{24} \\ a_{31} & a_{32} & a_{33} & a_{34} \\ a_{41} & a_{42} & a_{43} & a_{44} \end{vmatrix}$ につい

て，サラスの方法を 4 次に拡張して考えた場合，$a_{12}a_{23}a_{34}a_{41}$ の符号は +1 である．ところが，定義 1.30 にしたがって計算する場合，$a_{12}a_{23}a_{34}a_{41}$ に対応する順列は (2 3 4 1) となり，転倒数は，$k_1 + k_2 + k_3 = 1 + 1 + 1 = 3$ であるから，$\varepsilon(2\,3\,4\,1) = -1$ である．

例題 1.14　次の式を満たす実数 a, b を決定せよ．

$$\begin{vmatrix} a & b \\ 2 & -1 \end{vmatrix} = 21, \qquad \begin{vmatrix} a & -b & -1 \\ -1 & -3 & -2 \\ 4 & -1 & 2 \end{vmatrix} = -131.$$

解答　サラスの方法で行列式を計算すると，

$$\begin{vmatrix} a & b \\ 2 & -1 \end{vmatrix} = -a - 2b = 21 \cdots ①$$

となる．同様にして，

$$\begin{vmatrix} a & -b & -1 \\ -1 & -3 & -2 \\ 4 & -1 & 2 \end{vmatrix} = -6a + 8b - 1 - 12 - 2b - 2a = -8a + 6b - 13 = -131.$$

よって，$-4a + 3b = -59 \cdots ②$ を得る．① より $a = -2b - 21$ であるから，これを ② に代入して，$-4(-2b - 21) + 3b = -59$ となる．これを整理して，$11b = -143$ より，$b = -13$ と決定できる．① に $b = -13$ を代入すれば，$a = 5$ とわかる．以上より，$a = 5, b = -13$.

問 1.15　次の行列 A の行列式 $|A|$ を求めよ．

(1)　$A = \begin{pmatrix} 3 & 4 \\ 1 & 2 \end{pmatrix}$　　　　　(2)　$A = \begin{pmatrix} 2 & 1 \\ -4 & -2 \end{pmatrix}$

(3)　$A = \begin{pmatrix} 8 & 2 & -4 \\ 3 & 1 & -2 \\ -6 & -2 & 8 \end{pmatrix}$　　(4)　$A = \begin{pmatrix} 1 & 3 & 4 \\ 2 & 5 & 1 \\ -1 & -1 & 10 \end{pmatrix}$

◆◆練習問題 § 1.6◆◆

A

1.　次の順列の転倒数と符号を求めよ．

　(1)　(4 3 1 2)　　　　(2)　(2 4 3 1)　　　　(3)　(3 5 1 4 2)

　(4)　(4 2 5 3 1)　　　(5)　(1 3 4 2 6 5)　　(6)　(6 5 4 3 2 1)

2.　次の行列 A の行列式 $|A|$ を求めよ．

(1)　$A = \begin{pmatrix} 5 & 1 \\ 2 & 4 \end{pmatrix}$　　　　(2)　$A = \begin{pmatrix} 4 & 2 \\ -8 & -4 \end{pmatrix}$

(3)　$A = \begin{pmatrix} 1 & 2 & -2 \\ -3 & -5 & 6 \\ 5 & 10 & -9 \end{pmatrix}$　　(4)　$A = \begin{pmatrix} 8 & -3 & -1 \\ 3 & 7 & 4 \\ 2 & 3 & 5 \end{pmatrix}$

3.　次の等式を満たす x を求めよ.

(1)　$\begin{vmatrix} x & 2 \\ 5 & 4 \end{vmatrix} = -2$　　　　(2)　$\begin{vmatrix} x & 4 \\ 3 & x+1 \end{vmatrix} = 0$

(3)　$\begin{vmatrix} 4 & 3 & 1 \\ x & 1 & 0 \\ x^2 & -2 & 3 \end{vmatrix} = 0$　　(4)　$\begin{vmatrix} x & 1 & 1 \\ 1 & x-1 & 1 \\ 1 & 1 & x+1 \end{vmatrix} = -1$

4.　次の等式を満たす a, b を求めよ.

$$\begin{vmatrix} a & 1 \\ b & 4 \end{vmatrix} = 5, \quad \begin{vmatrix} -a & 4 & b \\ 1 & -1 & 2 \\ 2 & 3 & 5 \end{vmatrix} = 33.$$

5.　連立 1 次方程式

$$\begin{cases} ax + by = k \\ cx + dy = \ell \end{cases}$$

の解 x, y は, $\begin{vmatrix} a & b \\ c & d \end{vmatrix} \neq 0$ のときは

$$x = \frac{\begin{vmatrix} k & b \\ \ell & d \end{vmatrix}}{\begin{vmatrix} a & b \\ c & d \end{vmatrix}}, \quad y = \frac{\begin{vmatrix} a & k \\ c & \ell \end{vmatrix}}{\begin{vmatrix} a & b \\ c & d \end{vmatrix}}$$

で与えられる. この公式を用いて, 次の連立 1 次方程式の解を求めよ.

(1)　$\begin{cases} 7x + 3y = 2 \\ 9x + 4y = 3 \end{cases}$　　　　(2)　$\begin{cases} -x + 4y = -5 \\ -2x + 3y = 10 \end{cases}$

B

1.　$\{1,2,3,4\}$ の順列 (24 個ある) の符号をすべて求めよ.

2. 前問の結果と行列式の定義を使って $\begin{vmatrix} a_{11} & a_{12} & a_{13} & a_{14} \\ a_{21} & a_{22} & a_{23} & a_{24} \\ a_{31} & a_{32} & a_{33} & a_{34} \\ a_{41} & a_{42} & a_{43} & a_{44} \end{vmatrix}$ を計算せよ.

§ 1.7　行列式の基本性質

2 次, 3 次の行列式は § 1.6 のサラスの方法で計算できる. この節では, 4 次以上の行列式を計算する道具を紹介する.

> **定理 1.16**　$M_n \ni A = (a_{ij})$ の 1 行目について, a_{11} 以外がすべて 0 のとき, n 次の行列式 $|A|$ の計算は, $n-1$ 次の行列式の計算に帰着できる:
>
> $$|A| = \begin{vmatrix} a_{11} & 0 & 0 & \cdots & 0 \\ a_{21} & a_{22} & a_{23} & \cdots & a_{2n} \\ a_{31} & a_{32} & a_{33} & \cdots & a_{3n} \\ & & \cdots & & \\ a_{n1} & a_{n2} & a_{n3} & \cdots & a_{nn} \end{vmatrix} = a_{11} \begin{vmatrix} a_{22} & a_{23} & \cdots & a_{2n} \\ a_{32} & a_{33} & \cdots & a_{3n} \\ & \cdots & & \\ a_{n2} & a_{n3} & \cdots & a_{nn} \end{vmatrix}.$$

証明　a_{1j} について, $j > 1$ のとき, $a_{1j} = 0$ であるから,

$$\varepsilon(p_1 \; p_2 \; \cdots \; p_n) a_{1p_1} a_{2p_2} \cdots a_{np_n} = 0 \quad (p_1 \neq 1)$$

となる. よって,

$$|A| = \sum \varepsilon(1 \; p_2 \; \cdots \; p_n) a_{11} a_{2p_2} \cdots a_{np_n}.$$

また, 順列 $(1 \; p_2 \; p_3 \cdots p_n)$ において, $1 < p_i \quad (i > 1)$ であるから, $\varepsilon(1 \; p_2 \; p_3 \cdots p_n) = \varepsilon(p_2 \; p_3 \; \cdots \; p_n)$. ゆえに, $|A| = a_{11} \sum \varepsilon(p_2 \; p_3 \; \cdots \; p_n) a_{2p_2} a_{3p_3} \cdots a_{np_n}$. これで定理の主張を得る. ∎

定理 1.16 は, 4 次より小さな次数にも適用できる.

例 1.35　$A = \begin{pmatrix} 3 & 0 & 0 & 0 \\ -1 & 1 & 2 & 1 \\ 9 & -2 & 0 & 2 \\ 7 & 3 & 4 & 5 \end{pmatrix}$, $B = \begin{pmatrix} 2 & 0 & 0 \\ -1 & 2 & 4 \\ 5 & -3 & 1 \end{pmatrix}$ の行列式を定理 1.16 を利用

して計算すると,

$$|A| = \begin{vmatrix} 3 & 0 & 0 & 0 \\ -1 & 1 & 2 & 1 \\ 9 & -2 & 0 & 2 \\ 7 & 3 & 4 & 5 \end{vmatrix} = 3 \begin{vmatrix} 1 & 2 & 1 \\ -2 & 0 & 2 \\ 3 & 4 & 5 \end{vmatrix}$$

ここで, サラスの方法より,

$$= 3 \cdot (0 + 12 + (-8) - 0 - 8 - (-20)) = 3 \cdot 16 = 48.$$

同様にして, $|B| = \begin{vmatrix} 2 & 0 & 0 \\ -1 & 2 & 4 \\ 5 & -3 & 1 \end{vmatrix} = 2 \begin{vmatrix} 2 & 4 \\ -3 & 1 \end{vmatrix} = 2(2 \cdot 1 - (-3) \cdot 4) = 28.$

定理 1.17　$M_n \ni A$ に対して, $|{}^t A| = |A|$ が成り立つ.

証明　$M_n \ni A = (a_{ij})$ に対して, ${}^t A = (b_{ij})$ とすると, ${}^t A$ の (i,j) 成分は, $b_{ij} = a_{ji}$ である. よって,

$$|{}^t A| = \sum \varepsilon(p_1 \ p_2 \ \cdots \ p_n) b_{1p_1} b_{2p_2} \cdots b_{np_n}$$

$$= \sum \varepsilon(p_1 \ p_2 \ \cdots \ p_n) a_{p_1 1} a_{p_2 2} \cdots a_{p_n n}.$$

ここで, $(p_1 \ p_2 \ \cdots \ p_n)$ を隣どうし入れかえて $(1 \ 2 \ \cdots \ n)$ にする変換を $a_{p_1 1} a_{p_2 2} \cdots a_{p_n n}$ の積の順序の入れかえに適用すれば,

$$a_{p_1 1} a_{p_2 2} \cdots a_{p_n n} = a_{1 q_1} a_{2 q_2} \cdots a_{n q_n}$$

となる順列 $(q_1 \ q_2 \ \cdots \ q_n)$ を得る. このとき, $(1 \ 2 \ \cdots \ n)$ から $(q_1 \ q_2 \ \cdots \ q_n)$ に入れかえる交換の回数と $(p_1 \ p_2 \ \cdots \ p_n)$ から $(1 \ 2 \ \cdots \ n)$ に入れかえる交換回数は等しいから, $\varepsilon(q_1 \ q_2 \ \cdots \ q_n) = \varepsilon(p_1 \ p_2 \ \cdots p_n)$ でなければならない. 以上のことから,

$$|{}^t A| = \sum \varepsilon(p_1 \ p_2 \ \cdots \ p_n) a_{p_1 1} a_{p_2 2} \cdots a_{p_n n}$$

$$= \sum \varepsilon(q_1 \ q_2 \ \cdots \ q_n) a_{1 q_1} a_{2 q_2} \cdots a_{n q_n} = |A|.$$

例 1.36　$A = \begin{pmatrix} 2 & 3 & -1 \\ 2 & 1 & 3 \\ 4 & 2 & 0 \end{pmatrix}$ について, A の行列式をサラスの方法で計算すると,

$$|A| = \begin{vmatrix} 2 & 3 & -1 \\ 2 & 1 & 3 \\ 4 & 2 & 0 \end{vmatrix} = 0 + 36 + (-4) - (-4) - 0 - 12 = 24.$$ また,

$$|{}^t A| = \begin{vmatrix} 2 & 2 & 4 \\ 3 & 1 & 2 \\ -1 & 3 & 0 \end{vmatrix} = 0 + (-4) + 36 - (-4) - 12 - 0 = 24$$ となり, $|{}^t A| = |A|$ が確かめられる.

次に定義する行列は, 行列式が計算しやすい行列である.

定義 1.31　$M_n \ni A = (a_{ij})$ について, $a_{ij} = 0 \ (i > j)$ となる行列を上三角行列といい,

$$A = \begin{pmatrix} a_{11} & & & \\ & a_{22} & & \text{\Large *} \\ & & \ddots & \\ \text{\Large O} & & & a_{nn} \end{pmatrix}$$

$a_{ij} = 0 \ (i < j)$ となる行列を下三角行列という.

$$A = \begin{pmatrix} a_{11} & & & \\ & a_{22} & & O \\ & & \ddots & \\ * & & & a_{nn} \end{pmatrix}$$

両方あわせて**三角行列** という.

✎ ここで, 行列のなかの大きな $*$ 記号は, 0 でない成分も含むいくつかの成分をまとめて書くときに使う.

例 1.37　定理 1.16 を繰り返し利用すれば, 下三角行列の行列式は,

$$\begin{vmatrix} \boxed{a_{11}} & & & \\ & a_{22} & & O \\ & & \ddots & \\ * & & & a_{nn} \end{vmatrix} = a_{11} \begin{vmatrix} \boxed{a_{22}} & & & \\ & a_{33} & & O \\ & & \ddots & \\ * & & & a_{nn} \end{vmatrix} = a_{11}a_{22} \begin{vmatrix} \boxed{a_{33}} & & & \\ & a_{44} & & O \\ & & \ddots & \\ * & & & a_{nn} \end{vmatrix}$$

$$= \cdots = a_{11}a_{22}a_{33}\cdots a_{nn}$$

のように対角成分の積になることがわかる.

例 1.38　下三角行列の転置行列は上三角行列だから, 定理 1.17 より, 上三角行列の行列式は, 同じ対角成分の下三角行列の行列式と同じ値となる.

$$\begin{vmatrix} a_{11} & & & \\ & a_{22} & & * \\ & & \ddots & \\ O & & & a_{nn} \end{vmatrix} = a_{11}a_{22}\cdots a_{nn}$$

次の定理 1.18 は, 定理 1.16 と定理 1.17 から直ちに得られる.

定理 1.18　$M_n \ni A = (a_{ij})$ の 1 列目について, a_{11} 以外がすべて 0 のとき, n 次の行列式 $|A|$ の計算は次のように $n-1$ 次の行列式の計算に帰着できる:

$$|A| = \begin{vmatrix} a_{11} & a_{12} & a_{13} & \cdots & a_{1n} \\ 0 & a_{22} & a_{23} & \cdots & a_{2n} \\ 0 & a_{32} & a_{33} & \cdots & a_{3n} \\ \vdots & \vdots & \vdots & & \vdots \\ 0 & a_{n2} & a_{n3} & \cdots & a_{nn} \end{vmatrix} = a_{11} \begin{vmatrix} a_{22} & a_{23} & \cdots & a_{2n} \\ a_{32} & a_{33} & \cdots & a_{3n} \\ \vdots & \vdots & & \vdots \\ a_{n2} & a_{n3} & \cdots & a_{nn} \end{vmatrix}.$$

問 1.16　$A = \begin{pmatrix} 2 & -1 \\ 0 & 3 \end{pmatrix}$, $B = \begin{pmatrix} 3 & 1 & 4 \\ 0 & -2 & 1 \\ 0 & 4 & 5 \end{pmatrix}$, $C = \begin{pmatrix} 2 & -1 & 3 \\ 0 & 4 & -7 \\ 0 & 0 & -3 \end{pmatrix}$ とするとき, それぞれの

行列式を求めよ.

▊行列式の基本性質▊

　次の定理 1.19 は，行列式の変形を行う道具となる性質である．行列式の計算をするための重要な定理なので，しっかり理解し使えるようにしたい．

定理 1.19 (行列式の基本性質)　n 次の行列式について，次の (I)〜(V) が成り立つ.

(I)　ある行のすべての成分が共通因子をもつとき，その因子はくくり出すことができる:

$$
\begin{vmatrix}
a_{11} & a_{12} & \cdots & a_{1n} \\
 & & \cdots & \\
ca_{i1} & ca_{i2} & \cdots & ca_{in} \\
 & & \cdots & \\
a_{n1} & a_{n2} & \cdots & a_{nn}
\end{vmatrix}
= c
\begin{vmatrix}
a_{11} & a_{12} & \cdots & a_{1n} \\
 & & \cdots & \\
a_{i1} & a_{i2} & \cdots & a_{in} \\
 & & \cdots & \\
a_{n1} & a_{n2} & \cdots & a_{nn}
\end{vmatrix}.
$$

(II)　1つの行における和は分解できる．また，その逆もできる:

$$
\begin{vmatrix}
a_{11} & a_{12} & \cdots & a_{1n} \\
 & & \cdots & \\
a_{i1}+a'_{i1} & a_{i2}+a'_{i2} & \cdots & a_{in}+a'_{in} \\
 & & \cdots & \\
a_{n1} & a_{n2} & \cdots & a_{nn}
\end{vmatrix}
=
\begin{vmatrix}
a_{11} & a_{12} & \cdots & a_{1n} \\
 & & \cdots & \\
a_{i1} & a_{i2} & \cdots & a_{in} \\
 & & \cdots & \\
a_{n1} & a_{n2} & \cdots & a_{nn}
\end{vmatrix}
+
\begin{vmatrix}
a_{11} & a_{12} & \cdots & a_{1n} \\
 & & \cdots & \\
a'_{i1} & a'_{i2} & \cdots & a'_{in} \\
 & & \cdots & \\
a_{n1} & a_{n2} & \cdots & a_{nn}
\end{vmatrix}.
$$

(III)　行列式の2つの行を入れかえると，行列式の符号が変わる:

$$
\begin{matrix}
 & \\
 & \\
\text{第 } k \text{ 行} & \\
 & \\
\text{第 } \ell \text{ 行} & \\
 & \\
 &
\end{matrix}
\begin{vmatrix}
a_{11} & a_{12} & \cdots & a_{1n} \\
 & & \cdots & \\
a_{k1} & a_{k2} & \cdots & a_{kn} \\
 & & \cdots & \\
a_{\ell1} & a_{\ell2} & \cdots & a_{\ell n} \\
 & & \cdots & \\
a_{n1} & a_{n2} & \cdots & a_{nn}
\end{vmatrix}
= -
\begin{vmatrix}
a_{11} & a_{12} & \cdots & a_{1n} \\
 & & \cdots & \\
a_{\ell1} & a_{\ell2} & \cdots & a_{\ell n} \\
 & & \cdots & \\
a_{k1} & a_{k2} & \cdots & a_{kn} \\
 & & \cdots & \\
a_{n1} & a_{n2} & \cdots & a_{nn}
\end{vmatrix}.
$$

(IV)　同じ行をもつ行列式の値は 0 となる:

$$
\begin{vmatrix}
a_{11} & a_{12} & \cdots & a_{1n} \\
 & & \cdots & \\
a_{i1} & a_{i2} & \cdots & a_{in} \\
 & & \cdots & \\
a_{i1} & a_{i2} & \cdots & a_{in} \\
 & & \cdots & \\
a_{n1} & a_{n2} & \cdots & a_{nn}
\end{vmatrix}
= 0.
$$

(V)　行列式の 1 つの行に他の行の定数倍を加えても行列式の値は変わらない：

$$
\begin{vmatrix}
a_{11} & a_{12} & \cdots & a_{1n} \\
 & & \cdots & \\
a_{k1}+ca_{\ell 1} & a_{k2}+ca_{\ell 2} & \cdots & a_{kn}+ca_{\ell n} \\
 & & \cdots & \\
a_{\ell 1} & a_{\ell 2} & \cdots & a_{\ell n} \\
 & & \cdots & \\
a_{n1} & a_{n2} & \cdots & a_{nn}
\end{vmatrix}
=
\begin{vmatrix}
a_{11} & a_{12} & \cdots & a_{1n} \\
 & & \cdots & \\
a_{k1} & a_{k2} & \cdots & a_{kn} \\
 & & \cdots & \\
a_{\ell 1} & a_{\ell 2} & \cdots & a_{\ell n} \\
 & & \cdots & \\
a_{n1} & a_{n2} & \cdots & a_{nn}
\end{vmatrix}.
$$

（第 k 行、第 ℓ 行）

証明　(I) 行列式の定義から，

$$
\begin{vmatrix}
a_{11} & a_{12} & \cdots & a_{1n} \\
 & & \cdots & \\
ca_{i1} & ca_{i2} & \cdots & ca_{in} \\
 & & \cdots & \\
a_{n1} & a_{n2} & \cdots & a_{nn}
\end{vmatrix}
= \sum \varepsilon(p_1\ p_2\ \cdots\ p_n)a_{1p_1}a_{2p_2}\cdots ca_{ip_i}\cdots a_{np_n}
$$

$$
= c\sum \varepsilon(p_1\ p_2\ \cdots\ p_n)a_{1p_1}a_{2p_2}\cdots a_{ip_i}\cdots a_{np_n}
$$

を得る．

(II) (I) と同様にして行列式の定義を考えると，

$$
\sum \varepsilon(p_1\ p_2\ \cdots\ p_n)a_{1p_1}a_{2p_2}\cdots (a_{ip_i}+a'_{ip_i})\cdots a_{np_n}
$$

$$
= \sum \varepsilon(p_1\ p_2\ \cdots\ p_n)(a_{1p_1}a_{2p_2}\cdots a_{ip_i}\cdots a_{np_n}+a_{1p_1}a_{2p_2}\cdots a'_{ip_i}\cdots a_{np_n})
$$

$$
= \sum \varepsilon(p_1\ p_2\ \cdots\ p_n)a_{1p_1}a_{2p_2}\cdots a_{ip_i}\cdots a_{np_n}+\sum \varepsilon(p_1\ p_2\ \cdots\ p_n)a_{1p_1}a_{2p_2}\cdots a'_{ip_i}\cdots a_{np_n}
$$

を得る．

(III)

$$
(左辺) = \sum \varepsilon(p_1\ p_2\ \cdots\ p_k\ \cdots\ p_\ell\ \cdots\ p_n)a_{1p_1}a_{2p_2}\cdots a_{kp_k}\cdots a_{\ell p_\ell}\cdots a_{np_n}
$$

$$
= \sum \varepsilon(p_1\ p_2\ \cdots\ p_k\ \cdots\ p_\ell\ \cdots\ p_n)a_{1p_1}a_{2p_2}\cdots a_{\ell p_\ell}\cdots a_{kp_k}\cdots a_{np_n}.
$$

ここで，隣どうしの入れかえにより，p_ℓ と p_k の入れかえを考えると，

$$
(p_1\ \cdots\ p_{\ell-1}\ p_\ell\ p_{\ell+1}\ \cdots\ p_{k-1}\ p_k\ p_{k+1}\cdots\ p_n)
$$

$$
\downarrow (k-\ell)\ 回
$$

$$
(p_1\ \cdots\ p_{\ell-1}\ p_{\ell+1}\ \cdots\ p_{k-1}\ p_k\ p_\ell\ p_{k+1}\ \cdots\ p_n)
$$

$$
\downarrow (k-\ell-1)\ 回
$$

$$
(p_1\ \cdots\ p_{\ell-1}\ p_k\ p_{\ell+1}\ \cdots\ p_{k-1}\ \ p_\ell\ p_{k+1}\ \cdots\ p_n)
$$

であるから，p_ℓ と p_k の入れかえに必要な隣どうしの入れかえ回数は，

$$
(k-\ell)+k-(\ell+1)=2(k-\ell)-1
$$

である．よって，定理 1.15 より

$$
\varepsilon(p_1\ p_2\ \cdots p_\ell\ \cdots\ p_k\ \cdots\ p_n) = -\varepsilon(p_1\ p_2\ \cdots p_k\ \cdots\ p_\ell\ \cdots\ p_n)
$$

となる. ゆえに,

$$(左辺) = -\sum \varepsilon(p_1\ p_2\ \cdots\ p_\ell\ \cdots\ p_k\ \cdots\ p_n)a_{1p_1}a_{2p_2}\cdots a_{\ell p_\ell}\cdots a_{kp_k}\cdots a_{np_n}$$

である.

(IV) 成分が同じ行どうしを入れかえて考えると, (III) より符号が変わるから,

$$|A| = \begin{vmatrix} a_{11} & \cdots & a_{1n} \\ & \cdots & \\ a_{i1} & \cdots & a_{in} \\ & \cdots & \\ a_{i1} & \cdots & a_{in} \\ & \cdots & \\ a_{n1} & \cdots & a_{nn} \end{vmatrix} = -\begin{vmatrix} a_{11} & \cdots & a_{1n} \\ & \cdots & \\ a_{i1} & \cdots & a_{in} \\ & \cdots & \\ a_{i1} & \cdots & a_{in} \\ & \cdots & \\ a_{n1} & \cdots & a_{nn} \end{vmatrix}$$

であるから, $2|A| = 0$ となり, $|A| = 0$ を得る.

(V)

$$\begin{vmatrix} a_{11} & a_{12} & \cdots & a_{1n} \\ & & \cdots & \\ a_{k1}+ca_{\ell1} & a_{k2}+ca_{\ell2} & \cdots & a_{kn}+ca_{\ell n} \\ & & \cdots & \\ a_{\ell1} & a_{\ell2} & \cdots & a_{\ell n} \\ & & \cdots & \\ a_{n1} & a_{n2} & \cdots & a_{nn} \end{vmatrix}$$

$$\underset{\text{(II), (I)}}{=} \begin{vmatrix} a_{11} & a_{12} & \cdots & a_{1n} \\ & & \cdots & \\ a_{k1} & a_{k2} & \cdots & a_{kn} \\ & & \cdots & \\ a_{\ell1} & a_{\ell2} & \cdots & a_{\ell n} \\ & & \cdots & \\ a_{n1} & a_{n2} & \cdots & a_{nn} \end{vmatrix} + c\begin{vmatrix} a_{11} & a_{12} & \cdots & a_{1n} \\ & & \cdots & \\ a_{\ell1} & a_{\ell2} & \cdots & a_{\ell n} \\ & & \cdots & \\ a_{\ell1} & a_{\ell2} & \cdots & a_{\ell n} \\ & & \cdots & \\ a_{n1} & a_{n2} & \cdots & a_{nn} \end{vmatrix}$$

$$\underset{\text{(IV)}}{=} \begin{vmatrix} a_{11} & a_{12} & \cdots & a_{1n} \\ & & \cdots & \\ a_{k1} & a_{k2} & \cdots & a_{kn} \\ & & \cdots & \\ a_{\ell1} & a_{\ell2} & \cdots & a_{\ell n} \\ & & \cdots & \\ a_{n1} & a_{n2} & \cdots & a_{nn} \end{vmatrix}$$

✎ (V) は, 行列式の計算の際に特によく使う性質となる. (I)〜(V) の性質は, 行についての性質であるが, 定理 1.17 より転置行列の行列式はもとの行列の行列式と等しいから, (I)〜(V) の性質は, 行を列におきかえても成り立つ. また, 定理 1.16 より, 行列のある行 (または列) のすべての成分が 0 のとき, その行列の行列式は 0 となる.

　行列式は, 次の例題 1.15 のように, 定理 1.19 の行列式の基本性質を使って変形し, 定理 1.16 または定理 1.18 により次数を下げながら計算することができる.

例題 **1.15**　次の行列式の値を計算せよ.

$$\begin{vmatrix} 3 & -1 & 3 & 1 \\ -6 & 6 & -1 & 1 \\ 0 & 2 & 2 & 0 \\ 3 & 4 & 1 & 5 \end{vmatrix}.$$

解答

$$\begin{vmatrix} 3 & -1 & 3 & 1 \\ -6 & 6 & -1 & 1 \\ 0 & 2 & 2 & 0 \\ 3 & 4 & 1 & 5 \end{vmatrix} = \begin{vmatrix} 3 & -1 & 3 & 1 \\ -6+3\cdot2 & 6+(-1)\cdot2 & -1+3\cdot2 & 1+1\cdot2 \\ 0 & 2 & 2 & 0 \\ 3+3\cdot(-1) & 4+(-1)\cdot(-1) & 1+3\cdot(-1) & 5+1\cdot(-1) \end{vmatrix}$$

$$= \begin{vmatrix} 3 & -1 & 3 & 1 \\ 0 & 4 & 5 & 3 \\ 0 & 2 & 2 & 0 \\ 0 & 5 & -2 & 4 \end{vmatrix}$$

$$\overset{定理1.18}{=} 3 \begin{vmatrix} 4 & 5 & 3 \\ 2 & 2 & 0 \\ 5 & -2 & 4 \end{vmatrix}$$

$$= 3 \begin{vmatrix} 4 & 5+4\cdot(-1) & 3 \\ 2 & 2+2\cdot(-1) & 0 \\ 5 & -2+5\cdot(-1) & 4 \end{vmatrix} = 3 \begin{vmatrix} 4 & 1 & 3 \\ 2 & 0 & 0 \\ 5 & -7 & 4 \end{vmatrix}$$

$$= (-1)\cdot3 \begin{vmatrix} 2 & 0 & 0 \\ 4 & 1 & 3 \\ 5 & -7 & 4 \end{vmatrix}$$

$$\overset{定理1.16}{=} -3\cdot2 \begin{vmatrix} 1 & 3 \\ -7 & 4 \end{vmatrix} = -6\cdot(4+21) = -150.$$

問 1.17　次の行列 A の行列式 $|A|$ を求めよ.

$$(1)\ A = \begin{pmatrix} 4 & 0 & 0 & 0 \\ 3 & 2 & 8 & 2 \\ -1 & 0 & 6 & -4 \\ 5 & 0 & 1 & 3 \end{pmatrix} \qquad (2)\ A = \begin{pmatrix} 1 & 2 & 1 & 3 \\ -1 & 0 & 2 & -4 \\ 2 & 3 & -1 & 0 \\ -3 & -5 & 1 & 2 \end{pmatrix}$$

　次の例題 1.16 のように, 定理 1.16, 定理 1.18 および定理 1.19 の行列式の基本性質を使って, 行列式の因数分解ができる場合がある.

例題 **1.16**

$$\begin{vmatrix} a-b+3c & 2c & 2c \\ 2a & 3a-b+c & 2a \\ -2b & -2b & a-3b+c \end{vmatrix} = 3(a-b+c)^3$$

を示せ.

解答　次のように, 行列式の基本性質と定理 1.16, 定理 1.18 などを繰り返し使うと,

$$\begin{vmatrix} a-b+3c & 2c & 2c \\ 2a & 3a-b+c & 2a \\ -2b & -2b & a-3b+c \end{vmatrix}$$

$$= \begin{vmatrix} 3a-3b+3c & 3a-3b+3c & 3a-3b+3c \\ 2a & 3a-b+c & 2a \\ -2b & -2b & a-3b+c \end{vmatrix}$$

$$\overset{(\mathrm{I})}{=} 3(a-b+c)\begin{vmatrix} 1 & 1 & 1 \\ 2a & 3a-b+c & 2a \\ -2b & -2b & a-3b+c \end{vmatrix}$$

$$= 3(a-b+c)\begin{vmatrix} 1 & 0 & 0 \\ 2a & a-b+c & 0 \\ -2b & 0 & a-b+c \end{vmatrix}$$

$$\overset{\text{定理 1.16}}{=} 3(a-b+c)^3$$

のように示すことができる.

問 1.18　次の等式を証明せよ.

(1) $\begin{vmatrix} a-c & a-c & b-c \\ c-b & a-c & b-c \\ c-b & a-c & a-c \end{vmatrix} = (a-b)(a-c)(a+b-2c)$

(2) $\begin{vmatrix} a-c & c-a & c-b \\ c-b & a-c & b-c \\ c-b & a-c & a-c \end{vmatrix} = (a-b)^2(a-c)$

■ 行列の積と行列式 ■

$M_2 \ni A = (a_{ij}), B = (b_{ij})$ に対して, $AB = \begin{pmatrix} a_{11}b_{11}+a_{12}b_{21} & a_{11}b_{12}+a_{12}b_{22} \\ a_{21}b_{11}+a_{22}b_{21} & a_{21}b_{12}+a_{22}b_{22} \end{pmatrix}$ であるから, $|AB| = \begin{vmatrix} a_{11}b_{11}+a_{12}b_{21} & a_{11}b_{12}+a_{12}b_{22} \\ a_{21}b_{11}+a_{22}b_{21} & a_{21}b_{12}+a_{22}b_{22} \end{vmatrix}$. ここで, 定理 1.19 (II) を使えば,

$$|AB| = \begin{vmatrix} a_{11}b_{11} & a_{11}b_{12} \\ a_{21}b_{11} + a_{22}b_{21} & a_{21}b_{12} + a_{22}b_{22} \end{vmatrix} + \begin{vmatrix} a_{12}b_{21} & a_{12}b_{22} \\ a_{21}b_{11} + a_{22}b_{21} & a_{21}b_{12} + a_{22}b_{22} \end{vmatrix}$$

$$= \begin{vmatrix} a_{11}b_{11} & a_{11}b_{12} \\ a_{21}b_{11} & a_{21}b_{12} \end{vmatrix} + \begin{vmatrix} a_{11}b_{11} & a_{11}b_{12} \\ a_{22}b_{21} & a_{22}b_{22} \end{vmatrix} + \begin{vmatrix} a_{12}b_{21} & a_{12}b_{22} \\ a_{21}b_{11} & a_{21}b_{12} \end{vmatrix} + \begin{vmatrix} a_{12}b_{21} & a_{12}b_{22} \\ a_{22}b_{21} & a_{22}b_{22} \end{vmatrix}.$$

さらに, 定理 1.19 (I) を使えば,

$$|AB| = a_{11}a_{21}\begin{vmatrix} b_{11} & b_{12} \\ b_{11} & b_{12} \end{vmatrix} + a_{11}a_{22}\begin{vmatrix} b_{11} & b_{12} \\ b_{21} & b_{22} \end{vmatrix} + a_{12}a_{21}\begin{vmatrix} b_{21} & b_{22} \\ b_{11} & b_{12} \end{vmatrix} + a_{12}a_{22}\begin{vmatrix} b_{21} & b_{22} \\ b_{21} & b_{22} \end{vmatrix}.$$

ここで, 定理 1.19 (IV) により, 同じ行をもつ行列式の値は 0 であるから,

$$|AB| = a_{11}a_{22}\begin{vmatrix} b_{11} & b_{12} \\ b_{21} & b_{22} \end{vmatrix} + a_{12}a_{21}\begin{vmatrix} b_{21} & b_{22} \\ b_{11} & b_{12} \end{vmatrix}.$$

2 項目の行列式に, 定理 1.19 (III) を使うと,

$$|AB| = a_{11}a_{22}\begin{vmatrix} b_{11} & b_{12} \\ b_{21} & b_{22} \end{vmatrix} - a_{12}a_{21}\begin{vmatrix} b_{11} & b_{12} \\ b_{21} & b_{22} \end{vmatrix}$$

$$= (a_{11}a_{22} - a_{12}a_{21})\begin{vmatrix} b_{11} & b_{12} \\ b_{21} & b_{22} \end{vmatrix} = \begin{vmatrix} a_{11} & a_{12} \\ a_{21} & a_{22} \end{vmatrix}\begin{vmatrix} b_{11} & b_{12} \\ b_{21} & b_{22} \end{vmatrix} = |A||B|$$

となり, もとの行列のそれぞれの行列式の積になっていることがわかる.

ここでは, 証明は与えないが, 一般の n 次の行列式についても, 上の性質は成り立つ.

定理 1.20 $M_n \ni A, B$ に対して, 次が成り立つ.
$$|AB| = |A||B|.$$

例題 1.17 $M_2 \ni A = \begin{pmatrix} a & b \\ -c & a \end{pmatrix}, B = \begin{pmatrix} a & b \\ -d & a \end{pmatrix}$ を使って,
$$(a^2 + bc)(a^2 + bd) = (a^2 - bd)(a^2 - bc) + 2ab(ac + ad)$$
を示せ.

解答 $|A||B| = \begin{vmatrix} a & b \\ -c & a \end{vmatrix}\begin{vmatrix} a & b \\ -d & a \end{vmatrix} = (a^2 + bc)(a^2 + bd)$.

また, $|AB| = \begin{vmatrix} a^2 - bd & 2ab \\ -ac - ad & -bc + a^2 \end{vmatrix} = (a^2 - bd)(a^2 - bc) + 2ab(ac + ad)$.

ここで, 定理 1.20 より, $|AB| = |A||B|$ であるから,
$$(a^2 + bc)(a^2 + bd) = (a^2 - bd)(a^2 - bc) + 2ab(ac + ad).$$

問 **1.19** $A = \begin{pmatrix} a & b \\ -c & a \end{pmatrix}$, $B = \begin{pmatrix} a & b \\ b & -c \end{pmatrix}$ を使って次の (1), (2) を証明せよ.

(1) $c(a+b)(a^2+b^2) + ab(a-c)(b-c) = (a^2+bc)(b^2+ac)$

(2) $2ab(c^2+ab) - (a^2-bc)(b^2-ac) = (a^2+bc)(b^2+ac)$

◆◆練習問題 § 1.7 ◆◆

A

1. 次の行列 A の行列式 $|A|$ を求めよ.

(1) $A = \begin{pmatrix} 1 & 0 & 5 & 1 \\ 0 & 2 & 0 & 0 \\ 0 & -4 & 3 & 0 \\ -1 & -2 & -5 & 3 \end{pmatrix}$ (2) $A = \begin{pmatrix} 1 & 2 & -2 & 1 \\ 3 & 7 & -6 & 3 \\ 5 & 9 & -9 & 5 \\ 2 & 7 & 0 & 3 \end{pmatrix}$

(3) $A = \begin{pmatrix} 3 & 1 & 4 & 2 \\ 0 & -2 & 3 & 5 \\ 6 & 0 & 1 & 3 \\ -3 & 8 & 6 & 5 \end{pmatrix}$ (4) $A = \begin{pmatrix} 4 & 4 & 5 & 5 \\ 2 & 3 & 3 & 3 \\ 3 & 3 & 4 & 4 \\ -2 & -2 & -2 & 5 \end{pmatrix}$

2. $A = \begin{pmatrix} 1 & -2 & 3 & 2 \\ 5 & -9 & 12 & 8 \\ 1 & 0 & -2 & 1 \\ 7 & -10 & 11 & 11 \end{pmatrix}$, $B = \begin{pmatrix} -17 & -4 & -11 & 7 \\ -13 & -5 & -11 & 7 \\ -6 & -2 & -5 & 3 \\ 5 & 0 & 2 & -1 \end{pmatrix}$ のとき, $|A|$,

$|B|$, $|{}^tB\,{}^tA|$ を求めよ.

3. 次の等式を証明せよ.

(1) $\begin{vmatrix} a & a & b \\ a & b & a \\ b & a & a \end{vmatrix} = -(a-b)^2(2a+b)$

(2) $\begin{vmatrix} 1 & a^2 & a^4 \\ 1 & b^2 & b^4 \\ 1 & c^2 & c^4 \end{vmatrix} = (a+b)(b+c)(c+a)(a-b)(b-c)(c-a)$

$$(3) \quad \begin{vmatrix} 1 & a^2 & a^3 \\ 1 & b^2 & b^3 \\ 1 & c^2 & c^3 \end{vmatrix} = (a-b)(b-c)(c-a)(ab+bc+ca)$$

$$(4) \quad \begin{vmatrix} 1 & b & b & a \\ 1 & b & a & b \\ 1 & a & b & b \\ 1 & b & b & b \end{vmatrix} = (a-b)^3$$

4. $A = \begin{pmatrix} 0 & a & b \\ b & 0 & c \\ c & a & 0 \end{pmatrix}, B = \begin{pmatrix} a & b & 0 \\ b & 0 & c \\ 0 & c & a \end{pmatrix}$ を使って，等式

$$\begin{vmatrix} ab+bc & ab & ca \\ c^2 & ab+ca & b^2 \\ ab & ca & bc+ca \end{vmatrix} = \begin{vmatrix} a^2+b^2 & ab & bc \\ ab & b^2+c^2 & ca \\ bc & ca & c^2+a^2 \end{vmatrix}$$

を証明せよ.

B

1. A が直交行列のとき，$|A| = \pm 1$ であることを証明せよ.

§ 1.8　行列式の展開

この節では，より機械的に行列式の計算をするための道具について説明する.

▌小行列式と余因子▐

$n\,(n \geq 2)$ 次 の行列 A について，ある行とある列をそれぞれ 1 行，1 列ずつ取り除くと，A の成分で構成された，A とは別の $n-1$ 次の行列が得られる. そこで，その行列式を次のように定義する.

定義 1.32　$M_n \ni A = (a_{ij})$ の第 i 行と第 j 列を取り除いて得られる $n-1$ 次の行列の行列式を A の (i,j) 小行列式といい，Δ_{ij} で表す:

$$\Delta_{ij} := \begin{vmatrix} a_{11} & \cdots & a_{1(j-1)} & a_{1(j+1)} & \cdots & a_{1n} \\ \vdots & & \vdots & \vdots & & \vdots \\ a_{(i-1)1} & \cdots & a_{(i-1)(j-1)} & a_{(i-1)(j+1)} & \cdots & a_{(i-1)n} \\ a_{(i+1)1} & \cdots & a_{(i+1)(j-1)} & a_{(i+1)(j+1)} & \cdots & a_{(i+1)n} \\ \vdots & & \vdots & \vdots & & \vdots \\ a_{n1} & \cdots & a_{n(j-1)} & a_{n(j+1)} & \cdots & a_{nn} \end{vmatrix} \quad (1 \leq i,j \leq n).$$

例 1.39　$A = \begin{pmatrix} 1 & 2 & 3 \\ -4 & 5 & 6 \\ 7 & 8 & 9 \end{pmatrix}$ のとき, $\Delta_{12} = \begin{vmatrix} -4 & 6 \\ 7 & 9 \end{vmatrix} = -36 - 42 = -78$ であり,

$\Delta_{31} = \begin{vmatrix} 2 & 3 \\ 5 & 6 \end{vmatrix} = 12 - 15 = -3$ である.

定義 1.33　$M_n \ni A$ について, A の (i,j) 小行列式を $(-1)^{i+j}$ 倍したものを A の (i,j) 余因子といい, A_{ij} で表す:
$$A_{ij} := (-1)^{i+j}\Delta_{ij}.$$

例 1.40　$A = \begin{pmatrix} 2 & 3 & -4 \\ 4 & 2 & 3 \\ 1 & -1 & 1 \end{pmatrix}$, $B = \begin{pmatrix} 1 & 2 \\ -3 & 4 \end{pmatrix}$ とするとき,

$A_{12} = (-1)^{1+2}\Delta_{12} = -\begin{vmatrix} 4 & 3 \\ 1 & 1 \end{vmatrix} = -(4-3) = -1$ であり, $B_{12} = (-1)^{1+2}\Delta_{12} = -(-3) = $

3 である.

✎ 上の例 1.40 において, 同じ記号 Δ_{12} が A_{12}, B_{12} の両方に利用されているが, それぞれ, A_{12} の Δ_{12} は A の $(1,2)$ 小行列式, B_{12} の Δ_{12} は B の $(1,2)$ 小行列式 である.

問 1.20　$A = \begin{pmatrix} 1 & 2 & 3 \\ -4 & -5 & -6 \\ 7 & 8 & 9 \end{pmatrix}$ の余因子をすべて (9 個) 求めよ.

行列式の展開

定理 1.21　$M_n \ni A = (a_{ij})$ について, A の行列式 $|A|$ は, 次のように展開することができる:
(1) 第 i 行についての展開
$$|A| = a_{i1}A_{i1} + a_{i2}A_{i2} + \cdots + a_{in}A_{in} \quad (i = 1, 2, \ldots, n),$$
(2) 第 j 列についての展開
$$|A| = a_{1j}A_{1j} + a_{2j}A_{2j} + \cdots + a_{nj}A_{nj} \quad (j = 1, 2, \ldots, n).$$

証明　まず, (1) の $i = 1$ の場合, $|A|$ を次のように考える.

$$|A| = \begin{vmatrix} \overbrace{a_{11}+0+\cdots+0}^{n\,個} & \overbrace{0+a_{12}+0\cdots+0}^{n\,個} & \overbrace{0+0+a_{13}+0\cdots+0}^{n\,個} & \cdots & \overbrace{0+\cdots+0+a_{1n}}^{n\,個} \\ a_{21} & a_{22} & a_{23} & \cdots & a_{2n} \\ \vdots & \vdots & \vdots & \vdots & \vdots \\ a_{n1} & a_{n2} & a_{n3} & \cdots & a_{nn} \end{vmatrix}.$$

ここで, 定理 1.19 の基本性質 (II) を使えば,

$$|A| = \begin{vmatrix} a_{11} & 0 & \cdots & 0 \\ a_{21} & a_{22} & \cdots & a_{2n} \\ & & \cdots & \\ a_{n1} & a_{n2} & \cdots & a_{nn} \end{vmatrix} + \begin{vmatrix} 0 & a_{12} & 0 & \cdots & 0 \\ a_{21} & a_{22} & a_{23} & \cdots & a_{2n} \\ & & \cdots & & \\ a_{n1} & a_{n2} & a_{n3} & \cdots & a_{nn} \end{vmatrix} + \cdots + \begin{vmatrix} 0 & \cdots & 0 & a_{1n} \\ a_{21} & \cdots & a_{2(n-1)} & a_{2n} \\ & \cdots & & \\ a_{n1} & \cdots & a_{n(n-1)} & a_{nn} \end{vmatrix}$$

とできる. 1 行目の 0 でない成分が左端にくるように, 各項において, 隣どうしの列の入れかえを必要な回数行うと, 基本性質 (III) より符号が変わるから,

$$|A| = \underset{\text{0 回の入れかえ}}{\begin{vmatrix} a_{11} & 0 & \cdots & 0 \\ a_{21} & a_{22} & \cdots & a_{2n} \\ & & \cdots & \\ a_{n1} & a_{n2} & \cdots & a_{nn} \end{vmatrix}} - \underset{\text{1 回の入れかえ}}{\begin{vmatrix} a_{12} & 0 & 0 & \cdots & 0 \\ a_{22} & a_{21} & a_{23} & \cdots & a_{2n} \\ & & \cdots & & \\ a_{n2} & a_{n1} & a_{n3} & \cdots & a_{nn} \end{vmatrix}} + \underset{\text{2 回の入れかえ}}{\begin{vmatrix} a_{13} & 0 & 0 & \cdots & 0 \\ a_{23} & a_{21} & a_{22} & \cdots & a_{2n} \\ & & \cdots & & \\ a_{n3} & a_{n1} & a_{n2} & \cdots & a_{nn} \end{vmatrix}}$$

$$- \cdots + (-1)^{n-1} \underset{\text{$n-1$ 回の入れかえ}}{\begin{vmatrix} a_{1n} & 0 & \cdots & 0 \\ a_{2n} & a_{21} & \cdots & a_{2(n-1)} \\ & & \cdots & \\ a_{nn} & a_{n1} & \cdots & a_{n(n-1)} \end{vmatrix}}.$$

ここで, 各項に定理 1.16 を適用すると, j 番目の項は, A の $(1,j)$ 小行列式を $(-1)^{j-1}a_{1j}$ 倍したものになる. また, $(-1)^{j-1} = (-1)^{1+j}$ であるから, j 番目の項は,

$$(-1)^{1+j}a_{1j}\Delta_{1j}$$

となる. $(-1)^{1+j}\Delta_{1j}$ が A の (i,j) 余因子であることに注意すれば,

$$|A| = a_{11}A_{11} + a_{12}A_{12} + \cdots + a_{1n}A_{1n}$$

を得る. 第 i 行については, $|A|$ を

$$|A| = \begin{vmatrix} a_{11} & a_{12} & a_{13} & \cdots & a_{1n} \\ \vdots & \vdots & \vdots & & \vdots \\ a_{i1}+0+\cdots+0 & 0+a_{i2}+0+\cdots+0 & 0+0+a_{i3}+0+\cdots+0 & \cdots & 0+\cdots+0+a_{in} \\ \vdots & \vdots & \vdots & & \vdots \\ a_{n1} & a_{n2} & a_{n3} & \cdots & a_{nn} \end{vmatrix}$$

と考えて, 基本変形の (II), (III) により同様に n 項に展開する. それぞれ 0 でない成分が左端にくるように列の入れかえをすれば, j 番目の項の行列式は,

$$(-1)^{j-1} \begin{vmatrix} a_{1j} & a_{11} & \cdots & a_{1(j-1)} & a_{1(j+1)} & \cdots & a_{1n} \\ a_{2j} & a_{21} & \cdots & a_{2(j-1)} & a_{2(j+1)} & \cdots & a_{2n} \\ \vdots & \vdots & & \vdots & \vdots & & \vdots \\ a_{ij} & 0 & \cdots & 0 & 0 & \cdots & 0 \\ \vdots & \vdots & & \vdots & \vdots & & \vdots \\ a_{nj} & a_{n1} & \cdots & a_{n(j-1)} & a_{n(j+1)} & \cdots & a_{nn} \end{vmatrix}$$

となる. ここで, i 行目が第 1 行目の場所になるように, 上下どうしの入れかえにより移動するには, $i-1$

回の上下どうしの行の入れかえが必要である. 定理 1.19 の基本性質 (III) によって, j 番目の項は,

$$(-1)^{j-1} \cdot (-1)^{i-1} \begin{vmatrix} a_{ij} & 0 & \cdots & 0 & 0 & \cdots & 0 \\ a_{1j} & a_{11} & \cdots & a_{1(j-1)} & a_{1(j+1)} & \cdots & a_{1n} \\ \vdots & \vdots & & \vdots & \vdots & & \vdots \\ a_{(i-1)j} & a_{(i-1)1} & \cdots & a_{(i-1)(j-1)} & a_{(i-1)(j+1)} & \cdots & a_{(i-1)n} \\ a_{(i+1)j} & a_{(i+1)1} & \cdots & a_{(i+1)(j-1)} & a_{(i+1)(j+1)} & \cdots & a_{(i+1)n} \\ \vdots & \vdots & & \vdots & \vdots & & \vdots \\ a_{nj} & a_{n1} & \cdots & a_{n(j-1)} & a_{n(j+1)} & \cdots & a_{nn} \end{vmatrix}$$

と書くことができて, j 番目の項に定理 1.16 を使うと, $(-1)^{j-1} \cdot (-1)^{i-1} a_{ij} \Delta_{ij}$ である. ここで, $(-1)^{j-1} \cdot (-1)^{i-1} = (-1)^{i+j-2} = (-1)^{i+j}$ に注意すれば, j 番目の項は, $a_{ij} A_{ij}$ と書くことができる. ゆえに,

$$|A| = a_{i1} A_{i1} + \cdots + a_{ij} A_{ij} + \cdots + a_{in} A_{in}$$

を得る. (2) については, (1) と定理 1.17 より示される. ∎

例 1.41　$A = \begin{pmatrix} a & 1 & -2 \\ 0 & b & 0 \\ 3 & -1 & c \end{pmatrix}$ とするとき, $|A|$ を第 2 列で展開すると,

$$|A| = 1 \cdot A_{12} + b \cdot A_{22} + (-1) \cdot A_{32}$$

$$= 1 \cdot (-1)^{1+2} \begin{vmatrix} 0 & 0 \\ 3 & c \end{vmatrix} + b \cdot (-1)^{2+2} \begin{vmatrix} a & -2 \\ 3 & c \end{vmatrix} + (-1) \cdot (-1)^{3+2} \begin{vmatrix} a & -2 \\ 0 & 0 \end{vmatrix}$$

$$= (-1) \cdot 0 + b(ac + 6) + 0 = abc + 6b.$$

また, 第 2 行で展開すれば,

$$|A| = 0 \cdot A_{21} + b \cdot A_{22} + 0 \cdot A_{23}$$

$$= b \cdot (-1)^{2+2} \begin{vmatrix} a & -2 \\ 3 & c \end{vmatrix} = b(ac + 6) = abc + 6b.$$

　例 1.41 のように, 行列式の値は, 定理 1.21 を使って, どの行で展開しても, どの列で展開しても同じ結果を得ることができる. そこで, 定理 1.19 の行列式の基本性質を使って, 特定の行または特定の列に 0 の成分が多くできるようにし, 定理 1.21 を適用すれば, 行列式は効率よく計算できる.

例題 1.18　次の行列式を第 2 列の 0 の成分を多くしたあと第 2 列で展開して計算せよ.

$$\begin{vmatrix} -8 & 6 & 15 & -1 \\ 3 & -2 & -5 & 0 \\ 6 & -4 & -3 & -3 \\ -2 & 0 & 1 & 4 \end{vmatrix}.$$

解答

$$\begin{vmatrix} -8 & 6 & 15 & -1 \\ 3 & -2 & -5 & 0 \\ 6 & -4 & -3 & -3 \\ -2 & 0 & 1 & 4 \end{vmatrix} \overset{\times 3}{=} \begin{vmatrix} -8+3\cdot 3 & 6+(-2)\cdot 3 & 15+(-5)\cdot 3 & -1+0\cdot 3 \\ 3 & -2 & -5 & 0 \\ 6 & -4 & -3 & -3 \\ -2 & 0 & 1 & 4 \end{vmatrix}$$

$$= \begin{vmatrix} 1 & 0 & 0 & -1 \\ 3 & -2 & -5 & 0 \\ 6 & -4 & -3 & -3 \\ -2 & 0 & 1 & 4 \end{vmatrix} \overset{\times(-2)}{}$$

$$= \begin{vmatrix} 1 & 0 & 0 & -1 \\ 3 & -2 & -5 & 0 \\ 6+3\cdot(-2) & -4+(-2)\cdot(-2) & -3+(-5)\cdot(-2) & -3+0\cdot(-2) \\ -2 & 0 & 1 & 4 \end{vmatrix}$$

$$= \begin{vmatrix} 1 & 0 & 0 & -1 \\ 3 & -2 & -5 & 0 \\ 0 & 0 & 7 & -3 \\ -2 & 0 & 1 & 4 \end{vmatrix}$$

$$\overset{\text{定理 }1.21}{=} (-2)\cdot(-1)^{2+2} \begin{vmatrix} 1 & 0 & -1 \\ 0 & 7 & -3 \\ -2 & 1 & 4 \end{vmatrix} = -2\cdot(28-14+3) = -2\cdot 17$$

$$= -34.$$

問 1.21 (1) 行列 $A = \begin{pmatrix} 3 & 1 & -5 \\ -2 & 4 & 3 \\ 1 & -2 & 1 \end{pmatrix}$ に対して，余因子 A_{11}, A_{12}, A_{13} を求め，それらを

用いて A の行列式 $|A|$ を求めよ．

(2) 行列 $A = \begin{pmatrix} 7 & 0 & 3 & 6 \\ 1 & 1 & 0 & 3 \\ 0 & -2 & 1 & -4 \\ 6 & 4 & 0 & 14 \end{pmatrix}$ に対して，余因子 A_{13}, A_{33} を求め，それらを用いて A の

行列式 $|A|$ を求めよ．

◆◆練習問題 § 1.8 ◆◆

A

1. 次の行列 A に対して指定された余因子を計算し，それらを用いて行列式 $|A|$ を求めよ．

$$(1)\quad A = \begin{pmatrix} 1 & 2 & 3 & -1 \\ 0 & -1 & -2 & -3 \\ -2 & 0 & 3 & 6 \\ 0 & 3 & 6 & 3 \end{pmatrix}$$

$$(2)\quad A = \begin{pmatrix} 1 & 2 & 4 & 2 \\ 0 & 3 & 0 & 6 \\ 2 & 4 & 3 & 7 \\ -3 & -6 & -12 & -5 \end{pmatrix}$$

[余因子 A_{11}, A_{31} を計算]

[余因子 A_{22}, A_{24} を計算]

$$(3)\quad A = \begin{pmatrix} -9 & -3 & -2 & 4 \\ -12 & -3 & -5 & 5 \\ 18 & 6 & 5 & -8 \\ -3 & -2 & 0 & 1 \end{pmatrix}$$

$$(4)\quad A = \begin{pmatrix} 2 & -3 & -12 & 6 \\ 3 & 4 & 14 & -4 \\ 1 & 1 & 4 & -2 \\ 1 & 1 & 3 & 0 \end{pmatrix}$$

[余因子 A_{13}, A_{23}, A_{33} を計算]

[余因子 A_{41}, A_{42}, A_{43} を計算]

§ 1.9　逆行列とクラメルの公式

この節では，§ 1.5 で定義した逆行列を n 次の正方行列に対して求めることを考える．逆行列を求めるときに利用する定理として，まず，前節の定理 1.21 を次のように書き換える．

定理 1.22　$M_n \ni A = (a_{ij})$ について，次が成り立つ．

$$(1)\quad a_{k1}A_{\ell 1} + a_{k2}A_{\ell 2} + \cdots + a_{kn}A_{\ell n} = \begin{cases} |A| & (k = \ell) \\ 0 & (k \neq \ell) \end{cases}$$

$$(2)\quad a_{1k}A_{1\ell} + a_{2k}A_{2\ell} + \cdots + a_{nk}A_{n\ell} = \begin{cases} |A| & (k = \ell) \\ 0 & (k \neq \ell) \end{cases}$$

証明　(1) $k = \ell$ のときは，定理 1.21 である．$k \neq \ell$ とする．A の 第 ℓ 行に第 k 行と同じ成分をならべた行列式を考えると，定理 1.19 (IV) より，その値は 0 である．

$$\begin{array}{c} \\ \text{第 } k \text{ 行} \\ \\ \text{第 } \ell \text{ 行} \\ \\ \\ \end{array} \begin{vmatrix} a_{11} & a_{12} & \cdots & a_{1n} \\ & & \cdots & \\ a_{k1} & a_{k2} & \cdots & a_{kn} \\ & & \cdots & \\ a_{k1} & a_{k2} & \cdots & a_{kn} \\ & & \cdots & \\ a_{n1} & a_{n2} & \cdots & a_{nn} \end{vmatrix} = 0.$$

この行列式を第 ℓ 行で展開すれば，左辺は，(左辺) $= a_{k1}A_{\ell 1} + a_{k2}A_{\ell 2} + \cdots + a_{kn}A_{\ell n}$. よって，$a_{k1}A_{\ell 1} + a_{k2}A_{\ell 2} + \cdots + a_{kn}A_{\ell n} = 0$.
(2) についても，列について同様に考えればよい． ∎

n 次正方行列の逆行列

正方行列 A が逆行列をもつとき，A を正則行列というのであった (§ 1.5, 定義 1.23)．ここでは，逆行列が，行列式と余因子によって表されることを見る．記述を簡単にするために，いくつか用語を準備する．

定義 1.34 $M_n \ni A$ に対して, (i,j) 余因子 A_{ij} を (i,j) 成分とする行列 $\widetilde{A}$ の転置行列 $^t\widetilde{A}$ を A の**余因子行列**という:

$$^t\widetilde{A} := \begin{pmatrix} A_{11} & A_{21} & \cdots & A_{n1} \\ A_{12} & A_{22} & \cdots & A_{n2} \\ \vdots & \vdots & & \vdots \\ A_{1n} & A_{2n} & \cdots & A_{nn} \end{pmatrix}.$$

例 1.42 $A = \begin{pmatrix} 1 & 2 \\ 3 & 4 \end{pmatrix}$ とするとき,

$A_{11} = (-1)^{1+1}\det((4)) = 4$, $A_{12} = (-1)^{1+2}\det((3)) = -3$, $A_{21} = (-1)^{2+1}\det((2)) = -2$, $A_{22} = (-1)^{2+2}\det((1)) = 1$ であるから, A の余因子行列は, $^t\widetilde{A} = \begin{pmatrix} A_{11} & A_{21} \\ A_{12} & A_{22} \end{pmatrix} = \begin{pmatrix} 4 & -2 \\ -3 & 1 \end{pmatrix}$ である.

次の定理 1.23 は, 正則行列となるための必要十分条件と逆行列の計算方法を与えるものとして重要である.

定理 1.23 $M_n \ni A$ に対して,

$$A \text{ が正則行列} \Longleftrightarrow |A| \neq 0$$

が成り立つ. 特に, A が正則行列のとき,

$$A^{-1} = \frac{1}{|A|}\,{}^t\widetilde{A} = \frac{1}{|A|}\begin{pmatrix} A_{11} & A_{21} & \cdots & A_{n1} \\ A_{12} & A_{22} & \cdots & A_{n2} \\ \vdots & \vdots & & \vdots \\ A_{1n} & A_{2n} & \cdots & A_{nn} \end{pmatrix}$$

であり, $|A^{-1}| = |A|^{-1}$ である.

証明 行列 A と その余因子行列 $^t\widetilde{A}$ との積を考えると,

$$A \cdot {}^t\widetilde{A} = \begin{pmatrix} a_{11} & a_{12} & \cdots & a_{1n} \\ a_{21} & a_{22} & \cdots & a_{2n} \\ & & \cdots & \\ a_{n1} & a_{n2} & \cdots & a_{nn} \end{pmatrix}\begin{pmatrix} A_{11} & A_{21} & \cdots & A_{n1} \\ A_{12} & A_{22} & \cdots & A_{n2} \\ \vdots & \vdots & & \vdots \\ A_{1n} & A_{2n} & \cdots & A_{nn} \end{pmatrix}$$

であり, $A \cdot {}^t\widetilde{A}$ の (i, j) 成分は, $\displaystyle\sum_{s=1}^{n} a_{is} A_{js}$ であるから (§ 1.4, 定義 1.16 参照),

$$A \cdot {}^t\widetilde{A} = \begin{pmatrix} \displaystyle\sum_{s=1}^{n} a_{1s} A_{1s} & \displaystyle\sum_{s=1}^{n} a_{1s} A_{2s} & \cdots & \displaystyle\sum_{s=1}^{n} a_{1s} A_{ns} \\ \displaystyle\sum_{s=1}^{n} a_{2s} A_{1s} & \displaystyle\sum_{s=1}^{n} a_{2s} A_{2s} & \cdots & \displaystyle\sum_{s=1}^{n} a_{2s} A_{ns} \\ & & \cdots & \\ \displaystyle\sum_{s=1}^{n} a_{ns} A_{1s} & \displaystyle\sum_{s=1}^{n} a_{ns} A_{2s} & \cdots & \displaystyle\sum_{s=1}^{n} a_{ns} A_{ns} \end{pmatrix}.$$

ここで, 定理 1.22 より

$$\sum_{s=1}^{n} a_{ks} A_{\ell s} = \begin{cases} |A| & (k = \ell) \\ 0 & (k \neq \ell) \end{cases}$$

であるから,

$$A \cdot {}^t\widetilde{A} = \begin{pmatrix} |A| & & & O \\ & |A| & & \\ & & \ddots & \\ O & & & |A| \end{pmatrix} = |A| \cdot E$$

を得る.

$\Longleftarrow$) $|A| \neq 0$ とすると, $X = \dfrac{1}{|A|} {}^t\widetilde{A}$ を考えることができて,

$$AX = A \cdot \frac{1}{|A|} {}^t\widetilde{A} = \frac{1}{|A|} A \cdot {}^t\widetilde{A} = \frac{1}{|A|} \cdot |A| E = E.$$

${}^t\widetilde{A} \cdot A = |A| E$ も同様に成り立つことから $XA = E$ も確かめられる. よって, $|A| \neq 0$ のとき, $X = \dfrac{1}{|A|} {}^t\widetilde{A}$ が A の逆行列となり, A は正則行列となる.

$\Longrightarrow$) 逆に, A が正則ならば, A^{-1} が存在して, $AA^{-1} = A^{-1}A = E$. 定理 1.20 (§ 1.7) より, $|AA^{-1}| = |A| \cdot |A^{-1}| = |E|$ であるから, $|E| = 1 \neq 0$ より, $|A| \neq 0$ でなければならない. さらに, $|A^{-1}| = \dfrac{|E|}{|A|} = \dfrac{1}{|A|} = |A|^{-1}$ であることも確かめられる. ∎

例 1.43　$A = \begin{pmatrix} a & b \\ c & d \end{pmatrix}$ について, $|A| = ad - bc$, $A_{11} = (-1)^{1+1} \det((d)) = d$, $A_{12} = (-1)^{1+2} \det((c)) = -c$, $A_{21} = (-1)^{2+1} \det((b)) = -b$, $A_{22} = (-1)^{2+2} \det((a)) = a$ であるから, 定理 1.23 により, $|A| \neq 0$ ならば, $A^{-1} = \dfrac{1}{|A|} \begin{pmatrix} A_{11} & A_{21} \\ A_{12} & A_{22} \end{pmatrix} = \dfrac{1}{ad - bc} \begin{pmatrix} d & -b \\ -c & a \end{pmatrix}$ である.

例題 1.19　$A = \begin{pmatrix} 2 & 0 & 3 \\ -1 & 2 & 1 \\ 3 & -1 & 5 \end{pmatrix}$ の逆行列を求めよ.

解答　$|A| = \begin{vmatrix} 2 & 0 & 3 \\ -1 & 2 & 1 \\ 3 & -1 & 5 \end{vmatrix} \overset{\times 2}{=} \begin{vmatrix} 2 & 0 & 3 \\ -1+3\cdot 2 & 2+(-1)\cdot 2 & 1+5\cdot 2 \\ 3 & -1 & 5 \end{vmatrix} = \begin{vmatrix} 2 & 0 & 3 \\ 5 & 0 & 11 \\ 3 & -1 & 5 \end{vmatrix}$

$\overset{\text{第2列で展開}}{=} (-1)\cdot(-1)^{3+2}\begin{vmatrix} 2 & 3 \\ 5 & 11 \end{vmatrix} = 22-15 = 7 \neq 0.$ よって, A は逆行列をもつ.

$A_{11} = (-1)^{1+1}\begin{vmatrix} 2 & 1 \\ -1 & 5 \end{vmatrix} = 10+1 = 11$, $A_{12} = (-1)^{1+2}\begin{vmatrix} -1 & 1 \\ 3 & 5 \end{vmatrix} = -(-5-3) = 8$, $A_{13} =$

$(-1)^{1+3}\begin{vmatrix} -1 & 2 \\ 3 & -1 \end{vmatrix} = 1-6 = -5$,

$A_{21} = (-1)^{2+1}\begin{vmatrix} 0 & 3 \\ -1 & 5 \end{vmatrix} = -3$, $A_{22} = (-1)^{2+2}\begin{vmatrix} 2 & 3 \\ 3 & 5 \end{vmatrix} = 10-9 = 1$, $A_{23} = (-1)^{2+3}\begin{vmatrix} 2 & 0 \\ 3 & -1 \end{vmatrix} =$

$-(-2-0) = 2$,

$A_{31} = (-1)^{3+1}\begin{vmatrix} 0 & 3 \\ 2 & 1 \end{vmatrix} = -6$, $A_{32} = (-1)^{3+2}\begin{vmatrix} 2 & 3 \\ -1 & 1 \end{vmatrix} = -(2+3) = -5$, $A_{33} = (-1)^{3+3}\begin{vmatrix} 2 & 0 \\ -1 & 2 \end{vmatrix}$

$= 4.$

ゆえに, 定理 1.23 により,

$$A^{-1} = \frac{1}{|A|}\begin{pmatrix} A_{11} & A_{21} & A_{31} \\ A_{12} & A_{22} & A_{32} \\ A_{13} & A_{23} & A_{33} \end{pmatrix} = \frac{1}{7}\begin{pmatrix} 11 & -3 & -6 \\ 8 & 1 & -5 \\ -5 & 2 & 4 \end{pmatrix}.$$

問 1.22　定理 1.23 を用いて次の行列 A が正則行列かどうか調べて, 正則行列のときは, その逆行列 A^{-1} を計算せよ.

(1)　$A = \begin{pmatrix} 8 & 12 \\ 6 & 10 \end{pmatrix}$ 　　　(2)　$A = \begin{pmatrix} 3 & -9 \\ 5 & -15 \end{pmatrix}$

(3)　$A = \begin{pmatrix} -7 & -8 & 4 \\ 6 & 10 & -3 \\ -2 & -3 & 1 \end{pmatrix}$ 　　(4)　$A = \begin{pmatrix} -3 & -2 & 4 \\ 15 & 5 & 1 \\ -6 & -4 & 8 \end{pmatrix}$

(5)　$A = \begin{pmatrix} 7 & -2 & 3 \\ 4 & 1 & 2 \\ -11 & 6 & -4 \end{pmatrix}$

クラメルの公式

行列式を使って連立方程式を解くことを考える.

定義 1.35　$x_1, x_2, \ldots, x_n$ を未知数とする n 元連立 1 次方程式

$$\begin{cases} a_{11}x_1 + a_{12}x_2 + \cdots + a_{1n}x_n = b_1 \\ a_{21}x_1 + a_{22}x_2 + \cdots + a_{2n}x_n = b_2 \\ \qquad \cdots \\ a_{n1}x_1 + a_{n2}x_2 + \cdots + a_{nn}x_n = b_n \end{cases} \tag{1.2}$$

に対して, その係数をならべた行列

$$A = \begin{pmatrix} a_{11} & a_{12} & \cdots & a_{1n} \\ a_{21} & a_{22} & \cdots & a_{2n} \\ & \cdots & & \\ a_{n1} & a_{n2} & \cdots & a_{nn} \end{pmatrix}$$

を連立 1 次方程式 (1.2) の**係数行列**(けいすう)という.

✎ 連立方程式の未知数の個数が n 個のとき n 元連立方程式という.

> **例 1.44** 連立 1 次方程式 $\begin{cases} x + 2y = -1 \\ 3x + 4y = 2 \end{cases}$ の係数行列は, $\begin{pmatrix} 1 & 2 \\ 3 & 4 \end{pmatrix}$ であり, 連立 1 次方
>
> 程式 $\begin{cases} x_1 - 2x_2 = -4 \\ -x_1 + x_2 + 2x_3 = -1 \\ x_1 - 4x_2 + x_3 = -11 \end{cases}$ の係数行列は, $\begin{pmatrix} 1 & -2 & 0 \\ -1 & 1 & 2 \\ 1 & -4 & 1 \end{pmatrix}$ である.

✎ 例 1.44 の 2 つ目の連立 1 次方程式について, $x_1 - 2x_2 = -4$ は, x_3 の係数が 0 であると考えて, 係数行列の対応する成分を 0 とする.

$$\boldsymbol{x} = \begin{pmatrix} x_1 \\ x_2 \\ \vdots \\ x_n \end{pmatrix}, \ \boldsymbol{b} = \begin{pmatrix} b_1 \\ b_2 \\ \vdots \\ b_n \end{pmatrix} \quad とすれば, (1.2) 式は, 行列の積を使って$$

$$A\boldsymbol{x} = \boldsymbol{b}$$

と表される. 係数行列 A が正則行列となるとき, 次の定理 1.24 のように, 各変数 x_i は, 行列式を使って計算することができる.

> **定理 1.24 (クラメルの公式)** n 元連立 1 次方程式
>
> $$\begin{cases} a_{11}x_1 + a_{12}x_2 + \cdots + a_{1n}x_n = b_1 \\ a_{21}x_1 + a_{22}x_2 + \cdots + a_{2n}x_n = b_2 \\ \qquad \cdots \\ a_{n1}x_1 + a_{n2}x_2 + \cdots + a_{nn}x_n = b_n \end{cases}$$
>
> について, 係数行列 A が $|A| \neq 0$ を満たすならば, この連立方程式は, ただ 1 組の解をもち, 各変数 x_j は,

$$x_j = \frac{1}{|A|} \begin{vmatrix} a_{11} & \cdots & b_1 & \cdots & a_{1n} \\ a_{21} & \cdots & b_2 & \cdots & a_{2n} \\ \vdots & & \vdots & & \vdots \\ a_{n1} & \cdots & b_n & \cdots & a_{nn} \end{vmatrix} \quad (j = 1, 2, \ldots, n)$$

第 j 列

と書くことができる.

証明 $\boldsymbol{x} = \begin{pmatrix} x_1 \\ x_2 \\ \vdots \\ x_n \end{pmatrix}, \boldsymbol{b} = \begin{pmatrix} b_1 \\ b_2 \\ \vdots \\ b_n \end{pmatrix}$ とすると, 連立方程式は,

$$A\boldsymbol{x} = \boldsymbol{b} \tag{1.3}$$

と書くことができる. 定理 1.23 より $|A| \neq 0$ ならば, A は正則行列で, A^{-1} をもつから, (1.3) 式の辺々左から A^{-1} を掛けて,

$$\boldsymbol{x} = A^{-1}\boldsymbol{b}$$

を得る. 再び, 定理 1.23 より $A^{-1} = \frac{1}{|A|} {}^t\widetilde{A}$ であるから,

$$\boldsymbol{x} = \frac{1}{|A|} \begin{pmatrix} A_{11} & A_{21} & \cdots & A_{n1} \\ A_{12} & A_{22} & \cdots & A_{n2} \\ \vdots & \vdots & & \vdots \\ A_{1j} & A_{2j} & \cdots & A_{nj} \\ \vdots & \vdots & & \vdots \\ A_{1n} & A_{2n} & \cdots & A_{nn} \end{pmatrix} \begin{pmatrix} b_1 \\ b_2 \\ \vdots \\ b_n \end{pmatrix}.$$

よって, $j = 1, 2, \ldots n$ に対して,

$$x_j = \frac{1}{|A|} (b_1 A_{1j} + b_2 A_{2j} + \cdots + b_n A_{nj}) \tag{1.4}$$

となる. (1.4) 式は, $|A|$ の第 j 列を $\boldsymbol{b}$ に置き換えてから, 第 j 列で展開したものに $\frac{1}{|A|}$ を掛けたものであるから,

$$x_j = \frac{1}{|A|} \begin{vmatrix} a_{11} & \cdots & b_1 & \cdots & a_{1n} \\ a_{21} & \cdots & b_2 & \cdots & a_{2n} \\ \vdots & & \vdots & & \vdots \\ a_{n1} & \cdots & b_n & \cdots & a_{nn} \end{vmatrix}$$

第 j 列

を得る. ∎

例 1.45 連立方程式 $\begin{cases} x + 2y = -1 \\ 3x + 4y = 2 \end{cases}$ をクラメルの公式を使って解くことを考える. 係数行列は, 例 1.44 でみたように, $A = \begin{pmatrix} 1 & 2 \\ 3 & 4 \end{pmatrix}$ であるから, $|A| = 4 - 6 = -2 \neq 0$.

よって, クラメルの公式が使えて,

$$x = -\frac{1}{2} \begin{vmatrix} -1 & 2 \\ 2 & 4 \end{vmatrix} = -\frac{1}{2}(-4-4) = 4,$$

$$y = -\frac{1}{2} \begin{vmatrix} 1 & -1 \\ 3 & 2 \end{vmatrix} = -\frac{1}{2}(2+3) = -\frac{5}{2} \text{ を得る. ゆえに, 連立方程式の解は, } (x,y) =$$

$$\left(4, -\frac{5}{2}\right) \text{ となる. 実際,}$$

$$\begin{cases} 1 \cdot 4 + 2 \cdot \left(-\dfrac{5}{2}\right) = 4 - 5 = -1, \\ 3 \cdot 4 + 4 \cdot \left(-\dfrac{5}{2}\right) = 12 - 10 = 2 \end{cases}$$

となり, 連立方程式を満たしていることが確かめられる.

✎ 上の例のように, 解が正しく求められたかどうかは, もとの連立方程式に代入して確認すればよい.

例題 1.20　クラメルの公式を用いて, 次の連立1次方程式を解け.

$$\begin{cases} x_1 - 2x_2 & = -4 \\ -x_1 + x_2 + 2x_3 & = -1 \\ x_1 - 4x_2 + x_3 & = -11 \end{cases}.$$

解答　係数行列は, $A = \begin{pmatrix} 1 & -2 & 0 \\ -1 & 1 & 2 \\ 1 & -4 & 1 \end{pmatrix}$ であるから,

$$|A| = \begin{vmatrix} 1 & -2 & 0 \\ -1 & 1 & 2 \\ 1 & -4 & 1 \end{vmatrix} \xrightarrow{\times(-2)} = \begin{vmatrix} 1 & -2 & 0 \\ -3 & 9 & 0 \\ 1 & -4 & 1 \end{vmatrix} \overset{\text{第3列で展開}}{=} 1 \cdot (-1)^{3+3} \begin{vmatrix} 1 & -2 \\ -3 & 9 \end{vmatrix}$$

$$= 9 - 6 = 3 \neq 0.$$

ゆえに, クラメルの公式が使えて,

$$x_1 = \frac{1}{3} \begin{vmatrix} -4 & -2 & 0 \\ -1 & 1 & 2 \\ -11 & -4 & 1 \end{vmatrix} \xrightarrow{\times(-2)} = \frac{1}{3} \begin{vmatrix} -4 & -2 & 0 \\ 21 & 9 & 0 \\ -11 & -4 & 1 \end{vmatrix} \overset{\text{第3列で展開}}{=} \frac{1}{3}(-36 + 42) = 2,$$

$$x_2 = \frac{1}{3} \begin{vmatrix} 1 & -4 & 0 \\ -1 & -1 & 2 \\ 1 & -11 & 1 \end{vmatrix} \xrightarrow{\times(-2)} = \frac{1}{3} \begin{vmatrix} 1 & -4 & 0 \\ -3 & 21 & 0 \\ 1 & -11 & 1 \end{vmatrix} \overset{\text{第3列で展開}}{=} \frac{1}{3}(21 - 12) = 3,$$

$$x_3 = \frac{1}{3} \begin{vmatrix} 1 & -2 & -4 \\ -1 & 1 & -1 \\ 1 & -4 & -11 \end{vmatrix} \begin{smallmatrix} \times 1 \\ \times 1 \end{smallmatrix} = \frac{1}{3} \begin{vmatrix} 0 & -1 & -5 \\ -1 & 1 & -1 \\ 0 & -3 & -12 \end{vmatrix} \overset{\text{第1列で展開}}{=} \frac{1}{3}(-1) \cdot (-1)^{2+1} \begin{vmatrix} -1 & -5 \\ -3 & -12 \end{vmatrix}$$

$$= \frac{1}{3}(12 - 15) = -1.$$

問 1.23　クラメルの公式を用いて次の連立1次方程式の解を求めよ.

(1) $\begin{cases} 2x + y = 3 \\ 7x + 4y = 5 \end{cases}$　　　(2) $\begin{cases} 3x + 2y = 10 \\ 8x + 5y = 7 \end{cases}$

(3) $\begin{cases} -3x_1 - 2x_2 - 5x_3 = 4 \\ 2x_1 + x_2 + 4x_3 = 7 \\ -6x_1 - 4x_2 - 9x_3 = -5 \end{cases}$　　(4) $\begin{cases} 2x_1 - 8x_2 - 4x_3 = -4 \\ 3x_1 - x_3 = 8 \\ 9x_1 + 2x_2 - 2x_3 = 20 \end{cases}$

◆練習問題 § 1.9◆

A

1.　定理 1.23 を用いて次の行列 A が正則行列かどうか調べて，正則行列のときは，その逆行列 A^{-1} を計算せよ.

(1)　$A = \begin{pmatrix} 10 & 3 & 6 \\ -1 & 1 & -2 \\ -2 & 3 & -5 \end{pmatrix}$　　(2)　$A = \begin{pmatrix} -5 & -4 & -2 \\ -4 & 1 & -5 \\ -9 & 2 & -11 \end{pmatrix}$

(3)　$A = \begin{pmatrix} 7 & -4 & 5 \\ 4 & 2 & 1 \\ -1 & 4 & -2 \end{pmatrix}$　　(4)　$A = \begin{pmatrix} 5 & 1 & 3 \\ -3 & -2 & 5 \\ 8 & 2 & 4 \end{pmatrix}$

2.　クラメルの公式を用いて次の連立 1 次方程式の解を求めよ.

(1) $\begin{cases} 2x_1 + 2x_2 + x_3 = 3 \\ -2x_1 + x_2 + 3x_3 = -5 \\ x_1 - x_2 - 2x_3 = 7 \end{cases}$　(2) $\begin{cases} 7x_1 + 4x_2 + 2x_3 = 2 \\ x_1 + x_2 = -9 \\ x_2 - x_3 = 10 \end{cases}$

(3) $\begin{cases} 2x_1 + 2x_2 + 3x_3 = 4 \\ -2x_1 + x_2 - x_3 = 8 \\ x_1 - x_2 + x_3 = 9 \end{cases}$　(4) $\begin{cases} -9x_1 + 2x_2 + 5x_3 = 6 \\ -6x_1 + x_2 + 4x_3 = -3 \\ -2x_1 + x_3 = 15 \end{cases}$

§ 1.10　行列の基本変形

　§ 1.9 で連立方程式は行列を使って表現できることを学んだ. この節では, 行列を使って連立方程式を解くための準備をする.

▌行列の基本変形▌

　連立方程式を解く方法の 1 つとして, 高等学校までの数学で消去法を学んだ. p.66 でみるように, 次の行列に対する変形は, 連立方程式の消去法に対応するものとなる.

定義 1.36 行列に対して行う次の (I)〜(III) の操作を**行基本変形**という.

 (I) ある行に 0 でない定数を掛ける,

 (II) 2つの行を入れかえる,

(III) ある行の定数倍を他の行に加える.

 行列 A に有限回の行基本変形を行って行列 B を得ることを

$$A \longrightarrow B$$

によって表す.

✎ 行列式の基本性質と似ているが, 明確に区別するようにしたい. 2つの行列はすべての成分が等しいときのみ等号が成り立つ. 一般に, 行基本変形の前後で行列は異なるから, 行基本変形の前と変形後の行列を等号でつなげないように注意したい. また, 連立方程式への応用を考えるとき, 列についての変形は適用できないので, このテキストでは扱わない. 行基本変形のことを単に**基本変形**ということもある.

　簡単のため, このテキストでは, 適宜

 (I) 行列の 第 k 行を c 倍する変形を $\textcircled{k} \times c$,

 (II) 第 k 行と第 ℓ 行を入れかえる変形を $\textcircled{k} \leftrightarrow \textcircled{\ell}$

(III) 第 k 行に第 ℓ 行の c 倍を加える変形を $\textcircled{k} + \textcircled{\ell} \times c$

と表記することにする.

　行列を使って連立方程式を解く最初のステップとして, 行基本変形によって, 上三角行列に変形する操作が必要になる. 最終的には, 対角成分以外を 0 にする変形を目指すことになるが, 次の例では, まず, 行基本変形により上三角行列に変形することからはじめる.

例 1.46 $A = \begin{pmatrix} 2 & 4 & 10 \\ -1 & -4 & 1 \\ 1 & 2 & 3 \end{pmatrix}$ に対して, $\textcircled{1} \leftrightarrow \textcircled{3}$, $\textcircled{3} + \textcircled{1} \times (-2)$, $\textcircled{2} + \textcircled{1}$, $\textcircled{2} \times \frac{1}{2}$ の

行基本変形を順に行うと,

$$A = \begin{pmatrix} 2 & 4 & 10 \\ -1 & -4 & 1 \\ 1 & 2 & 3 \end{pmatrix} \longrightarrow \begin{pmatrix} 1 & 2 & 3 \\ -1 & -4 & 1 \\ 2 & 4 & 10 \end{pmatrix}_{\times(-2)}$$

$$\longrightarrow \begin{pmatrix} 1 & 2 & 3 \\ -1 & -4 & 1 \\ 2+1\cdot(-2) & 4+2\cdot(-2) & 10+3\cdot(-2) \end{pmatrix} = \begin{pmatrix} 1 & 2 & 3 \\ -1 & -4 & 1 \\ 0 & 0 & 4 \end{pmatrix}_{\times 1}$$

$$\longrightarrow \begin{pmatrix} 1 & 2 & 3 \\ -1+1 & -4+2 & 1+3 \\ 0 & 0 & 4 \end{pmatrix} = \begin{pmatrix} 1 & 2 & 3 \\ 0 & -2 & 4 \\ 0 & 0 & 4 \end{pmatrix}_{\times \frac{1}{2}}$$

$$\longrightarrow \begin{pmatrix} 1 & 2 & 3 \\ 0 \cdot \dfrac{1}{2} & -2 \cdot \dfrac{1}{2} & 4 \cdot \dfrac{1}{2} \\ 0 & 0 & 4 \end{pmatrix} = \begin{pmatrix} 1 & 2 & 3 \\ 0 & -1 & 2 \\ 0 & 0 & 4 \end{pmatrix}$$

となる.

定義 1.37 行列 $A = \begin{pmatrix} a_{11} & a_{12} & \cdots & a_{1n} \\ a_{21} & a_{22} & \cdots & a_{2n} \\ & & \cdots & \\ a_{m1} & a_{m2} & \cdots & a_{mn} \end{pmatrix} \in M(m,n)$ を列ベクトル $\boldsymbol{a}_1 =$

$\begin{pmatrix} a_{11} \\ a_{21} \\ \vdots \\ a_{m1} \end{pmatrix}, \boldsymbol{a}_2 = \begin{pmatrix} a_{12} \\ a_{22} \\ \vdots \\ a_{m2} \end{pmatrix}, \ldots, \boldsymbol{a}_n = \begin{pmatrix} a_{1n} \\ a_{2n} \\ \vdots \\ a_{mn} \end{pmatrix}$ を使って $A = (\boldsymbol{a}_1 \ \boldsymbol{a}_2 \ \cdots \ \boldsymbol{a}_n)$ で表

し, A の列ベクトルへの**分割**という.

例 1.47 $M(m,n) \ni A = (a_{ij})$ と列ベクトル $\boldsymbol{b} = \begin{pmatrix} b_1 \\ b_2 \\ \vdots \\ b_m \end{pmatrix}$ を横にならべてできる $m \times (n+1)$

行列は, $\boldsymbol{a}_1 = \begin{pmatrix} a_{11} \\ a_{21} \\ \vdots \\ a_{m1} \end{pmatrix}, \boldsymbol{a}_2 = \begin{pmatrix} a_{12} \\ a_{22} \\ \vdots \\ a_{m2} \end{pmatrix}, \ldots, \boldsymbol{a}_n = \begin{pmatrix} a_{1n} \\ a_{2n} \\ \vdots \\ a_{mn} \end{pmatrix}$ を使って, $(\boldsymbol{a}_1 \ \boldsymbol{a}_2 \ \cdots \ \boldsymbol{a}_n \ \boldsymbol{b})$

と書くことができる. 列ベクトルへの分割と同様に, 行列 A と列ベクトル $\boldsymbol{b}$ への分割と考えれば, これを $(A \ \boldsymbol{b})$ と書くこともできる.

一般に, A と同じ行数の行列 $B = (b_{ij}) \in M(m,\ell)$ を横にならべてできる $m \times (n+\ell)$ 行列を $(A \ B)$ と書く.

$$(A \ B) := \begin{pmatrix} a_{11} & a_{12} & \cdots & a_{1n} & b_{11} & b_{12} & \cdots & b_{1\ell} \\ a_{21} & a_{22} & \cdots & a_{2n} & b_{21} & b_{22} & \cdots & b_{2\ell} \\ & & \cdots & & & & & \\ a_{m1} & a_{m2} & \cdots & a_{mn} & b_{m1} & b_{m2} & \cdots & b_{m\ell} \end{pmatrix}.$$

また, $n \times \ell$ 行列 $B = (\boldsymbol{b}_1 \ \boldsymbol{b}_2 \ \cdots \ \boldsymbol{b}_\ell)$ とすると, $AB = (A\boldsymbol{b}_1 \ A\boldsymbol{b}_2 \ \cdots \ A\boldsymbol{b}_\ell)$ と書くことができる.

✎ 行列 $C = (A\ B)$ について, A, B を C の小行列という. また, $(A\ B)$ は, C の小行列 A, B への分割である.

定義 1.38　連立方程式

$$\begin{cases} a_{11}x_1 + a_{12}x_2 + \cdots + a_{1n}x_n = b_1 \\ \quad \cdots \\ a_{m1}x_1 + a_{m2}x_2 + \cdots + a_{mn}x_n = b_m \end{cases} \quad (1.5)$$

を, 係数行列 $A = \begin{pmatrix} a_{11} & a_{12} & \cdots & a_{1n} \\ & \cdots & \\ a_{m1} & a_{m2} & \cdots & a_{mn} \end{pmatrix}$, $\boldsymbol{x} = \begin{pmatrix} x_1 \\ \vdots \\ x_n \end{pmatrix}$, $\boldsymbol{b} = \begin{pmatrix} b_1 \\ \vdots \\ b_m \end{pmatrix}$ を使って

$A\boldsymbol{x} = \boldsymbol{b}$ で表すとき, $(A\ \boldsymbol{b})$ を連立方程式 (1.5) の**拡大係数行列**といい, $\widehat{A}$ で表す.

定理 1.25　n 行の式からなる n 元連立 1 次方程式

$$\begin{cases} a_{11}x_1 + a_{12}x_2 + \cdots + a_{1n}x_n = b_1 \\ a_{21}x_1 + a_{22}x_2 + \cdots + a_{2n}x_n = b_2 \\ \quad \cdots \\ a_{n1}x_1 + a_{n2}x_2 + \cdots + a_{nn}x_n = b_n \end{cases} \quad (1.6)$$

について, (1.6) の拡大係数行列 $\widehat{A} = (A\ \boldsymbol{b})$ が, 行基本変形を使って,

$$\widehat{A} \longrightarrow (E\ \boldsymbol{c}) = \begin{pmatrix} 1 & & & & c_1 \\ & 1 & & O & c_2 \\ & & \ddots & & \vdots \\ O & & & 1 & c_n \end{pmatrix}$$

と変形できるとき, 連立方程式 (1.6) の解は, $\begin{pmatrix} x_1 \\ x_2 \\ \vdots \\ x_n \end{pmatrix} = \begin{pmatrix} c_1 \\ c_2 \\ \vdots \\ c_n \end{pmatrix}$ である.

　ここでは, 定理の証明のかわりに, 次の簡単な例で, 定理の主張を確かめることにする. 連立方程式

$$\begin{cases} -3x_1 - 5x_2 = -4 \\ \quad 2x_1 + 4x_2 = \quad 2 \end{cases} \quad (1.7)$$

に対して, 拡大係数行列は, $\widehat{A} = \begin{pmatrix} -3 & -5 & \vdots & -4 \\ 2 & 4 & \vdots & 2 \end{pmatrix}$ である. これに, (1.7) 式を対応させて考

える.

$$\begin{pmatrix} -3 & -5 & \vdots & -4 \\ 2 & 4 & \vdots & 2 \end{pmatrix} \qquad \begin{cases} -3x_1 - 5x_2 = -4 \\ 2x_1 + 4x_2 = 2. \end{cases}$$

ここで, 拡大係数行列に対して, 有限回の行基本変形を行って得られる行列が表す連立方程式
は, (1.7) 式と同じ解をもつ. すなわち, それらの連立方程式は同じ解をもつ同値な連立方程式
である. 実際に, 行基本変形したあとの行列を係数行列にもつ連立方程式を上と同じように併
記することにし, 定義 1.36 (I) として, ②$\times \dfrac{1}{2}$ を考えると,

$$\begin{pmatrix} -3 & -5 & \vdots & -4 \\ 2 & 4 & \vdots & 2 \end{pmatrix} \times \tfrac{1}{2} \longrightarrow \begin{pmatrix} -3 & -5 & \vdots & -4 \\ 1 & 2 & \vdots & 1 \end{pmatrix} \qquad \begin{cases} -3x_1 - 5x_2 = -4 \\ x_1 + 2x_2 = 1 \end{cases}$$

となるが, $2x_1 + 4x_2 = 2$ と $x_1 + 2x_2 = 1$ とは, 本質的に同じことを表す式である. 次に, 定
義 1.36 (II) として, ① $\leftrightarrow$ ② を考えると,

$$\begin{pmatrix} -3 & -5 & \vdots & -4 \\ 1 & 2 & \vdots & 1 \end{pmatrix} \rotatebox{90}{$\rightleftarrows$} \longrightarrow \begin{pmatrix} 1 & 2 & \vdots & 1 \\ -3 & -5 & \vdots & -4 \end{pmatrix} \qquad \begin{cases} x_1 + 2x_2 = 1 \\ -3x_1 - 5x_2 = -4 \end{cases}$$

となり, 対応する連立方程式は, 上下を入れかえただけなので, (1.7) 式と同値のままである. さ
らに続けて, 定義 1.36 (III) として, ②$+$①$\times 3$ を考えると,

$$\begin{pmatrix} 1 & 2 & \vdots & 1 \\ -3 & -5 & \vdots & -4 \end{pmatrix} \rotatebox{-90}{$\curvearrowright$} {\scriptstyle \times 3} \longrightarrow \begin{pmatrix} 1 & 2 & \vdots & 1 \\ 0 & 1 & \vdots & -1 \end{pmatrix} \qquad \begin{cases} x_1 + 2x_2 = 1 \\ x_2 = -1 \end{cases}$$

を得る. 右側の連立方程式の変化は, 消去法に対応しており, この連立方程式と (1.7) は同じ解
をもつ. 同様に, ①$+$②$\times (-2)$ の行基本変形を行えば,

$$\begin{pmatrix} 1 & 2 & \vdots & 1 \\ 0 & 1 & \vdots & -1 \end{pmatrix} \rotatebox{90}{$\curvearrowright$} {\scriptstyle \times (-2)} \longrightarrow \begin{pmatrix} 1 & 0 & \vdots & 3 \\ 0 & 1 & \vdots & -1 \end{pmatrix} \qquad \begin{cases} x_1 = 3 \\ x_2 = -1 \end{cases}$$

となる. このとき, $\boldsymbol{x} = \begin{pmatrix} 3 \\ -1 \end{pmatrix}$ は確かに (1.7) の解となる. 連立方程式の側を眺めると, 消
去法で解いたときの式の変化になっており, 行基本変形が連立方程式の解法と対応しているよ
うすがよくわかる.

例題 1.21

$$\begin{cases} x_1 - 2x_2 = {-7} \\ 2x_1 - 3x_2 + x_3 = {-9} \\ 2x_1 - 4x_2 + x_3 = -12 \end{cases}$$

を行列の行基本変形を用いて解け.

解答　拡大係数行列 $\widehat{A}$ は次のように行基本変形により変形することができる.

$$\widehat{A}=\begin{pmatrix} 1 & -2 & 0 & -7 \\ 2 & -3 & 1 & -9 \\ 2 & -4 & 1 & -12 \end{pmatrix} \xrightarrow{\times(-2)}_{\times(-2)} \begin{pmatrix} 1 & -2 & 0 & -7 \\ 0 & 1 & 1 & 5 \\ 0 & 0 & 1 & 2 \end{pmatrix} \times(-1)$$

$$\longrightarrow \begin{pmatrix} 1 & -2 & 0 & -7 \\ 0 & 1 & 0 & 3 \\ 0 & 0 & 1 & 2 \end{pmatrix} \times 2 \longrightarrow \begin{pmatrix} 1 & 0 & 0 & -1 \\ 0 & 1 & 0 & 3 \\ 0 & 0 & 1 & 2 \end{pmatrix}$$

よって, $\boldsymbol{x}=\begin{pmatrix} -1 \\ 3 \\ 2 \end{pmatrix}$ が連立方程式の解である.

✎ n 行からなる n 元連立 1 次方程式の解を求めるには, 例題 1.21 の解答にあるように, 連立方程式の拡大係数行列 $\widehat{A}=(A\ \boldsymbol{b})$ に対して, $\widehat{A}=(A\ \boldsymbol{b}) \to (E_n\ \boldsymbol{b}')$ となるように行基本変形を行えばよい. 一般に, 行列 $A=(a_{ij})\in M(m,n)$ に対して, 0 でない (i,j) 成分 a_{ij} を使って, $\textcircled{\tiny i+1}+\textcircled{\tiny i}\times\left(-\dfrac{a_{i+1\ j}}{a_{ij}}\right)$, $\textcircled{\tiny i+2}+\textcircled{\tiny i}\times\left(-\dfrac{a_{i+2\ j}}{a_{ij}}\right),\ldots,\textcircled{\tiny i+k}+\textcircled{\tiny i}\times\left(-\dfrac{a_{i+k\ j}}{a_{ij}}\right),\ldots$ ($k=1,2,\ldots,m-i$) の行基本変形により,

$$A\longrightarrow \begin{pmatrix} & & * & & \\ \ddots & & \vdots & & \Large * \\ & & * & & \\ & & \textcircled{a_{ij}} & & \\ & & 0 & & \\ \Large * & & \vdots & & \ddots \\ & & 0 & & \end{pmatrix} \text{第 } i \text{ 行}$$

のように, a_{ij} の下がすべて 0 となるように A を変形することを, A の (i,j) 成分 a_{ij} をピボットにして下にはき出すといい, A に対して, 行基本変形 $\textcircled{\tiny i-k}+\textcircled{\tiny i}\times\left(-\dfrac{a_{i-k\ j}}{a_{ij}}\right)$ $(k=1,2,\ldots,i-1)$ により,

$$A\longrightarrow \begin{pmatrix} & & 0 & & \\ \ddots & & \vdots & & \Large * \\ & & 0 & & \\ & & \textcircled{a_{ij}} & & \\ & & * & & \\ \Large * & & \vdots & & \ddots \\ & & * & & \end{pmatrix} \text{第 } i \text{ 行}$$

のように, a_{ij} の上がすべて 0 となるように変形することを, A の (i,j) 成分 a_{ij} をピボットにして上にはき出すという. また, 両方の行基本変形をあわせて行い, A に対して,

$$A \longrightarrow \begin{pmatrix} \ddots & & \begin{matrix} 0 \\ \vdots \\ 0 \end{matrix} & & \mathbf{*} \\ & & \textcircled{a_{ij}} & & \\ & & \begin{matrix} 0 \\ \vdots \\ 0 \end{matrix} & & \ddots \\ \mathbf{*} & & & & \end{pmatrix} \quad \text{第 } i \text{ 行}$$

のように A を変形することを, A の (i,j) 成分 a_{ij} を**ピボットにしてはき出す**という.

　これらの用語を使うと, $A \in M_n$ に対して, 連立方程式 $A\boldsymbol{x} = \boldsymbol{b}$ の解を算出する手順は, 拡大係数行列 $(A\,|\,\boldsymbol{b})$ について, 次の ①, ② のようにまとめることができる.

　① A の対角成分 a_{ii} $(i = 1, 2, \ldots, n)$ をピボットにして, 第 1 列から右側に, 順にピボットを 1 にしながら下にはき出す.

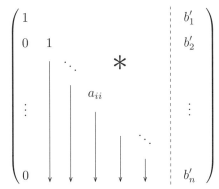

　② A の 1 になった対角成分 (i, i) をピボットにして, A の第 n 列から左側に, 順に上にはき出す.

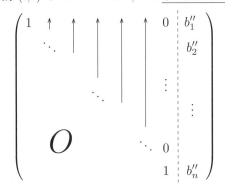

┃ **問 1.24**　　行列の行基本変形を用いて次の連立 1 次方程式の解を求めよ.

$$(1) \quad \begin{cases} x_1 + 2x_2 + x_3 = 9 \\ 3x_1 + 7x_2 + 5x_3 = 28 \\ -2x_1 - 4x_2 - x_3 = -19 \end{cases} \qquad (2) \quad \begin{cases} x_1 + 3x_2 + 2x_3 = -1 \\ -x_1 + 2x_2 + 4x_3 = -12 \\ 2x_1 - 3x_2 + x_3 = -2 \end{cases}$$

▌**基本行列**▐

行基本変形を形式的に扱うために基本行列を導入する.

定義 1.39 n 次の単位行列 E_n に対して, 行基本変形を行って得られる次の $P_k(c)$, $P_{k\ell}$, $P_{k\ell}(c)$ を E_n についての**基本行列**という.

(I)　E_n の第 k 行を c 倍する $(c \neq 0)$.

$$E_n \longrightarrow P_k(c) := \begin{pmatrix} 1 & & & & & & \\ & \ddots & & & & \text{\Large O} & \\ & & 1 & & & & \\ & & & c & & & \\ & & & & 1 & & \\ & \text{\Large O} & & & & \ddots & \\ & & & & & & 1 \end{pmatrix} \text{第 } k \text{ 行}$$

(II)　E_n の第 k 行と第 ℓ 行を入れかえる.

$$E_n \longrightarrow P_{k\ell} := \begin{pmatrix} 1 & & & & & & & & \\ & \ddots & & & & & \text{\Large O} & & \\ & & 1 & & & & & & \\ & & & 0 & \cdots & \cdots & \cdots & 1 & \\ & & & \vdots & 1 & & & \vdots & \\ & & & \vdots & & \ddots & & \vdots & \\ & & & \vdots & & & 1 & \vdots & \\ & & & 1 & \cdots & \cdots & \cdots & 0 & \\ & & & & & & & & 1 \\ & \text{\Large O} & & & & & & & \ddots \\ & & & & & & & & & 1 \end{pmatrix} \begin{matrix} \\ \\ \\ \text{第 } k \text{ 行} \\ \\ \\ \\ \text{第 } \ell \text{ 行} \\ \\ \\ \end{matrix}$$

(III)　E_n の第 k 行に第 ℓ 行の c 倍を加える.

　　1)　$k < \ell$ のとき,

$$E_n \longrightarrow P_{k\ell}(c) := \begin{pmatrix} 1 & & & & & & \\ & \ddots & & & & \text{\Large O} & \\ & & 1 & \cdots & c & & \\ & & & \ddots & \vdots & & \\ & & & & 1 & & \\ & \text{\Large O} & & & & \ddots & \\ & & & & & & 1 \end{pmatrix} \begin{matrix} \\ \\ \text{第 } k \text{ 行} \\ \\ \text{第 } \ell \text{ 行} \\ \\ \end{matrix}$$

2)　$k > \ell$ のとき,

$$E_n \longrightarrow P_{k\ell}(c) := \begin{pmatrix} 1 & & & & & & & \\ & \ddots & & & & & O & \\ & & 1 & & & & & \\ & & \vdots & \ddots & & & & \\ & & c & \cdots & 1 & & & \\ & & & & & \ddots & & \\ & O & & & & & 1 \end{pmatrix} \begin{matrix} \\ \\ \text{第 } \ell \text{ 行} \\ \\ \text{第 } k \text{ 行} \\ \\ \\ \end{matrix}$$

例 1.48　3 次単位行列 $E_3 = \begin{pmatrix} 1 & 0 & 0 \\ 0 & 1 & 0 \\ 0 & 0 & 1 \end{pmatrix}$ に対して,

$$P_2\left(\frac{1}{2}\right) = \begin{pmatrix} 1 & 0 & 0 \\ 0 & \dfrac{1}{2} & 0 \\ 0 & 0 & 1 \end{pmatrix}, \quad P_{13} = \begin{pmatrix} 0 & 0 & 1 \\ 0 & 1 & 0 \\ 1 & 0 & 0 \end{pmatrix},$$

$$P_{31}(-2) = \begin{pmatrix} 1 & 0 & 0 \\ 0 & 1 & 0 \\ -2 & 0 & 1 \end{pmatrix}, \quad P_{21}(1) = \begin{pmatrix} 1 & 0 & 0 \\ 1 & 1 & 0 \\ 0 & 0 & 1 \end{pmatrix} \text{ である.}$$

次の定理 1.26 は, 行列 A に行基本変形を行うことと, A の左から基本行列を掛けることが同値であることを主張している.

定理 1.26　$M(m,n) \ni A$ に対して, m 次単位行列 E_m についての基本行列を $P_k(c)$, $P_{k\ell}$, $P_{k\ell}(c)$ とするとき, それぞれ,

　(I)　A の第 k 行を c 倍することにより, $A \longrightarrow P_k(c)A$,

　(II)　A の第 k 行と第 ℓ 行を入れかえることにより, $A \longrightarrow P_{k\ell}A$,

　(III)　A の第 k 行に第 ℓ 行の c 倍を加えることにより, $A \longrightarrow P_{k\ell}(c)A$

をそれぞれ得る.

証明　A の列ベクトルへの分割を $A = (\boldsymbol{a}_1 \ \boldsymbol{a}_2 \ \cdots \ \boldsymbol{a}_n)$ とする.

(I) $P_k(c)$ は, 定義 1.39 (I) より (i,i) 成分が 1 $(i \neq k)$, (k,k) 成分が c, 他の成分が 0 である. $P_k(c)$ の第 k 行目と任意の i に対して, $\boldsymbol{a}_i$ との積を考えると,

$$(0 \ \cdots \ 0 \ \overset{\overset{\text{第 } k \text{ 列}}{}}{c} \ 0 \ \cdots \ 0)\boldsymbol{a}_i = (0 \ \cdots \ 0 \ \overset{\overset{\text{第 } k \text{ 列}}{}}{c} \ 0 \ \cdots \ 0)\begin{pmatrix} a_{1i} \\ a_{2i} \\ \vdots \\ a_{ki} \\ \vdots \\ a_{mi} \end{pmatrix} = ca_{ki}.$$

よって、$P_k(c)A$ の (k,i) 成分 $(i = 1, 2, \ldots, n)$ は ca_{ki} となり、$P_k(c)A$ の第 k 行目は A の k 行目の c 倍である。$P_k(c)A$ の他の成分は A の成分と同じだから、A の第 k 行目の c 倍により、基本変形 $A \longrightarrow P_k(c)A$ を得る。

(II) $P_{k\ell}$ の第 k 行は (k, ℓ) 成分のみが 1 であるから、$(0 \ \cdots \ 0 \ \overset{第\,\ell\,列}{1} \ 0 \ \cdots \ 0)$. 同様に、第 ℓ 行は $(0 \ \cdots \ 0 \ \overset{第\,k\,列}{1} \ 0 \ \cdots \ 0)$、他の行は対角成分のみ 1. ゆえに $(0 \ \cdots \ 0 \ \overset{第\,\ell\,列}{1} \ 0 \ \cdots \ 0)\boldsymbol{a}_i = a_{\ell i}$ より $P_{k\ell}A$ の第 k 行は A の第 ℓ 行と同じ。また、$(0 \ \cdots \ 0 \ \overset{第\,k\,列}{1} \ 0 \ \cdots \ 0)\boldsymbol{a}_i = a_{ki}$ より $P_{k\ell}A$ の第 ℓ 行は A の第 k 行と同じ。$P_{k\ell}A$ の他の行は A と同じだから、A の第 k 行と 第 ℓ 行を入れかえることにより、基本変形 $A \longrightarrow P_{k\ell}A$ を得る。

(III) $k < \ell$ のときのみ示す。$P_{k\ell}(c)$ は 第 k 行目の対角成分が 1 でその第 ℓ 列が c だから、第 k 行は、

$$(0 \ \cdots \ 0 \ \overset{第\,k\,列}{1} \ 0 \ \cdots \ 0 \ \overset{第\,\ell\,列}{c} \ 0 \ \cdots \ 0).$$

任意の i に対して、$(0 \ \cdots \ 0 1 0 \ \cdots \ 0\,c\,0 \ \cdots \ 0)\boldsymbol{a}_i = a_{ki} + c a_{\ell i}$. ゆえに、$P_{k\ell}(c)A$ の第 k 行は、A の第 k 行に第 ℓ 行の c 倍を加えたものになっている。$P_{k\ell}(c)$ の k 行以外は、対角成分のみ 1 だから、$P_{k\ell}(c)A$ の第 k 行以外は、A と同じ成分となる。したがって、A の第 k 行に第 ℓ 行の c 倍を加えることで、

$$A \longrightarrow P_{k\ell}(c)A$$

を得る。

例題 1.22　$A = \begin{pmatrix} 2 & 4 & 10 \\ -1 & -4 & 1 \\ 1 & 2 & 3 \end{pmatrix}$ に対して、行基本変形 ① $\leftrightarrow$ ③, ③ + ① × (-2),

② + ① × 1, ② × $\dfrac{1}{2}$ を順に行って

$$A \longrightarrow PA$$

を得るとき、P と PA を求めよ。

解答　3 次単位行列 E_3 についての基本行列 P_{13}, $P_{31}(-2)$, $P_{21}(1)$, $P_2\left(\dfrac{1}{2}\right)$ を使えば、定理 1.26 より $P = P_2\left(\dfrac{1}{2}\right)P_{21}(1)P_{31}(-2)P_{13}$ であるから、

$$P = \begin{pmatrix} 1 & 0 & 0 \\ 0 & \dfrac{1}{2} & 0 \\ 0 & 0 & 1 \end{pmatrix}\begin{pmatrix} 1 & 0 & 0 \\ 1 & 1 & 0 \\ 0 & 0 & 1 \end{pmatrix}\begin{pmatrix} 1 & 0 & 0 \\ 0 & 1 & 0 \\ -2 & 0 & 1 \end{pmatrix}\begin{pmatrix} 0 & 0 & 1 \\ 0 & 1 & 0 \\ 1 & 0 & 0 \end{pmatrix}.$$

ここで、$P_2\left(\dfrac{1}{2}\right)P_{21}(1)$ は、$P_{21}(1)$ の第 2 行に $\dfrac{1}{2}$ を掛ける行基本変形に対応する。同様に、$P_{31}(-2)P_{13}$ は、P_{13} の第 3 行に第 1 行の -2 倍を加える行基本変形に対応するから[10]、

$$P = \begin{pmatrix} 1 & 0 & 0 \\ \dfrac{1}{2} & \dfrac{1}{2} & 0 \\ 0 & 0 & 1 \end{pmatrix}\begin{pmatrix} 0 & 0 & 1 \\ 0 & 1 & 0 \\ 1 & 0 & -2 \end{pmatrix} = \begin{pmatrix} 0 & 0 & 1 \\ 0 & \dfrac{1}{2} & \dfrac{1}{2} \\ 1 & 0 & -2 \end{pmatrix}.$$

ゆえに、

$$PA = \begin{pmatrix} 0 & 0 & 1 \\ 0 & \dfrac{1}{2} & \dfrac{1}{2} \\ 1 & 0 & -2 \end{pmatrix}\begin{pmatrix} 2 & 4 & 10 \\ -1 & -4 & 1 \\ 1 & 2 & 3 \end{pmatrix}$$

---

[10] もちろん行列の積から計算してもよい。

$$= \begin{pmatrix} 1 & 2 & 3 \\ 0 & -2+1 & \dfrac{1}{2}+\dfrac{3}{2} \\ 2-2 & 0 & 10-6 \end{pmatrix} = \begin{pmatrix} 1 & 2 & 3 \\ 0 & -1 & 2 \\ 0 & 0 & 4 \end{pmatrix}.$$

■

問 1.25　$A = \begin{pmatrix} -3 & 3 & -11 \\ -2 & -1 & -8 \\ -1 & -2 & -6 \end{pmatrix}$ に対して ③×(-1), ①↔③, ②+①×2, ③+①×3,

③+②×(-3) を順に行って

$$A \longrightarrow PA$$

を得るとき, P と PA を求めよ.

最後に, 基本行列の性質として次の定理 1.27 を紹介する.

定理 1.27　n 次単位行列 E_n についての基本行列 $P_k(c)$, $P_{k\ell}$, $P_{k\ell}(c)$ は, いずれも正則行列で, 逆行列は, それぞれ次の基本行列である.

$$P_k(c)^{-1} = P_k(c^{-1}), \quad P_{k\ell}^{-1} = P_{k\ell}, \quad P_{k\ell}(c)^{-1} = P_{k\ell}(-c).$$

証明　定理 1.19 (I) より $|P_k(c)| = c|E_n| = c \cdot 1 = c \neq 0$ であるから, $P_k(c)$ は正則行列である. また, $P_k(c^{-1})P_k(c)$ は $P_k(c)$ の第 k 行を $\dfrac{1}{c}$ 倍することと同値であるから, $P_k(c^{-1})P_k(c) = E_n$ となり, $P_k(c)^{-1} = P_k(c^{-1})$ を得る.

次に, 定理 1.19 (III) より $|P_{k\ell}| = -|E_n| = -1 \neq 0$ であるから, $P_{k\ell}$ は正則行列. $P_{k\ell}{}^2$ は, E_n の第 k 行と第 ℓ 行の入れかえを 2 回行うことになるから, $P_{k\ell}{}^2 = E_n$. つまり, $P_{k\ell}$ の逆行列は, $P_{k\ell}$ 自身であるから, $P_{k\ell}{}^{-1} = P_{k\ell}$ を得る.

最後に, 定理 1.19 (V) より $|P_{k\ell}(c)| = |E_n| = 1 \neq 0$ より, $P_{k\ell}(c)$ は正則行列. ここで, $P_{k\ell}(-c)P_{k\ell}(c)$ は $P_{k\ell}(c)$ の第 k 行に第 ℓ 行の $-c$ 倍を加えることと同値であるから, $P_{k\ell}(-c)P_{k\ell}(c) = E_n$ となり, $P_{k\ell}(c)^{-1} = P_{k\ell}(-c)$ がわかる.

■

◆練習問題 § 1.10◆

A

1.　行列の行基本変形を用いて次の連立 1 次方程式の解を求めよ.

(1)　$\begin{cases} x_1 - 2x_2 + 2x_3 = -1 \\ -x_1 + 3x_2 - 2x_3 = 1 \\ 2x_1 - x_2 + 3x_3 = -1 \end{cases}$　(2)　$\begin{cases} 2x_1 - 4x_2 + x_3 = 1 \\ x_1 - 3x_2 = 1 \\ -3x_1 + x_2 - 2x_3 = 3 \end{cases}$

(3)　$\begin{cases} 3x_1 - 7x_2 - 6x_3 = 1 \\ -5x_1 + 6x_2 - 8x_3 = 5 \\ 4x_1 - 3x_2 + 9x_3 = -3 \end{cases}$

2.　(1)　$A = \begin{pmatrix} 3 & 3 & 2 & 4 \\ 1 & 2 & 3 & 1 \\ 1 & 5 & 10 & 0 \end{pmatrix}$ に対して ① ↔ ②, ②+①×(−3), ③+①×(−1),

③+②×1 を順に行って

$$A \longrightarrow PA$$

を得るとき, P と PA を求めよ.

(2)　$A = \begin{pmatrix} -1 & -11 & -6 \\ 1 & 4 & 3 \\ -1 & 5 & 1 \end{pmatrix}$ に対して ① ↔ ②, ②+①×1, ③+①×1,

②+③×1, ③+②×(−4), ② ↔ ③, ①+②×(−4), ③+②×(−2),
①+③×(−3) を順に行って $A \to PA$ を得るとき, P と PA を求めよ.

§1.11　行列の階数

　この節では, 行列の重要な不変量の1つである階数について学ぶ. 先に学んだ行列式と同様に階数を使って正則性の判定を行うことができる.

▌階段行列と階数▌

定義 1.40

$$A_r = \begin{pmatrix} & \boxed{a_{1i_1}} & \cdots & & & \\ & & \boxed{a_{2i_2}} & \cdots & & \text{\Large ∗} \\ & & & \ddots & & \\ & & & & \boxed{a_{ri_r}} & \cdots \\ & & \text{\huge O} & & & \end{pmatrix} \quad (a_{1i_1}, a_{2i_2}, \ldots, a_{ri_r} \neq 0)$$

のように, 左下に 0 の成分が, 段の高さがすべて 1 行分となるように階段状にならんでいる行列を r 階の**階段行列**という. 特に, 階段行列 A_r の各行の 0 でない最左端の (k, i_k) 成分 a_{ki_k} $(k = 1, 2, \ldots, r)$ をピボット 1 にしてはき出した行列, すなわち, 各 a_{ki_k} が 1 で 第 i_k 列の他の成分がすべて 0 となる階段行列を**簡約階段行列** (**被約階段行列**) という. ここで, $r = 0$ に対しては, $A_0 = O$ とする.

✎ r 階の r は, 上の定義において, 太い横線 (階段状の床の部分) ▬▬ の数を数えればよい.

例 1.49　$A = \begin{pmatrix} 1 & 2 & 3 & 4 \\ 0 & 0 & 5 & 6 \\ 0 & 0 & 0 & 0 \end{pmatrix}$, $B = \begin{pmatrix} 1 & -2 & 4 \\ 0 & 5 & 3 \\ 0 & 0 & -1 \end{pmatrix}$, $C = \begin{pmatrix} 1 & 2 & 0 & 4 \\ 0 & 0 & 1 & 6 \\ 0 & 0 & 0 & 0 \end{pmatrix}$ は,

いずれも階段行列で, A は太い横線 ▬▬ が 2 本引けるから, 2 階の階段行列, B は, 同様に考えて, 3 階の階段行列である. B は 3 次の上三角行列である. また, C は, A の 1 行目の 0 でない最左端の $(1, 1)$ 成分, 2 行目の 0 でない最左端の $(2, 3)$ 成分が 1 で, それぞれをピボットにしてはき出した行列になっているから, 2 階の簡約階段行列である. 定義 1.40 から, 一般に, 対角成分が 0 でない n 次の上三角行列は, n 階の階段行列である.

定理 1.28 任意の行列 $A = (a_{ij}) \in M(m, n)$ に有限回の行基本変形を行って階段行列 A_r $(0 \leq r \leq m)$ に変形することができる. すなわち,

$$A \longrightarrow PA = A_r$$

となる正則行列 P が存在する.

証明 m 次単位行列 E_m についての基本行列を使って考える.
1) A の第 1 行に対して, $a_{11} \neq 0$ のとき,

$$A \longrightarrow P_{i1}\left(\frac{-a_{i1}}{a_{11}}\right) A$$

は, 定理 1.26 より, A の第 i 行に第 1 行の $\dfrac{-a_{i1}}{a_{11}}$ 倍を加える行基本変形と同値である. そこで,

$$P_1 := P_{21}\left(\frac{-a_{21}}{a_{11}}\right) P_{31}\left(\frac{-a_{31}}{a_{11}}\right) \cdots P_{m1}\left(\frac{-a_{m1}}{a_{11}}\right) \tag{1.8}$$

とすれば,

$$A \longrightarrow P_1 A = \begin{pmatrix} a_{11} & a_{12}' & \\ 0 & a_{22}' & \text{\LARGE ✳} \\ \vdots & \vdots & \\ 0 & a_{m2}' & \end{pmatrix}$$

の基本変形ができる. $a_{11} = 0$ のときは, $a_{k1} \neq 0$ となる第 k 行を見つけて, $P_{1k}A = (a_{ij}')$ について, (1.8) 式と同様に P_1 を構成すれば,

$$A \longrightarrow P_1 P_{1k} A = \begin{pmatrix} a_{k1} & a_{k2}'' & \\ 0 & a_{22}'' & \text{\LARGE ✳} \\ \vdots & \vdots & \\ 0 & a_{m2}'' & \end{pmatrix}$$

のように行基本変形ができる. もし, $a_{k1} \neq 0$ となる第 k 行が存在しなければ, 第 1 列はすべての成分が 0 である. そこで, 第 1 列の成分がすべて 0 であるとする.

$a_{12} \neq 0$ のとき,

$$P_1 := P_{21}\left(\frac{-a_{22}}{a_{12}}\right) P_{31}\left(\frac{-a_{32}}{a_{12}}\right) \cdots P_{m1}\left(\frac{-a_{m2}}{a_{12}}\right) \tag{1.9}$$

とすれば,

$$A \longrightarrow P_1 A = \begin{pmatrix} 0 & a_{12} & a_{13}' & \\ 0 & 0 & a_{23}' & \text{\LARGE ✳} \\ \vdots & \vdots & \vdots & \\ 0 & 0 & a_{m3}' & \end{pmatrix}$$

のような行基本変形を得る. $a_{12} = 0$ のときは, $a_{k2} \neq 0$ となる第 k 行を見つけて, $P_{1k}A = (a_{ij}')$ について, (1.9) 式と同様に P_1 を構成すれば $A \longrightarrow P_1 P_{1k} A$ により, a_{12}' 以外の第1列, 第2列の成分が 0 となる行基本変形を得る. もし, $a_{k2} \neq 0$ なる k が存在しなければ, A の第1列, 第2列はすべて 0 であり, $a_{13} \neq 0$ のとき, a_{13} 以外の第3列の成分を 0 にする基本行列の積 P_1 を構成できる. $a_{13} = 0$ ならば, 第1列, 第2列のときと同様の操作を繰り返せばよい. したがって,

$$
A \longrightarrow P_1 A = \left(\begin{array}{ccc|ccc}
0 & \cdots & 0 & a_{1i_1}' & a_{1(i_1+1)}' & \\
 & & & 0 & a_{2(i_1+1)}' & \\
 & O & & \vdots & \vdots & * \\
 & & & 0 & a_{m(i_1+1)}' &
\end{array} \right)
$$

となる基本行列の積 P_1 が存在する. 第1列, 第2列, 第3列と同様の操作を第 ℓ 列 $(4 \leq \ell \leq n)$ に対して順に繰り返すとき, $a_{k\ell} \neq 0$ $(1 \leq k \leq m, 4 \leq \ell \leq n)$ となる成分が存在しなければ $A = O$ $(r = 0)$ となる.

2) いま, $A \neq O$ とし, 1) の手順で,

$$
A \longrightarrow A_1 = P_1 A = (b_{ij}) = \left(\begin{array}{ccc|ccc}
0 & \cdots & 0 & b_{1i_1} & \cdots & \\
 & & & 0 & b_{2(i_1+1)} & \\
 & O & & \vdots & \vdots & * \\
 & & & 0 & b_{m(i_1+1)} &
\end{array} \right)
$$

と変形できているとする. A_1 の第2行に対して, $b_{2(i_1+1)} \neq 0$ のとき,

$$
P_2 := P_{32}\left(\frac{-b_{3(i_1+1)}}{b_{2(i_1+1)}} \right) P_{42}\left(\frac{-b_{4(i_1+1)}}{b_{2(i_1+1)}} \right) \cdots P_{m2}\left(\frac{-b_{m(i_1+1)}}{b_{2(i_1+1)}} \right)
$$

とすれば, A_1 に対して,

$$
A_1 \longrightarrow P_2 A_1 = \left(\begin{array}{ccc|ccc}
0 & \cdots & 0 & b_{1i_1} & \cdots & \\
 & & & 0 & b_{2(i_1+1)} & b_{2(i_1+2)}' & \\
 & & & 0 & 0 & b_{3(i_1+2)}' & * \\
 & O & & \vdots & \vdots & \vdots & \\
 & & & 0 & 0 & b_{m(i_1+2)}' &
\end{array} \right)
$$

となる行基本変形が行える. $b_{2(i_1+1)} = 0$ ならば, 1) と同様に, 適当な基本行列の積 P_2 が存在して, 第2行について,

$$
A_1 \longrightarrow P_2 A_1 = \left(\begin{array}{ccc|ccc}
0 & \cdots & 0 & b_{1i_1} & \cdots & \\
 & & & 0 & \cdots & 0 & b_{2i_2}' & \cdots & \\
 & & & & & 0 & 0 & b_{3(i_2+1)}' & * \\
 & O & & & & \vdots & \vdots & \vdots & \\
 & & & & & 0 & 0 & b_{m(i_2+1)}' &
\end{array} \right)
$$

と基本変形ができる. もし 第 ℓ 列 $(i_2 \leq \ell \leq n)$ について, 同様の操作を順に繰り返すとき, $b_{k\ell} = 0$ $(1 \leq k \leq m)$ となる成分が存在しなければ, すなわち, 1行目以外の成分が 0 ならば, $r = 1$ となる.

3) $r \neq 1$ とする. 1), 2) と同様に, 第3行, 第4行, $\cdots$ と同様の操作を繰り返せば, A の行数 m は有限だから, 行基本変形が

$$
A_{k-1} \longrightarrow P_k A_{k-1} = \left(\begin{array}{ccc|ccc}
0 & \cdots & 0 & c_{1i_1} & \cdots & \\
 & & & & c_{2i_2} & \cdots & * \\
 & & & & & \vdots & \\
 & O & & & & & c_{ki_k} & \cdots
\end{array} \right)
$$

となるような第 k 行 $(k \leq m)$ が存在する. そこで, $r := k\ (k \leq m)$ とし, $A_r := P_r A_{r-1}$ とすれば, P を $P := P_r P_{r-1} \cdots P_2 P_1$ のように基本行列の積と考えて,

$$
A \longrightarrow PA = A_r = \begin{pmatrix} 0 & \cdots & 0 & \lfloor a_{1i_1} & \cdots & & & \\ & & & & \overline{} a_{2i_2} & \cdots & * & \\ & & O & & & & \vdots & \\ & & & & & & \lfloor a_{ri_r} & \cdots \end{pmatrix}
$$

とできる. ここで, $a_{1i_1}, a_{2i_2}, \cdots, a_{ri_r} \neq 0$ であり, P は, $P_1, P_2, \ldots, P_r$ の積である. また, 定理 1.27 から, 基本行列は正則行列であり, 定理 1.20 と定理 1.23 により, 各 P_i について, $|P_i| \neq 0$ であるから,

$$
|P| = |P_r||P_{r-1}| \cdots |P_2||P_1| \neq 0.
$$

ゆえに, P は正則行列である.

定義 1.41　$M(m,n) \ni A$ について, A に行基本変形を繰り返し行って

$$
A \longrightarrow A_r
$$

と r 階の階段行列に変形されるとき, r を行列 A の**階数**または**ランク**といい, $r = \operatorname{rank} A$ と書く.

例 1.50　$\begin{pmatrix} 1 & -2 \\ -2 & 4 \end{pmatrix}$ は行基本変形により

$$
\begin{pmatrix} 1 & -2 \\ -2 & 4 \end{pmatrix} \begin{matrix} \\ {\scriptstyle \times 2} \end{matrix} \longrightarrow \left(\begin{array}{cc} \underline{1} & -2 \\ \hline 0 & 0 \end{array} \right)
$$

と基本変形できるから, $\operatorname{rank} \begin{pmatrix} 1 & -2 \\ -2 & 4 \end{pmatrix} = 1.$ また,

$$
\begin{pmatrix} 1 & -2 \\ -2 & 4 \end{pmatrix} \longrightarrow \begin{pmatrix} -2 & 4 \\ 1 & -2 \end{pmatrix} \begin{matrix} \\ {\scriptstyle \times \frac{1}{2}} \end{matrix} \longrightarrow \left(\begin{array}{cc} \underline{-2} & 4 \\ \hline 0 & 0 \end{array} \right)
$$

となるから, やはり $\operatorname{rank} \begin{pmatrix} 1 & -2 \\ -2 & 4 \end{pmatrix} = 1$ を得る.

例 1.50 のように, ランクは行基本変形の仕方によらず, 行列に対して一意的に定まる. 零行列 O に対しては, $\operatorname{rank} O = 0$ である.

例題 1.23　$A = \begin{pmatrix} -1 & 3 & 2 & 1 \\ -2 & 6 & 5 & 0 \\ 1 & -3 & -1 & -3 \end{pmatrix}$ の階数を求めよ.

解答

$$A = \begin{pmatrix} -1 & 3 & 2 & 1 \\ -2 & 6 & 5 & 0 \\ 1 & -3 & -1 & -3 \end{pmatrix} \xrightarrow{\substack{\times(-2) \\ \times 1}} \begin{pmatrix} -1 & 3 & 2 & 1 \\ 0 & 0 & 1 & -2 \\ 0 & 0 & 1 & -2 \end{pmatrix} \xrightarrow{\times(-1)}$$

$$\longrightarrow \begin{pmatrix} -1 & 3 & 2 & 1 \\ 0 & 0 & 1 & -2 \\ 0 & 0 & 0 & 0 \end{pmatrix}$$

と行基本変形できるから, $\operatorname{rank} A = 2$ である.

問 1.26　次の行列 A の階数 $\operatorname{rank} A$ を求めよ.

(1)　$A = \begin{pmatrix} 1 & 2 \\ 5 & 3 \end{pmatrix}$

(2)　$A = \begin{pmatrix} 3 & -12 & 6 \\ -1 & 4 & -2 \end{pmatrix}$

(3)　$A = \begin{pmatrix} 1 & 3 & -2 \\ -2 & -4 & 9 \\ 1 & 5 & 7 \end{pmatrix}$

(4)　$A = \begin{pmatrix} -2 & -6 & -3 & -2 \\ 1 & 3 & 2 & 0 \\ 3 & 9 & 9 & -6 \end{pmatrix}$

　次の定理 1.29 は, 階数を使った正則性の判定の方法を与えるものである. また, 正則行列が基本行列のみの積で書けるという主張は, 正則行列の性質を知る上で重要である.

定理 1.29　$M_n \ni A$ に対して, 次の (1) から (3) は同値である.

(1)　A は正則行列である.

(2)　$\operatorname{rank} A = n$.

(3)　A は単位行列 E_n についての有限個の基本行列の積で表すことができる.

証明　(1) $\Longrightarrow$ (2) A を正則行列とする. 定理 1.28 より, A は, 行基本変形により r 階の階段行列に変形できるから,

$$A \longrightarrow PA = A_r$$

となる正則行列 P が存在する. そこで, $\operatorname{rank} A = r < n$ とすると, A_r は 0 のみからなる行が少なくとも 1 行あるから,

$$|A_r| = 0$$

である. よって, $|PA| = |A_r| = 0$. このとき, P は正則だから, $|P| \neq 0$. ゆえに, $|PA| = |P||A| = 0$ より $|A| = 0$ を得る. しかし, 定理 1.23 から, これは A が正則行列であることに反する. したがって, $r = n$ でなければならない.

(2) $\Longrightarrow$ (3) $\operatorname{rank} A = n$ とすると, 行基本変形により,

$$A \longrightarrow PA = B = \begin{pmatrix} b_{11} & & & \\ & b_{22} & & \text{\Large *} \\ & & \ddots & \\ \text{\Large O} & & & b_{nn} \end{pmatrix}$$

のように, 上三角行列 B に変形できる. $|B| = b_{11}b_{22}\cdots b_{nn} \neq 0$ であるから, $|{}^tB| = |B| = $

$b_{11}b_{22}\cdots b_{nn} \neq 0$. よって, ${}^tB$ は正則で, (1)$\Longrightarrow$ (2) より rank ${}^tB = n$ でなければならない. ゆえに,

$$ {}^tB \longrightarrow B' = \begin{pmatrix} b_{11} & & O \\ & \ddots & \\ O & & b_{nn} \end{pmatrix} \longrightarrow E_n $$

と行基本変形ができる. よって, ${}^tB \longrightarrow Q'{}^tB = E_n$ となるような, いくつかの基本行列の積から構成される正則行列 Q' が存在する. ここで, ${}^t(Q'{}^tB) = {}^t({}^tB){}^tQ' = B{}^tQ' = {}^tE_n = E_n$ であり, Q' が正則より, ${}^tQ'$ も正則だから, $B = ({}^tQ')^{-1}$ となる. そこで, $Q := {}^tQ'$ とおけば, $QB = E_n$ を得る. また, 定義 1.39 より任意の基本変形 $P_k(c), P_{k\ell}, P_{k\ell}(c) \in M_n$ について, ${}^tP_k(c) = P_k(c), {}^tP_{k\ell} = P_{k\ell}, {}^tP_{k\ell}(c) = P_{\ell k}(c)$ であることが確かめられる. このことから, $Q = {}^tQ'$ はいくつかの基本行列の積であり, したがって, $B \longrightarrow QB = E_n$ なる基本行列の積 Q が存在するから,

$$ A \longrightarrow QPA = E_n $$

となる基本変形ができる. P, Q はともに正則行列だから, $|QP| = |Q||P| \neq 0$ となり, 積 QP も正則である. よって, $A = (QP)^{-1} = P^{-1} \cdot Q^{-1}$. 定理 1.27 より基本行列の逆行列も基本行列だから, A は基本行列の積で表すことができる.

(3)$\Longrightarrow$(1) A が基本行列の積で書けるとする. 定理 1.27 より基本行列は正則だから, 基本行列の有限個の積も正則. よって A は正則行列となる. 以上のことから, (1), (2), (3) は同値である. ∎

基本変形による逆行列の計算

定理 1.29 の (3) により, 行基本変形を使って逆行列を計算することができる.

定理 1.30　$M_n \ni A$ が正則行列のとき, A の右側に n 次単位行列 E_n をならべた $n \times 2n$ 行列 $(A\ E_n)$ に対して, $A \longrightarrow E_n$ となる行基本変形を行えば,

$$ (A\ E_n) \longrightarrow (E_n\ A^{-1}) $$

として, A^{-1} を小行列にもつ $n \times 2n$ 行列に変形できる.

証明　定理 1.29 より, A が正則ならば,
$$ A \longrightarrow PA = E_n $$
となるような正則行列 P が存在する. $(A\ E_n)$ に $A \longrightarrow E_n$ と同じ行基本変形を行うことは, 定理 1.26 により, $(A\ E_n)$ に左から P を掛けることと同値だから,
$$ (A\ E_n) \longrightarrow P(A\ E_n) = (PA\ PE_n) = (PA\ P) = (E_n\ P). $$
ここで, $PA = E_n$ であるから, $P = E_n \cdot A^{-1} = A^{-1}$. ゆえに,
$$ (A\ E_n) \longrightarrow P(A\ E_n) = (E_n\ A^{-1}). $$ ∎

例題 1.24　$\begin{pmatrix} 1 & 1 & -1 \\ 2 & 3 & -1 \\ -3 & -3 & 4 \end{pmatrix}$ の逆行列を行基本変形を使って計算せよ.

解答　3×6 行列 $\begin{pmatrix} 1 & 1 & -1 & 1 & 0 & 0 \\ 2 & 3 & -1 & 0 & 1 & 0 \\ -3 & -3 & 4 & 0 & 0 & 1 \end{pmatrix}$ に対して, 行基本変形を行う.

$$ \begin{pmatrix} 1 & 1 & -1 & 1 & 0 & 0 \\ 2 & 3 & -1 & 0 & 1 & 0 \\ -3 & -3 & 4 & 0 & 0 & 1 \end{pmatrix} \longrightarrow \begin{pmatrix} 1 & 1 & -1 & 1 & 0 & 0 \\ 0 & 1 & 1 & -2 & 1 & 0 \\ 0 & 0 & 1 & 3 & 0 & 1 \end{pmatrix} $$

$$\longrightarrow \begin{pmatrix} 1 & 1 & -1 & \vdots & 1 & 0 & 0 \\ 0 & 1 & 0 & \vdots & -5 & 1 & -1 \\ 0 & 0 & 1 & \vdots & 3 & 0 & 1 \end{pmatrix} {\textstyle\bigg\rangle}_{\times 1} \longrightarrow \begin{pmatrix} 1 & 1 & 0 & \vdots & 4 & 0 & 1 \\ 0 & 1 & 0 & \vdots & -5 & 1 & -1 \\ 0 & 0 & 1 & \vdots & 3 & 0 & 1 \end{pmatrix} {\textstyle\bigg\rangle}_{\times(-1)}$$

$$\longrightarrow \begin{pmatrix} 1 & 0 & 0 & \vdots & 9 & -1 & 2 \\ 0 & 1 & 0 & \vdots & -5 & 1 & -1 \\ 0 & 0 & 1 & \vdots & 3 & 0 & 1 \end{pmatrix}$$

よって，定理 1.30 より，

$$\begin{pmatrix} 1 & 1 & -1 \\ 2 & 3 & -1 \\ -3 & -3 & 4 \end{pmatrix}^{-1} = \begin{pmatrix} 9 & -1 & 2 \\ -5 & 1 & -1 \\ 3 & 0 & 1 \end{pmatrix}$$

と計算できる．実際，

$$\begin{pmatrix} 1 & 1 & -1 \\ 2 & 3 & -1 \\ -3 & -3 & 4 \end{pmatrix} \begin{pmatrix} 9 & -1 & 2 \\ -5 & 1 & -1 \\ 3 & 0 & 1 \end{pmatrix} = \begin{pmatrix} 9-5-3 & -1+1 & 2-1-1 \\ 18-15-3 & -2+3 & 4-3-1 \\ -27+15+12 & 3-3 & -6+3+4 \end{pmatrix}$$

$$= \begin{pmatrix} 1 & 0 & 0 \\ 0 & 1 & 0 \\ 0 & 0 & 1 \end{pmatrix}$$

と検算できる. ▮

✎ 行列 A に対して，定理 1.30 の方法による A の逆行列の計算が，途中で不可能となるとき，A は正則行列ではない. たとえば，簡単な例として，$\begin{pmatrix} 1 & 2 \\ 3 & 6 \end{pmatrix}$ を考えると，2×4 行列 $\begin{pmatrix} 1 & 2 & 1 & 0 \\ 3 & 6 & 0 & 1 \end{pmatrix}$ に対して，行基本変形を行うと，

$$\begin{pmatrix} 1 & 2 & 1 & 0 \\ 3 & 6 & 0 & 1 \end{pmatrix} {\textstyle\bigg\rangle}_{\times(-3)} \longrightarrow \begin{pmatrix} 1 & 2 & 1 & 0 \\ 0 & 0 & -3 & 1 \end{pmatrix}$$

となり，$(2,2)$ 成分が 0 となるため，定理 1.30 の方法による計算が継続して行えない. 実際，$\mathrm{rank} \begin{pmatrix} 1 & 2 \\ 3 & 6 \end{pmatrix} < 2$ より，定理 1.29 から $\begin{pmatrix} 1 & 2 \\ 3 & 6 \end{pmatrix}$ が正則でないことが確かめられる.

> **問 1.27** 次の行列 A の逆行列 A^{-1} を，行基本変形を用いて求めよ.
>
> (1) $\quad A = \begin{pmatrix} 4 & -8 & 9 \\ -1 & 3 & -3 \\ 3 & -6 & 7 \end{pmatrix}$ (2) $\quad A = \begin{pmatrix} -2 & 0 & 8 \\ 1 & -1 & -2 \\ 3 & -7 & 0 \end{pmatrix}$

◆◆練習問題 § 1.11 ◆◆

A

1. 次の行列 A の階数 $\mathrm{rank}\, A$ を求めよ.

$$(1) \quad A = \begin{pmatrix} 2 & -6 \\ -1 & 3 \end{pmatrix} \qquad (2) \quad A = \begin{pmatrix} 4 & -8 & 5 \\ 2 & -4 & 3 \end{pmatrix}$$

$$(3) \quad A = \begin{pmatrix} 1 & -2 & -4 \\ 8 & 2 & -3 \\ 7 & 4 & 1 \end{pmatrix} \qquad (4) \quad A = \begin{pmatrix} 10 & -4 & 3 & -4 \\ 1 & 6 & 3 & 2 \\ -7 & -10 & -5 & -2 \end{pmatrix}$$

2. 次の行列 A の逆行列 A^{-1} を，行基本変形を用いて求めよ．

$$(1) \quad A = \begin{pmatrix} 3 & 7 \\ 2 & 5 \end{pmatrix} \qquad (2) \quad A = \begin{pmatrix} -2 & -7 \\ 2 & 9 \end{pmatrix}$$

$$(3) \quad A = \begin{pmatrix} -2 & -5 & 4 \\ 3 & 7 & -6 \\ -4 & -8 & 9 \end{pmatrix} \qquad (4) \quad A = \begin{pmatrix} -8 & 7 & -11 \\ -6 & 6 & -9 \\ -10 & 9 & -15 \end{pmatrix}$$

§ 1.12 　連立 1 次方程式の解法

　前節までに，連立方程式の係数行列が正方行列となるものの解法について学んだ．ここでは，一般の n 元連立 1 次方程式の解法として「はき出し法」について学ぶ．

▓ 連立 1 次方程式 ▓

　一般の n 元連立 1 次方程式は，

$$\begin{cases} a_{11}x_1 + a_{12}x_2 + \cdots + a_{1n}x_n = b_1 \\ a_{21}x_1 + a_{22}x_2 + \cdots + a_{2n}x_n = b_2 \\ \quad\quad\quad\quad \cdots \\ a_{m1}x_1 + a_{m2}x_2 + \cdots + a_{mn}x_n = b_m \end{cases}$$

と書くことができる．ここで，$A = \begin{pmatrix} a_{11} & a_{12} & \cdots & a_{1n} \\ a_{21} & a_{22} & \cdots & a_{2n} \\ & & \cdots & \\ a_{m1} & a_{m2} & \cdots & a_{mn} \end{pmatrix}$, $\boldsymbol{x} = \begin{pmatrix} x_1 \\ x_2 \\ \vdots \\ x_n \end{pmatrix}$, $\boldsymbol{b} = \begin{pmatrix} b_1 \\ b_2 \\ \vdots \\ b_m \end{pmatrix}$

とおけば，行列の積を使って，

$$A\boldsymbol{x} = \boldsymbol{b} \tag{1.10}$$

と表示できる．(1.10) 式を満たす $\boldsymbol{x}$ を求めるのが目的となる．

　注意すべきことは，未知数の数 n と連立する式の数 m が異なる場合も扱っているということである．

　一般に，連立方程式は一意的に解が定まる場合とそうでない場合がある．そこで次のように定める．

定義 1.42　n 元連立1次方程式 $A\boldsymbol{x} = \boldsymbol{b}$ を満たす $\boldsymbol{x} = \begin{pmatrix} x_1 \\ \vdots \\ x_n \end{pmatrix}$ が存在するとき, $A\boldsymbol{x} = \boldsymbol{b}$

は解をもつといい, $\boldsymbol{x}$ を解という. そうでないとき, 連立方程式は解をもたないという.

　特に, k 個の任意定数 $c_1, c_2, \ldots, c_k$ を使って, $x_1, x_2, \ldots, x_n$ のうちの k 個を $x_{i_1} = c_1,\ x_{i_2} = c_2,\ \ldots,\ x_{i_k} = c_k$ のように自由な値にすることで, $A\boldsymbol{x} = \boldsymbol{b}$ を満たす $\boldsymbol{x}$ が定まるとき, その $\boldsymbol{x}$ も解と考え, 任意定数の個数 k を**解の自由度**という.

例 1.51　(1) 連立方程式 $\begin{cases} -3x + 2y = 7 \\ -3x + y = 5 \end{cases}$ は解をもつ. 実際, $\begin{pmatrix} x \\ y \end{pmatrix} = \begin{pmatrix} -1 \\ 2 \end{pmatrix}$ は,

$\begin{cases} -3 \cdot (-1) + 2 \cdot 2 = 3 + 4 = 7 \\ -3 \cdot (-1) + 2 = 3 + 2 = 5 \end{cases}$ のように連立方程式を満たすから, 連立方程式の解である.

(2) 連立方程式 $\begin{cases} -2x + y = 6 \\ 6x - 3y = -18 \end{cases}$ は解をもつ. 実際, 任意定数 c を使って $y = 2c$ として

y を自由な値にとれば, $\begin{pmatrix} x \\ y \end{pmatrix} = \begin{pmatrix} c - 3 \\ 2c \end{pmatrix}$ が解となり,

$\begin{cases} -2 \cdot (c - 3) + 2c = -2c + 6 + 2c = 6 \\ 6 \cdot (c - 3) - 3 \cdot (2c) = 6c - 18 - 6c = -18 \end{cases}$ のように連立方程式を満たす.

　ここで, y のみ任意定数とすることで, 解が決まるから, 解の自由度は 1 である. このとき, 解は

$$\begin{pmatrix} x \\ y \end{pmatrix} = \begin{pmatrix} -3 \\ 0 \end{pmatrix} + c \begin{pmatrix} 1 \\ 2 \end{pmatrix} \quad [c : 任意定数]$$

のように書く. ここで, c はどのような実数でもよい.

(3) 連立方程式 $\begin{cases} -2x + y = 6 \cdots ① \\ 6x - 3y = 2 \cdots ② \end{cases}$ は解をもたない. 実際, 解をもつとして, $y = 6 + 2x$

を ② に代入すると, $6x - 3(6 + 2x) = 2$ を得るが, 左辺を計算すると $6x - 3(6 + 2x) = -18 \neq 2$ となる. よって, この連立方程式の解は存在しない.

　次の定理は階数を使って, 連立方程式が解をもつときの必要十分条件と解の自由度の算出方法を与えている.

定理 1.31　n 元連立1次方程式の係数行列を A, 拡大係数行列を $\widehat{A}$ とするとき,

$$A\boldsymbol{x} = \boldsymbol{b} \text{ が解をもつ} \iff \operatorname{rank} A = \operatorname{rank} \widehat{A}$$

が成り立つ. さらに, $r = \operatorname{rank} A = \operatorname{rank} \widehat{A}$ とすると, $A\boldsymbol{x} = \boldsymbol{b}$ の解の自由度は $n - r$ である.

証明　$m \times n$ 行列 $A = (a_{ij})$, $\boldsymbol{x} = \begin{pmatrix} x_1 \\ \vdots \\ x_n \end{pmatrix}$, $\boldsymbol{b} = \begin{pmatrix} b_1 \\ \vdots \\ b_m \end{pmatrix}$ とするとき, $A\boldsymbol{x} = \boldsymbol{b}$ は,

$$\begin{cases} a_{11}x_1 \;+\; a_{12}x_2 \;+\cdots+\; a_{1n}x_n \;=\; b_1 \\ \qquad \cdots \\ a_{m1}x_1 \;+\; a_{m2}x_2 \;+\cdots+\; a_{mn}x_n \;=\; b_m \end{cases} \tag{1.11}$$

である. これを,

$$\begin{cases} a_{11}x_1 \;+\; a_{12}x_2 \;+\cdots+\; a_{1n}x_n \;-b_1 \;= 0 \\ \qquad \cdots \\ a_{m1}x_1 \;+\; a_{m2}x_2 \;+\cdots+\; a_{mn}x_n \;-b_m \;= 0 \end{cases} \tag{1.12}$$

と考えても, (1.11) 式と (1.12) 式は同値である. 拡大係数行列 $\widehat{A} = (A\; \boldsymbol{b})$ と $\widehat{\boldsymbol{x}} = \begin{pmatrix} x_1 \\ \vdots \\ x_n \\ -1 \end{pmatrix}$ を使えば,

(1.12) 式は,

$$\widehat{A}\widehat{\boldsymbol{x}} = \boldsymbol{o} \left(= \begin{pmatrix} 0 \\ \vdots \\ 0 \end{pmatrix} \right)$$

と書くことができる. つまり, $A\boldsymbol{x} = \boldsymbol{b}$ と $\widehat{A}\widehat{\boldsymbol{x}} = \boldsymbol{o}$ は同値な式である. $\widehat{A}\widehat{\boldsymbol{x}} = \boldsymbol{o}$ に基本行列の積 P を左から掛けても, その式が表す連立方程式は, $A\boldsymbol{x} = \boldsymbol{b}$ と同値である. そこで,

$$P\widehat{A}\widehat{\boldsymbol{x}} = \boldsymbol{o}$$

において, $P\widehat{A}$ が階段行列になるように P をとる. すなわち, 行基本変形

$$\widehat{A} \longrightarrow P\widehat{A} = \begin{pmatrix} & a_{1i_1}{}' & \cdots & & & a_{1n}{}' & b_1{}' \\ & & a_{2i_2}{}' & \cdots & & a_{2n}{}' & b_2{}' \\ & & & & \ddots & & \\ & & & & a_{ri_r}{}' & \cdots & a_{rn}{}' & b_r{}' \\ & & & & & & b_{r+1}{}' \\ & & & O & & & 0 \\ & & & & & & \vdots \\ & & & & & & 0 \end{pmatrix}$$

と変形することを考える. この $P\widehat{A}$ を連立方程式に書くと,

$$\begin{cases} a_{1i_1}{}'x_{i_1} + & \cdots & & + a_{1n}{}'x_n = & b_1{}' \\ & a_{2i_2}{}'x_{i_2} & + \quad \cdots \quad + a_{2n}{}'x_n = & b_2{}' \\ & \quad \cdots & & \\ & & a_{ri_r}{}'x_{i_r} + \cdots + a_{rn}{}'x_n = & b_r{}' \\ & & 0 \quad = & b_{r+1}{}' \end{cases} \tag{1.13}$$

となるが, $b_{r+1}' \neq 0$ のときは, (1.13) 式の最下行の式を満たさないから解をもたないことがわかる. こ

こで, 階段行列 $P\widehat{A}$ における b_{r+1}' の条件を考えれば, $\boldsymbol{b}' = \begin{pmatrix} b_1' \\ \vdots \\ b_{r+1}' \\ 0 \\ \vdots \\ 0 \end{pmatrix}$ を取り除いた部分が A を変形

した階段行列になるから,「$\operatorname{rank} A \neq \operatorname{rank} \widehat{A} \Longrightarrow P\widehat{A}\widehat{\boldsymbol{x}} = \boldsymbol{o}$ は解をもたない」が成り立つことになる. このことの対偶も正しいから,

$$P\widehat{A}\widehat{\boldsymbol{x}} = \boldsymbol{o} \text{ は解をもつ} \Longrightarrow \operatorname{rank} A = \operatorname{rank} \widehat{A}$$

が示せた. 一方, $b_{r+1}' = 0$ のとき, すなわち, $\operatorname{rank} A = \operatorname{rank} \widehat{A}$ のときは, (1.13) の各式において, r 個の未知数 $x_{i_1}, x_{i_2}, \ldots, x_{i_r}$ $(i_1 < i_2 < \cdots < i_r)$ は, それぞれ, $x_1, x_2, \ldots, x_n$ のうち, $x_{i_1}, x_{i_2}, \ldots, x_{i_r}$ と異なる $n - r$ 個の未知数 と $b_1', b_2', \ldots, b_r'$ を使って

$$\begin{cases} x_{i_1} = \dfrac{1}{a_{1i_1}}(-a_{1(i_1+1)}'x_{i_1+1} - a_{1(i_1+2)}'x_{i_1+2} - \cdots - a_{1n}'x_n + b_1') \\ x_{i_2} = \dfrac{1}{a_{2i_2}}(-a_{2(i_2+1)}'x_{i_2+1} - a_{2(i_2+2)}'x_{i_2+2} - \cdots - a_{2n}'x_n + b_2') \\ \cdots \\ x_{i_r} = \dfrac{1}{a_{ri_r}}(-a_{r(i_r+1)}'x_{i_r+1} - a_{r(i_r+2)}'x_{i_r+2} - \cdots - a_{rn}'x_n + b_r') \end{cases}$$

のように表すことができる. ここで, 各式の右辺に x_{i_r} がある場合は, x_{i_r} の式の右辺を代入する. 同様に, 各式に $x_{i_{r-1}}$ がある場合は, $x_{i_{r-1}}$ の式の右辺を代入するということを, 上の式において, 下の式から順に $x_{i_{r-2}}, x_{i_{r-3}}, \ldots$ とくり返し行えば, $n - r$ 個の未知数を任意定数 (自由な値) $c_1, c_2, \ldots, c_{n-r}$ とすれば, $\boldsymbol{x}$ を連立方程式を満たすように定めることができる. つまり, $P\widehat{A}\widehat{\boldsymbol{x}} = \boldsymbol{o}$ は解をもつ. 以上から,

$$P\widehat{A}\widehat{\boldsymbol{x}} = \boldsymbol{o} \text{ が解をもつ} \Longleftrightarrow \operatorname{rank} A = \operatorname{rank} \widehat{A}$$

が成り立つ. ここで, $P\widehat{A}\widehat{\boldsymbol{x}} = \boldsymbol{o}$ と $A\boldsymbol{x} = \boldsymbol{b}$ とは同値であるから, 定理 1.31 の主張の必要十分条件を得る. また, $\operatorname{rank} A = \operatorname{rank} \widehat{A} = r$ とすれば, 解の自由度は, $n - r$ となる. ∎

例題 1.25　次の連立 1 次方程式の解を求めよ.

$$\begin{cases} x_1 + 2x_2 = -1 \\ -2x_1 - 3x_2 + x_3 = 4 \\ x_1 + 3x_2 + x_3 = 1 \end{cases}$$

解答　拡大係数行列 $\widehat{A} = (A\ \boldsymbol{b})$ を階段行列に変形することを考える.

$$\widehat{A} = \begin{pmatrix} 1 & 2 & 0 & -1 \\ -2 & -3 & 1 & 4 \\ 1 & 3 & 1 & 1 \end{pmatrix} \begin{smallmatrix} \times 2 \\ \times(-1) \end{smallmatrix} \longrightarrow \begin{pmatrix} 1 & 2 & 0 & -1 \\ 0 & 1 & 1 & 2 \\ 0 & 1 & 1 & 2 \end{pmatrix} \times(-1)$$

$$\longrightarrow \begin{pmatrix} 1 & 2 & 0 & -1 \\ 0 & 1 & 1 & 2 \\ 0 & 0 & 0 & 0 \end{pmatrix} = \widehat{A}_r = \begin{pmatrix} A_r & \begin{matrix} -1 \\ 2 \\ 0 \end{matrix} \end{pmatrix}$$

となる. 最後に変形された行列の縦線より左側が A を行基本変形した階段行列 A_r と考えることができるので, $\operatorname{rank} A = \operatorname{rank} \widehat{A} = 2$ となり, この連立方程式は解をもつ. また, $\widehat{A}$ を行基本変形した階段行列 $\widehat{A}_r$ に対応する連立方程式は,

$$\begin{cases} x_1 + 2x_2 && = -1 \cdots ① \\ & x_2 + x_3 &= 2 \cdots ② \end{cases}$$

であり, これはもとの連立方程式と同値である. 定理 1.31 より解の自由度は $3 - \operatorname{rank} A = 3 - 2 = 1$ であるから, x_1, x_2, x_3 のうちのいずれか 1 つを任意定数とすれば解が定まる. そこで $x_3 = c$ とおくと, ② 式より $x_2 = -c + 2$, ゆえに ① 式とあわせて, $x_1 = -2x_2 - 1 = -2(-c+2) - 1 = 2c - 5$. まとめると,

$$\begin{cases} x_1 = 2c - 5, \\ x_2 = -c + 2, \\ x_3 = c \end{cases}$$

となる. これをベクトルで書けば, 解は,

$$\boldsymbol{x} = \begin{pmatrix} x_1 \\ x_2 \\ x_3 \end{pmatrix} = \begin{pmatrix} -5 \\ 2 \\ 0 \end{pmatrix} + c \begin{pmatrix} 2 \\ -1 \\ 1 \end{pmatrix} \qquad [c : 任意定数]$$

である.

　上のような連立方程式の解き方を**はき出し法**という. この場合, どの変数を任意定数とおくかによって, 解の表示が異なることに注意したい.

✎ つまり, 解の表示は一意的ではない. x_1, x_2, x_3 のどの未知数を自由にするか, また, どのように任意定数で定めるかにより異なる. どの表示でも, 正しく計算して求めれば, もとの連立方程式を満たす.

　さらに, A を簡約階段行列まで変形すると, 任意定数にすべき未知数がわかりやすくなる. 例題 1.25 の場合は,

$$\widehat{A} \longrightarrow \begin{pmatrix} 1 & 2 & 0 & -1 \\ 0 & 1 & 1 & 2 \\ 0 & 0 & 0 & 0 \end{pmatrix} \overset{\times(-2)}{\longrightarrow} \left(\begin{array}{ccc|c} 1 & 0 & -2 & -5 \\ 0 & 1 & 1 & 2 \\ 0 & 0 & 0 & 0 \end{array} \right)$$

のように簡約階段行列に変形できるから, 連立方程式は

$$\begin{cases} x_1 & - 2x_3 = -5 \cdots ① \\ & x_2 + x_3 = 2 \cdots ② \end{cases}$$

と同値である. ここで, x_3 は, ①, ② の両方に現れているので, この共通の未知数 x_3 を任意定数 c と置けば, x_1 は, x_2 を媒介することなく, ① 式から直接 $x_1 = 2c - 5$ と決定できる. x_2 についても ② より, ただちに $x_2 = -c + 2$ のように決定できる.

問 1.28 次の連立 1 次方程式の解を求めよ.

(1) $\begin{cases} x_1 + 3x_2 + 2x_3 = 5 \\ 2x_1 + 7x_2 + 3x_3 = 12 \\ -2x_1 - 5x_2 - 5x_3 = -8 \end{cases}$ 　(2) $\begin{cases} 3x_1 + 14x_2 - 5x_3 = 5 \\ x_1 + 4x_2 - 2x_3 = 3 \\ 5x_1 + 24x_2 - 8x_3 = 7 \end{cases}$

例題 1.26　連立 1 次方程式

$$\begin{cases} -3x + 2y = -6 \\ 9x - 6y = a \end{cases}$$

が解をもつとき，実数 a の値を求めよ．また，そのときの解を求めよ．

解答　$\widehat{A} = (A \mid b) = \begin{pmatrix} -3 & 2 & \vdots & -6 \\ 9 & -6 & \vdots & a \end{pmatrix}$ を行基本変形により階段行列に変形すると，

$$\widehat{A} = \begin{pmatrix} -3 & 2 & \vdots & -6 \\ 9 & -6 & \vdots & a \end{pmatrix} \begin{matrix} \\ \curvearrowright \times 3 \end{matrix} \longrightarrow \begin{pmatrix} -3 & 2 & \vdots & -6 \\ 0 & 0 & \vdots & a - 18 \end{pmatrix}$$

となる．解をもつための必要十分条件は，定理 1.31 より，$\operatorname{rank} A = \operatorname{rank} \widehat{A}$ であり，$\operatorname{rank} A = 1$ であるから，連立方程式が解をもつためには，$a - 18 = 0$ でなければならない．よって，$a = 18$ である．このとき解の自由度は，$2 - \operatorname{rank} A = 2 - 1 = 1$ であるから，

$$-3x + 2y = -6$$

において，$y = 3c$ とすれば[11]，$-3x = -6 - 2(3c)$ となり，$x = 2c + 2$ を得る．ゆえに，解は，

$$\begin{pmatrix} x \\ y \end{pmatrix} = \begin{pmatrix} 2c + 2 \\ 3c \end{pmatrix} = \begin{pmatrix} 2 \\ 0 \end{pmatrix} + c \begin{pmatrix} 2 \\ 3 \end{pmatrix} \qquad [c : 任意定数].$$

問 1.29　次の連立 1 次方程式が解をもつように a の値を定めよ．また，そのときの解を求めよ．

(1) $\begin{cases} 5x - 10y = 2a \\ -x + 2y = 6 \end{cases}$　　　(2) $\begin{cases} x_1 + 3x_2 + 2x_3 = 4 \\ 2x_1 + x_2 - 3x_3 = 2 \\ -5x_1 + 5x_2 + 18x_3 = a \end{cases}$

◆◆練習問題 § 1.12 ◆◆

A

1. はき出し法を用いて次の連立 1 次方程式が解をもつかどうか判定し，解をもつ場合には，その解を求めよ．

(1) $\begin{cases} x_1 + 2x_2 = 3 \\ -4x_1 - 5x_2 = 4 \end{cases}$　　　(2) $\begin{cases} 2x_1 + x_2 = 5 \\ -4x_1 - 2x_2 = -10 \end{cases}$

(3) $\begin{cases} 3x_1 + 5x_2 = 8 \\ 6x_1 + 10x_2 = 4 \end{cases}$　　　(4) $\begin{cases} x_1 - 2x_2 - 4x_3 = 3 \\ 3x_1 - 5x_2 - 8x_3 = -6 \\ -6x_1 + 7x_2 + 6x_3 = 4 \end{cases}$

---

[11] $y = c$ とおいてもよい．ここでは，x を求める際に，3 で割ることになるので，$y = 3c$ とおいている．

$$(5) \quad \begin{cases} x_1 + 2x_2 + x_3 = -1 \\ 10x_1 - x_2 + 13x_3 = 4 \\ 8x_1 + 2x_2 + 10x_3 = 2 \end{cases} \qquad (6) \quad \begin{cases} 4x_1 + 7x_2 + 11x_3 = 10 \\ x_1 + 3x_2 + 4x_3 = 5 \\ -x_1 - 8x_2 - 9x_3 = -15 \end{cases}$$

$$(7) \quad \begin{cases} 4x_1 + 2x_2 - 2x_3 = 6 \\ 2x_1 + x_2 - x_3 = 3 \\ 6x_1 + 3x_2 - 3x_3 = 9 \end{cases}$$

2. 次の連立 1 次方程式が解をもつように a の値を定めよ. また, そのときの解を求めよ.

$$(1) \quad \begin{cases} x_1 + 3x_2 = 7 \\ 2x_1 + 6x_2 = a \end{cases} \qquad (2) \quad \begin{cases} 5x_1 + 10x_2 = 4 \\ 2x_1 + 4x_2 = -2a \end{cases}$$

$$(3) \quad \begin{cases} x_1 - x_2 + 2x_3 = 3 \\ 2x_1 + x_2 + 3x_3 = -1 \\ x_1 - 4x_2 + 3x_3 = a \end{cases} \qquad (4) \quad \begin{cases} 6x_1 + 8x_2 + 6x_3 = 3 \\ 5x_1 + 11x_2 + 4x_3 = 2 \\ 4x_1 + x_2 + 5x_3 = a \end{cases}$$

$$(5) \quad \begin{cases} x_1 - 2x_2 + 3x_3 = 4 \\ 2x_1 - 4x_2 + 6x_3 = 8 \\ -3x_1 + 6x_2 - 9x_3 = 4a \end{cases}$$

§ 1.13 同次連立 1 次方程式と応用

§ 1.12 では, 一般の連立方程式について考察した. ここでは, 連立方程式の右辺 b を

$$b = o = \begin{pmatrix} 0 \\ \vdots \\ 0 \end{pmatrix}$$ として, n 元連立 1 次方程式

$$\begin{cases} a_{11}x_1 + a_{12}x_2 + \cdots + a_{1n}x_n = 0 \\ a_{21}x_1 + a_{22}x_2 + \cdots + a_{2n}x_n = 0 \\ \qquad \cdots \\ a_{m1}x_1 + a_{m2}x_2 + \cdots + a_{mn}x_n = 0 \end{cases}$$

を考える.

▧同次連立方程式▧

> **定義 1.43** すべての定数項が 0 となる連立 1 次方程式 $Ax = o$ を同次連立 1 次方程式という.

✎ 斉次連立 1 次方程式という場合もある. 連立 1 次方程式において, 未知数の次数が同じであるとき, 連

立方程式は同次であるという[12].

定理 1.31 により, $A\boldsymbol{x} = \boldsymbol{b}$ が解をもつための必要十分条件は, 拡大係数行列 $\widehat{A} = (A\ \boldsymbol{b})$ について, $\operatorname{rank} \widehat{A} = \operatorname{rank} A$ が成り立つことであるから, $\operatorname{rank}(A\ \boldsymbol{o}) = \operatorname{rank} A$ より, $A\boldsymbol{x} = \boldsymbol{o}$ は必ず解をもつ. 特に, $\boldsymbol{x} = \boldsymbol{o}$ は常に解となる. そこで, 次の言葉を定義する.

> **定義 1.44**　同次連立 1 次方程式 $A\boldsymbol{x} = \boldsymbol{o}$ について, $\boldsymbol{x} = \boldsymbol{o}$ を**自明な解**といい, $\boldsymbol{x} \neq \boldsymbol{o}$ となる解を**自明でない解** (または, **非自明解**) という.

例 1.52　連立方程式

$$\begin{cases} -2x + y = 0 \\ 4x - 2y = 0, \end{cases} \tag{1.14}$$

$$\begin{cases} 2x_1 + x_2 = 0 \\ x_2 - 3x_3 = 0 \\ 4x_1 - x_3 = 0 \end{cases} \tag{1.15}$$

は, いずれも同次連立 1 次方程式であり, それぞれ自明な解

$$\begin{pmatrix} x \\ y \end{pmatrix} = \begin{pmatrix} 0 \\ 0 \end{pmatrix}, \begin{pmatrix} x_1 \\ x_2 \\ x_3 \end{pmatrix} = \begin{pmatrix} 0 \\ 0 \\ 0 \end{pmatrix}$$

をもつ. また, $\begin{pmatrix} x \\ y \end{pmatrix} = \begin{pmatrix} 1 \\ 2 \end{pmatrix}$ を (1.14) 式に代入すると,

$$\begin{cases} -2\cdot 1 + 2 = 0 \\ 4\cdot 1 - 2\cdot 2 = 0 \end{cases}$$

となるから, 同次連立 1 次方程式 (1.14) は, 自明でない解 $\begin{pmatrix} x \\ y \end{pmatrix} = \begin{pmatrix} 1 \\ 2 \end{pmatrix}$ をもつ.

同次連立 1 次方程式は, 自明な解を常にもつから, 自明でない解をもつかもたないかが興味の対象となる. 例 1.52 において, (1.15) 式の同次連立 1 次方程式は, 自明な解のみをもつ. 次の定理は, 階数を使って, 自明な解のみをもつかどうかの判定方法を与えるものである.

---

[12] 各項の未知数の次数が等しいことを同次 (または斉次) といい, そうでない場合を非同次 (または非斉次) という. ここでは, 未知数はどの項も 1 次である. 定数項 $\boldsymbol{b} \neq \boldsymbol{o}$ ならば, $\boldsymbol{b}$ が 0 次の項となるので, $A\boldsymbol{x} = \boldsymbol{b}$ について, $\boldsymbol{b} = \boldsymbol{o}$ のときを同次連立 1 次方程式というのである.

定理 1.32 n 元同次連立 1 次方程式 $A\boldsymbol{x} = \boldsymbol{o}$ に対して,

(1) $A\boldsymbol{x} = \boldsymbol{o}$ が自明でない解をもつ $\Longleftrightarrow \operatorname{rank} A < n$,

(2) $A\boldsymbol{x} = \boldsymbol{o}$ が自明な解しかもたない $\Longleftrightarrow \operatorname{rank} A = n$.

証明   (1)

$\Rightarrow$) $A\boldsymbol{x} = \boldsymbol{o}$ が自明でない解をもつとし, その解が任意定数を k 個含むとする $(k > 0)$. このとき, 定理 1.31 により $n - \operatorname{rank} A = k > 0$ だから, $n > \operatorname{rank} A$.

$\Leftarrow$)   逆に, $\operatorname{rank} A < n$ とすると, $n - \operatorname{rank} A > 0$ であるから, 解の自由度は 1 以上となる. つまり, 解は 1 つ以上任意定数を含むから, $\boldsymbol{x} \ne \boldsymbol{o}$ となる解をもつ.

(2) $\operatorname{rank} A < n$ でないときは, $\operatorname{rank} A = n$ である. また, 命題に対してその対偶は真だから, 「$A\boldsymbol{x} = \boldsymbol{o}$ が自明でない解をもつ $\Longrightarrow \operatorname{rank} A < n$」の対偶「$\operatorname{rank} A = n \Longrightarrow A\boldsymbol{x} = \boldsymbol{o}$ が自明な解のみをもつ」は真でなければならない. 同様に, (1) の対偶を考えれば, (2) が (1) の言い換えであることがわかる. ∎

例題 1.27   次の同次連立 1 次方程式を解け.

$$\begin{cases} x_1 + 2x_2 + x_3 - 2x_4 = 0 \\ x_1 + 3x_2 \qquad\qquad = 0 \\ -3x_1 - 7x_2 - 2x_3 + 4x_4 = 0 \\ 2x_1 + 5x_2 + x_3 - 2x_4 = 0 \end{cases}$$

解答   拡大係数行列のかわりに係数行列を考えればよいから, 係数行列 A に行基本変形を行うと,

$$A = \begin{pmatrix} 1 & 2 & 1 & -2 \\ 1 & 3 & 0 & 0 \\ -3 & -7 & -2 & 4 \\ 2 & 5 & 1 & -2 \end{pmatrix} \begin{matrix} \times(-1) \\ \times 3 \\ \times(-2) \end{matrix} \longrightarrow \begin{pmatrix} 1 & 2 & 1 & -2 \\ 0 & 1 & -1 & 2 \\ 0 & -1 & 1 & -2 \\ 0 & 1 & -1 & 2 \end{pmatrix} \begin{matrix} \times 1 \\ \times(-1) \end{matrix}$$

$$\longrightarrow \begin{pmatrix} 1 & 2 & 1 & -2 \\ 0 & 1 & -1 & 2 \\ 0 & 0 & 0 & 0 \\ 0 & 0 & 0 & 0 \end{pmatrix} \begin{matrix} \times(-2) \end{matrix} \longrightarrow \begin{pmatrix} 1 & 0 & 3 & -6 \\ 0 & 1 & -1 & 2 \\ 0 & 0 & 0 & 0 \\ 0 & 0 & 0 & 0 \end{pmatrix}.$$

よって, 与えられた方程式は,

$$\begin{cases} x_1 \qquad + 3x_3 - 6x_4 = 0 \\ x_2 - x_3 + 2x_4 = 0 \end{cases}$$

と同値であり, $\operatorname{rank} A = 2 < 4$ であるから, 自明でない解をもつ. 解の自由度は, $4 - 2 = 2$ であるから, $x_3 = c_1$, $x_4 = c_2$ と 2 つの未知数を任意定数 c_1, c_2 を使って書くと,

$$x_2 = x_3 - 2x_4 = c_1 - 2c_2,$$
$$x_1 = -3x_3 + 6x_4 = -3c_1 + 6c_2$$

となる. したがって,

$$\boldsymbol{x} = \begin{pmatrix} -3c_1 + 6c_2 \\ c_1 - 2c_2 \\ c_1 \\ c_2 \end{pmatrix} = c_1 \begin{pmatrix} -3 \\ 1 \\ 1 \\ 0 \end{pmatrix} + c_2 \begin{pmatrix} 6 \\ -2 \\ 0 \\ 1 \end{pmatrix} \qquad [c_1, c_2 : \text{任意定数}]$$

と表すことができる.

　　例題 1.25, 例題 1.26 や例題 1.27 の解答例にあるような, 任意定数を使って表した解のこと
を, その連立方程式の**一般解**または, **一般解のパラメータ表示**という.

> **問 1.30**　次の同次連立 1 次方程式の解を求めよ.
>
> (1) $\begin{cases} x_1 + 3x_2 + 5x_3 = 0 \\ -4x_1 + 2x_2 + x_3 = 0 \\ 11x_1 - 9x_2 - 8x_3 = 0 \end{cases}$ 　(2) $\begin{cases} 2x_1 - x_2 + 5x_3 = 0 \\ 7x_1 + 2x_2 + 8x_3 = 0 \\ 3x_1 + 4x_2 - 2x_3 = 0 \end{cases}$

> **定義 1.45**　n 元同次連立 1 次方程式 $A\boldsymbol{x} = \boldsymbol{o}$ の一般解が $n - r$ 個の任意定数を使って,
>
> $$c_1 \boldsymbol{x}_1 + c_2 \boldsymbol{x}_2 + \cdots + c_{n-r} \boldsymbol{x}_{n-r}$$
>
> と書けるとき, $\boldsymbol{x}_1, \boldsymbol{x}_2, \ldots, \boldsymbol{x}_{n-r}$ を $A\boldsymbol{x} = \boldsymbol{o}$ の**基本解**という.　ここで, $r = \operatorname{rank} A$ である.

✎　基本解のとり方は, 一意的でないが, その個数はとり方によらず一定である.

例 1.53　例題 1.27 の連立方程式の一般解において, $\begin{pmatrix} -3 \\ 1 \\ 1 \\ 0 \end{pmatrix}$ と $\begin{pmatrix} 6 \\ -2 \\ 0 \\ 1 \end{pmatrix}$ は基本解である.

また, 例題 1.27 の解き方で, $x_2 = c_1$, $x_4 = c_2$ とおくと,

$$\boldsymbol{x} = \begin{pmatrix} -3c_1 \\ c_1 \\ c_1 + 2c_2 \\ c_2 \end{pmatrix} = c_1 \begin{pmatrix} -3 \\ 1 \\ 1 \\ 0 \end{pmatrix} + c_2 \begin{pmatrix} 0 \\ 0 \\ 2 \\ 1 \end{pmatrix} \qquad [c_1, c_2 : 任意定数]$$

となり, 一般解の別の表示を得るので, $\begin{pmatrix} -3 \\ 1 \\ 1 \\ 0 \end{pmatrix}$ と $\begin{pmatrix} 0 \\ 0 \\ 2 \\ 1 \end{pmatrix}$ も基本解である.

　　定理 1.32 は階数を使った解の判定方法であった. 次の定理 1.33 は, 係数行列が正方行列とな
る同次連立 1 次方程式については, 階数による判定方法に加えて, 行列式を使って判定できる
ことを主張している.

> **定理 1.33**　$M_n \ni A$ について, n 元同次連立 1 次方程式を考えるとき,
>
> (1)　$A\boldsymbol{x} = \boldsymbol{o}$ が自明でない解をもつ $\Longleftrightarrow |A| = 0$,
>
> (2)　$A\boldsymbol{x} = \boldsymbol{o}$ が自明な解しかもたない $\Longleftrightarrow |A| \neq 0$.

証明　(2) 定理 1.32 より,

$$Ax = o \text{ が自明な解しかもたない} \iff \operatorname{rank} A = n$$

が成り立つ. ここで, 定理 1.29 より

$$\operatorname{rank} A = n \iff A \text{ は正則行列}$$

がいえる. また, 定理 1.23 より,

$$A \text{ が正則行列} \iff |A| \neq 0$$

が成り立つ. 以上より (2) の主張は成り立つ. (1) は, (2) の言い換えである.

例題 1.28　次の同次連立 1 次方程式が自明でない解をもつように実数 a を定めよ.

$$\begin{cases} ax - 2y + 4z = 0 \\ -x + 2y + 2az = 0 \\ x - ay - 4z = 0 \end{cases}$$

解答　係数行列は, $A = \begin{pmatrix} a & -2 & 4 \\ -1 & 2 & 2a \\ 1 & -a & -4 \end{pmatrix}$ であるから,

$$|A| = \begin{vmatrix} a & -2 & 4 \\ -1 & 2 & 2a \\ 1 & -a & -4 \end{vmatrix} = \begin{vmatrix} a & -2 & 4 \\ -1 & 2 & 2a \\ 0 & 2-a & 2a-4 \end{vmatrix}$$

$$= \begin{vmatrix} a & -2 & 0 \\ -1 & 2 & 2a+4 \\ 0 & 2-a & 0 \end{vmatrix} \overset{\text{第3行展開}}{=} (-1)^{3+2} \cdot (2-a) \begin{vmatrix} a & 0 \\ -1 & 2a+4 \end{vmatrix}$$

$$= a(a-2)(2a+4) = 2a(a-2)(a+2).$$

ここで, 定理 1.33 より, $Ax = o$ が自明でない解をもつことは, $|A| = 0$ と同値だから, $2a(a-2)(a+2) = 0$ でなければならない. よって $a = 0, \pm 2$.

問 1.31　次の同次連立 1 次方程式が自明でない解をもつように a の値を定めよ. また, そのときの解を求めよ.

(1) $\begin{cases} 2ax + 3y = 0 \\ 6x + ay = 0 \end{cases}$　　(2) $\begin{cases} (a-3)x_1 + 3x_2 + x_3 = 0 \\ -6x_1 + ax_2 + 2x_3 = 0 \\ -ax_1 + 6x_2 + ax_3 = 0 \end{cases}$

同次連立方程式の応用

次の定理 1.34 は, 同次連立 1 次方程式の解を使って, 一般の連立 1 次方程式 (非同次連立 1 次方程式) の解を求める方法を与えている.

定理 1.34　$Ax = b$ の一般解 x は, $Ax = b$ の 1 つの解 x_0 と, $Ax = o$ の一般解 y を使って,

$$x = x_0 + y$$

と表される.

証明 $\pmb{x}_0$ を $A\pmb{x}=\pmb{b}$ の 1 つの解，$\pmb{y}$ を $A\pmb{x}=\pmb{o}$ の一般解とすると，

$$A(\pmb{x}_0+\pmb{y})=A\pmb{x}_0+A\pmb{y}$$

であり，仮定から $A\pmb{x}_0=\pmb{b}$，$A\pmb{y}=\pmb{o}$ であるから，

$$A(\pmb{x}_0+\pmb{y})=\pmb{b}+\pmb{o}=\pmb{b}$$

を得る．よって，$\pmb{x}_0+\pmb{y}$ は $A\pmb{x}=\pmb{b}$ の解である．次に，$A\pmb{x}=\pmb{b}$ の任意の解 $\pmb{x}$ は $\pmb{x}_0+\pmb{y}$ と表されることを示す．$A\pmb{x}=\pmb{b}$ の任意の解を $\pmb{x}$ とし，$\pmb{y}=\pmb{x}-\pmb{x}_0$ とおくと，

$$A\pmb{y}=A(\pmb{x}-\pmb{x}_0)=A\pmb{x}-A\pmb{x}_0=\pmb{b}-\pmb{b}=\pmb{o}.$$

よって，$A\pmb{y}=\pmb{o}$ となり，$\pmb{y}$ は，$A\pmb{x}=\pmb{o}$ の解である．以上より，任意の解は，$\pmb{x}_0+\pmb{y}$ の形に書くことができる． ∎

例題 1.29 次の連立 1 次方程式の解を，同次連立 1 次方程式の一般解を使って求めよ．

$$\begin{cases} x_1 + 2x_2 + \ x_3 - 2x_4 = -2 \\ x_1 + 3x_2 \qquad\qquad\quad = \ 2 \\ -3x_1 - 7x_2 - 2x_3 + 4x_4 = \ 2 \\ 2x_1 + 5x_2 + \ x_3 - 2x_4 = \ 0 \end{cases}$$

解答 拡大係数行列 $\widehat{A}=(A\ \pmb{b})$ に対して，行基本変形を行う．

$$\widehat{A}=\begin{pmatrix} 1 & 2 & 1 & -2 & -2 \\ 1 & 3 & 0 & 0 & 2 \\ -3 & -7 & -2 & 4 & 2 \\ 2 & 5 & 1 & -2 & 0 \end{pmatrix} \begin{array}{l} \times(-1) \\ \times 3 \\ \times(-2) \end{array} \longrightarrow \begin{pmatrix} 1 & 2 & 1 & -2 & -2 \\ 0 & 1 & -1 & 2 & 4 \\ 0 & -1 & 1 & -2 & -4 \\ 0 & 1 & -1 & 2 & 4 \end{pmatrix} \begin{array}{l} \times 1 \\ \times(-1) \end{array}$$

$$\longrightarrow \begin{pmatrix} 1 & 2 & 1 & -2 & -2 \\ 0 & 1 & -1 & 2 & 4 \\ 0 & 0 & 0 & 0 & 0 \\ 0 & 0 & 0 & 0 & 0 \end{pmatrix} \begin{array}{l} \times(-2) \end{array} \longrightarrow \begin{pmatrix} 1 & 0 & 3 & -6 & -10 \\ 0 & 1 & -1 & 2 & 4 \\ 0 & 0 & 0 & 0 & 0 \\ 0 & 0 & 0 & 0 & 0 \end{pmatrix}$$

と変形できるから，連立 1 次方程式は，

$$\begin{cases} x_1 \quad\ + 3x_3 - 6x_4 = -10 \\ x_2 - \ x_3 + 2x_4 = \quad 4 \end{cases}$$

と同値である．そこで，$x_3=x_4=0$ とすれば，$x_2=4$，$x_1=-10$ であるから，$\begin{pmatrix} -10 \\ 4 \\ 0 \\ 0 \end{pmatrix}$ は，1 つの解

である．例題 1.27 より，$A\pmb{x}=\pmb{o}$ の一般解は，

$$c_1\begin{pmatrix} -3 \\ 1 \\ 1 \\ 0 \end{pmatrix}+c_2\begin{pmatrix} 6 \\ -2 \\ 0 \\ 1 \end{pmatrix} \qquad [c_1,c_2:\text{任意定数}]$$

であるから，定理 1.34 より $A\pmb{x}=\pmb{b}$ の一般解は，

$$\pmb{x}=\begin{pmatrix} -10 \\ 4 \\ 0 \\ 0 \end{pmatrix}+c_1\begin{pmatrix} -3 \\ 1 \\ 1 \\ 0 \end{pmatrix}+c_2\begin{pmatrix} 6 \\ -2 \\ 0 \\ 1 \end{pmatrix}$$

と書ける.

問 1.32　次の連立 1 次方程式の解を, 同次連立 1 次方程式の一般解を使って求めよ.

$$(1) \quad \begin{cases} 2x_1 + x_2 - 2x_3 = 11 \\ 4x_1 + 5x_2 - 3x_3 = 31 \\ -2x_1 + 2x_2 + 3x_3 = -2 \end{cases}$$

$$(2) \quad \begin{cases} x_1 + 3x_2 + 2x_3 + 4x_4 = 1 \\ 2x_1 + 8x_2 + 3x_3 + 9x_4 = 6 \\ x_1 + x_2 + 3x_3 + 3x_4 = -3 \\ 4x_1 + 14x_2 + 7x_3 + 17x_4 = 8 \end{cases}$$

例題 1.30　平面上の異なる 2 点 (a_1, b_1), (a_2, b_2) を通る直線は,

$$\begin{vmatrix} x & y & 1 \\ a_1 & b_1 & 1 \\ a_2 & b_2 & 1 \end{vmatrix} = 0$$

で与えられることを示せ.

解答　直線の式を $ax + by + c = 0$ とするとき, 未知数 $\boldsymbol{x} = \begin{pmatrix} a \\ b \\ c \end{pmatrix} (\neq \boldsymbol{o})$ が決まれば[13], 直線の式が

定まる. よって, 同次連立 1 次方程式

$$\begin{cases} xa + yb + c = 0 \\ a_1 a + b_1 b + c = 0 \\ a_2 a + b_2 b + c = 0 \end{cases} \tag{1.16}$$

が非自明解 $\boldsymbol{x} = \begin{pmatrix} a \\ b \\ c \end{pmatrix}$ をもてばよい. (1.16) 式において, 未知数は a, b, c であるので, これらに関する

連立方程式と考えれば, その係数行列は, $A = \begin{pmatrix} x & y & 1 \\ a_1 & b_1 & 1 \\ a_2 & b_2 & 1 \end{pmatrix}$ であるから, 定理 1.33 より, $|A| = 0$ で

なければならない. よって,

$$|A| = \begin{vmatrix} x & y & 1 \\ a_1 & b_1 & 1 \\ a_2 & b_2 & 1 \end{vmatrix} = 0$$

が直線の式を与える関係式である.
実際,

$$\begin{vmatrix} x & y & 1 \\ a_1 & b_1 & 1 \\ a_2 & b_2 & 1 \end{vmatrix} = \begin{vmatrix} x & y & 1 \\ a_1 - x & b_1 - y & 0 \\ a_2 - x & b_2 - y & 0 \end{vmatrix}$$

---

[13] a, b は同時に 0 ではないが, もし, 同時に 0 になる場合, 求めようとする直線の式から, $c = 0$ となってしまうので, $\boldsymbol{o}$ でないとしておけばよい.

$$= 1 \times (-1)^{1+3} \begin{vmatrix} a_1 - x & b_1 - y \\ a_2 - x & b_2 - y \end{vmatrix} = (a_1 - x)(b_2 - y) - (a_2 - x)(b_1 - y).$$

以上より, 直線の式 $(b_1 - b_2)x + (a_2 - a_1)y + a_1 b_2 - a_2 b_1 = 0$ を得る. ∎

問 1.33 平面上の相異なる 3 点 $(a_1, b_1), (a_2, b_2), (a_3, b_3)$ が同一直線上にあるための必要十分条件は

$$\begin{vmatrix} a_1 & b_1 & 1 \\ a_2 & b_2 & 1 \\ a_3 & b_3 & 1 \end{vmatrix} = 0$$

であることを証明せよ.

◆◆練習問題 § 1.13 ◆◆

A

1. 次の同次連立 1 次方程式の解を求めよ.

(1) $\begin{cases} x_1 - 2x_2 = 0 \\ -4x_1 + 8x_2 = 0 \end{cases}$ (2) $\begin{cases} 9x_1 + 3x_2 = 0 \\ 6x_1 + 2x_2 = 0 \end{cases}$

(3) $\begin{cases} x_1 + 2x_2 - x_3 = 0 \\ -3x_1 - 5x_2 + 7x_3 = 0 \\ -x_1 - x_2 + 5x_3 = 0 \end{cases}$ (4) $\begin{cases} 2x_1 + 4x_2 + x_3 = 0 \\ 4x_1 + 10x_2 + x_3 = 0 \\ 6x_1 + 8x_2 + 5x_3 = 0 \end{cases}$

2. 次の同次連立 1 次方程式が自明でない解をもつように a の値を定めよ. また, そのときの解を求めよ.

(1) $\begin{cases} (a+1)x_1 + x_2 = 0 \\ -x_1 + (a-1)x_2 = 0 \end{cases}$

(2) $\begin{cases} (a+1)x_1 + 2x_2 = 0 \\ 3ax_1 + (a+2)x_2 = 0 \end{cases}$

(3) $\begin{cases} ax_1 + x_2 + 2x_3 = 0 \\ 2ax_1 + (a+5)x_2 + 3x_3 = 0 \\ ax_1 + x_2 + (a+2)x_3 = 0 \end{cases}$

(4) $\begin{cases} (a+2)x_1 + x_2 + x_3 = 0 \\ (4a+3)x_1 + (a+1)x_2 + (2a+1)x_3 = 0 \\ (-3a-5)x_1 - (a+1)x_2 - (a+3)x_3 = 0 \end{cases}$

3. 次の連立 1 次方程式の解を，同次連立 1 次方程式の一般解を使って求めよ．

(1)
$$\begin{cases} x_1 + 2x_2 + x_3 = 1 \\ 3x_1 + 7x_2 + x_3 = 6 \\ x_1 + 3x_2 - x_3 = 4 \end{cases}$$

(2)
$$\begin{cases} x_1 - x_2 + 3x_3 = 2 \\ 3x_1 - x_2 + 10x_3 = 7 \\ 2x_1 \qquad + 7x_3 = 5 \end{cases}$$

(3)
$$\begin{cases} x_1 + 2x_2 - x_3 - 2x_4 = 1 \\ 2x_1 + 5x_2 - 4x_3 - 3x_4 = 2 \\ -x_1 - 3x_2 + 4x_3 + 3x_4 = 2 \\ 5x_1 + 11x_2 - 8x_3 - 11x_4 = 2 \end{cases}$$

(4)
$$\begin{cases} x_1 + 2x_2 - x_3 - 2x_4 = 3 \\ 2x_1 + 5x_2 \qquad - x_4 = 7 \\ 3x_1 + 4x_2 - 7x_3 - 12x_4 = 7 \\ 4x_1 + 9x_2 - 2x_3 - 5x_4 = 13 \end{cases}$$

B

1. 空間内の相異なる 4 点 (a_1, b_1, c_1), (a_2, b_2, c_2), (a_3, b_3, c_3), (a_4, b_4, c_4) が同一平面上にあるための必要十分条件は

$$\begin{vmatrix} a_1 & b_1 & c_1 & 1 \\ a_2 & b_2 & c_2 & 1 \\ a_3 & b_3 & c_3 & 1 \\ a_4 & b_4 & c_4 & 1 \end{vmatrix} = 0$$

であることを証明せよ．

2

ベクトルと線形空間

§ 2.1 ベクトル

　数学には, 物理学などとともに発展してきた概念が数多く存在する. たとえば, この節で扱う
ベクトルもその1つである. 18世紀ごろ, 天文学, 物理学などで力や速度, 加速度を表すために
向きをもった量を考えるようになった. その後, 19世紀以降多くの数学者たちにより, 向きと
大きさをもつ「数」と同様の性質をもつ対象として, ベクトルという概念が定式化された[1].

　この節では, 高等学校などで学んだベクトルについて, その性質と, 基本的な計算について概
説する.

▌幾何ベクトル▐

　最初に, 向きをもつ線分としてベクトルを定義する.

定義 2.1　空間または平面における2点 A,B を結ぶ線
分に向きを定めて, 矢印をつけたものを**有向線分**という.
特に, 点 A から点 B に向かう有向線分 AB を, A を始
点, B を終点とする**ベクトル**といい, $\overrightarrow{AB}$ で表す.

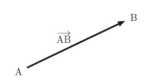

　平面でのベクトルを**平面ベクトル**, 空間で考えるベクトルを**空間ベクトル**といい, 両方あわ
せて, **幾何ベクトル**という.

　ベクトルは, 一般に $\boldsymbol{a}, \boldsymbol{b}, \boldsymbol{c}, \ldots$ などの太文字[2] を使って表す. 次に, ベクトルを計量できるよ
うにするために, 定義 2.2 により, 有向線分に大きさの概念を入れる.

定義 2.2　ベクトル $\boldsymbol{a} = \overrightarrow{AB}$ に対して, 線分 AB の長さをベクトル $\boldsymbol{a}$ の**長さ**(または**大き
さ**)といい, $\|\boldsymbol{a}\|$ で表す.

例 2.1　座標平面上の2点 A(3,1), B(1,3) について,
$\boldsymbol{a} = \overrightarrow{BA}$ は, 始点を B, 終点を A とするベクトルであ
る. 右図において, 三平方の定理より, 線分 BA の長さ
は $\sqrt{2^2 + 2^2} = \sqrt{8} = 2\sqrt{2}$ であるから, $\|\boldsymbol{a}\| = 2\sqrt{2}$ と
なる.

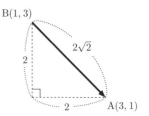

---

[1] 現在の一般的な意味での「ベクトル」という言葉を最初に導入したのは, アイルランド生まれの数学者 W.R.ハ
ミルトン (1805–1865) とされる.
[2] 書籍では, $\boldsymbol{a}, \boldsymbol{b}, \boldsymbol{c}, \ldots$ という太文字を使うことが多い.

定義 2.3　ベクトル $\boldsymbol{a}$ に対して, 長さが $\|\boldsymbol{a}\|$ で, 向きが $\boldsymbol{a}$ と反対向きのベクトルを $\boldsymbol{a}$ の逆ベクトルといい, $-\boldsymbol{a}$ で表す. また, 特別なベクトルとして, 長さが 1 のベクトルを**単位ベクトル**という. 長さが 0 のベクトルは, **零ベクトル**またはゼロベクトルといい, $\boldsymbol{o}$ で表す.

§ 1.1 において複素数を導入したときに, 定義 1.3 で 2 つの複素数について, 等しいという概念を導入した. ここでも, ベクトルを「数」と同様の性質をもつ対象と考える準備として, 2 つのベクトルが等しいという概念を定義する.

定義 2.4　2 つのベクトル $\boldsymbol{a}, \boldsymbol{b}$ について, $\boldsymbol{a}$ と $\boldsymbol{b}$ の向きが同じで, $\|\boldsymbol{a}\| = \|\boldsymbol{b}\|$ となるとき, つまり, 長さと向きが同じとき, ベクトル $\boldsymbol{a}$ と $\boldsymbol{b}$ は等しいといい, $\boldsymbol{a} = \boldsymbol{b}$ で表す.

✎　$\boldsymbol{a} = \boldsymbol{b}$ であることは, $\boldsymbol{a}$ と $\boldsymbol{b}$ を平行移動して, 互いに重なり合うことと同値である.

例 2.2　座標平面上の 4 つの点 A$(0,1)$, B$(3,4)$, C$(3,0)$, D$(6,3)$ を考えるとき, $\boldsymbol{a} = \overrightarrow{\mathrm{AB}}$ とすると, $\overrightarrow{\mathrm{BA}}$ は, 右図より長さが $\|\boldsymbol{a}\| = \sqrt{3^2 + 3^2} = \sqrt{18} = 3\sqrt{2}$ で, 向きが $\overrightarrow{\mathrm{AB}}$ と反対向きだから, $\overrightarrow{\mathrm{BA}} = -\boldsymbol{a}$ である. $\boldsymbol{b} = \overrightarrow{\mathrm{DC}}$ とすると, 右図より, $\|\boldsymbol{b}\| = \sqrt{3^2 + 3^2} = 3\sqrt{2}$ で, $\boldsymbol{b}$ は $\boldsymbol{a}$ と反対向きだから, $\boldsymbol{b} = -\boldsymbol{a}$ である.

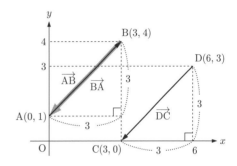

位置ベクトルと成分表示

定義 2.4 で定めたように, 平行移動により, 向きと長さが同じで, 互いに重なり合うベクトルは等しいから, 任意のベクトルの始点が, 座標平面, または座標空間の原点となるように平行移動して考えることができる. そこで, 次の「位置ベクトル」の概念を導入する. 各定義では, 空間ベクトルで定義されるが, 平面ベクトルでも同様に考える.

定義 2.5　空間における直交座標上の原点 O$(0,0,0)$ を始点, 点 A(a_1, a_2, a_3) を終点とするベクトル $\boldsymbol{a} = \overrightarrow{\mathrm{OA}}$ を A の**位置ベクトル**という.

空間内に点 A を決めるとその位置ベクトル $\boldsymbol{a} = \overrightarrow{\mathrm{OA}}$ が一意的に決まり, 逆に, ベクトル $\boldsymbol{a}$ を決めれば (必要ならば始点を O になるように平行移動して考えれば), $\boldsymbol{a}$ を位置ベクトルとする点 A が一意的に定まる. このことから, 空間の座標と位置ベクトルを同一視するために, 次のような表示の仕方を約束しておく.

定義 2.6　空間内の点 $A(a_1, a_2, a_3)$ と A の位置ベクトル $\boldsymbol{a}$ を同一視して，$\boldsymbol{a} = \begin{pmatrix} a_1 \\ a_2 \\ a_3 \end{pmatrix}$ と

表す．このような位置ベクトルの表示をベクトルの**成分表示**という．

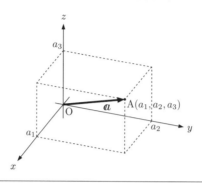

例 2.3　座標平面上の点 $A(3,1)$ の位置ベクトルの成分表

示は，$\boldsymbol{a} = \begin{pmatrix} 3 \\ 1 \end{pmatrix}$ であり，点 $B(1,-2)$ の位置ベクトルの成

分表示は，$\boldsymbol{b} = \begin{pmatrix} 1 \\ -2 \end{pmatrix}$ である．

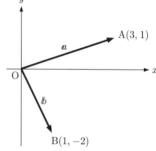

定義 2.4 から，位置ベクトル $\boldsymbol{a} = \begin{pmatrix} a_1 \\ a_2 \\ a_3 \end{pmatrix}$，$\boldsymbol{b} = \begin{pmatrix} b_1 \\ b_2 \\ b_3 \end{pmatrix}$ に対して，$\boldsymbol{a} = \boldsymbol{b}$ は，$a_1 = b_1, a_2 =$

$b_2, a_3 = b_3$ であることと同値である．

$$\boldsymbol{a} = \boldsymbol{b} \Longleftrightarrow a_1 = b_1, a_2 = b_2, a_3 = b_3.$$

▌ベクトルの和とスカラー倍▐

§ 1.3 の定義 1.14, 定義 1.15 と同様に，ベクトルの和とスカラー倍という 2 つの演算を定義する．

定義 2.7　ベクトル $\boldsymbol{a} = \begin{pmatrix} a_1 \\ a_2 \\ a_3 \end{pmatrix}$，$\boldsymbol{b} = \begin{pmatrix} b_1 \\ b_2 \\ b_3 \end{pmatrix}$ と $c \in \mathbb{R}$ に対して，和とスカラー倍を

$$a + b := \begin{pmatrix} a_1 + b_1 \\ a_2 + b_2 \\ a_3 + b_3 \end{pmatrix}, \quad ca := \begin{pmatrix} ca_1 \\ ca_2 \\ ca_3 \end{pmatrix}$$

で定める. 平面ベクトルについても同様に定義する. 下の図は平面の場合の図である.

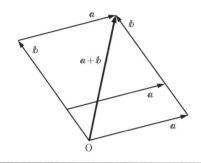
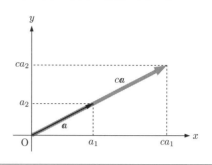

✎ ベクトルの場合のスカラー倍は, 図においては, ベクトルの伸縮を考えていることになる. ベクトル $a\,(\neq o)$ とスカラー $c \in \mathbb{R}$ に対して, ca は,

　　$c > 0$ のとき:　向きは a と同じで, 長さが $\|a\|$ の c 倍のベクトル

　　$c < 0$ のとき:　向きは a と反対向きで, 長さが $\|a\|$ の $-c$ 倍のベクトル

　　$c = 0$ のとき:　零ベクトル o

である.

　定義 2.7 の和とスカラー倍について, 次の定理 2.1 が成り立つ. この定理は, ベクトルの「数」としての性質であり, ベクトルが「数の計算 (代数の世界)」と「図形 (幾何の世界)」の大切な架け橋の役割を果たす概念であることがわかる.

定理 2.1　ベクトル a, b, c とスカラー $c, d \in \mathbb{R}$ に対して, 次の (1) から (8) が成り立つ.

(1)　$a + b = b + a$,

(2)　$(a + b) + c = a + (b + c)$,

(3)　$a + o = o + a = a$,

(4)　$a + (-a) = o$,

(5)　$c(a + b) = ca + cb$,

(6)　$(c + d)a = ca + da$,

(7)　$(cd)a = c(da)$,

(8)　$1a = a$.

✎ この定理と, 定理 1.2, 定理 1.8 を見比べてみるとよい.

数として扱いやすくするため, 2 つのベクトル a と b において,
$a + (-b)$ を $a - b$ と書いて, a と b の差という. $x = a - b$ とお
くと, $a = b + x$ が成り立つから, 定義 2.4 のベクトルにおける和
の図から, 差は右のような図として考えられる.

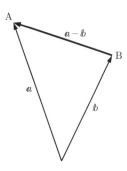

また, 空間上 (あるいは平面上) に 2 点 A, B があるとき, A, B の
それぞれの位置ベクトル a, b を使うと, 右の図より $\overrightarrow{\mathrm{BA}} = a - b$ で,
$\overrightarrow{\mathrm{AB}}$ の向きは, $\overrightarrow{\mathrm{BA}}$ の反対向きだから, $\overrightarrow{\mathrm{AB}} = -\overrightarrow{\mathrm{BA}} = -(a - b) =$
$b - a$ である.

例題 2.1　2 つのベクトル $a = \begin{pmatrix} 0 \\ -1 \\ 2 \end{pmatrix}$, $b = \begin{pmatrix} 3 \\ 1 \\ -5 \end{pmatrix}$ に対して, (1)〜(3) のベクトルを成

分表示せよ.

(1) $3a + b$　　　(2) $6a + 2b$　　　(3) $3(a + 2b) - 2(a + 2b)$

解答　それぞれ, 和とスカラー倍の定義および定理 2.1 を使って計算をすればよい.

(1)　$3a + b = 3 \begin{pmatrix} 0 \\ -1 \\ 2 \end{pmatrix} + \begin{pmatrix} 3 \\ 1 \\ -5 \end{pmatrix} = \begin{pmatrix} 0 + 3 \\ -3 + 1 \\ 6 + (-5) \end{pmatrix} = \begin{pmatrix} 3 \\ -2 \\ 1 \end{pmatrix}.$

(2)　$6a + 2b = 2(3a + b) = 2 \begin{pmatrix} 3 \\ -2 \\ 1 \end{pmatrix} = \begin{pmatrix} 6 \\ -4 \\ 2 \end{pmatrix}.$

(3)　$3(a + 2b) - 2(a + 2b) = 3a + 6b - 2a - 4b = (3a - 2a) + (6b - 4b) = a + 2b$

$= \begin{pmatrix} 0 \\ -1 \\ 2 \end{pmatrix} + 2 \begin{pmatrix} 3 \\ 1 \\ -5 \end{pmatrix} = \begin{pmatrix} 0 + 6 \\ -1 + 2 \\ 2 - 10 \end{pmatrix} = \begin{pmatrix} 6 \\ 1 \\ -8 \end{pmatrix}$

問 2.1　2 つのベクトル $a = \begin{pmatrix} -3 \\ 1 \\ 2 \end{pmatrix}$, $b = \begin{pmatrix} 0 \\ 4 \\ 5 \end{pmatrix}$ に対して, 次のベクトルを成分表示せよ.

(1) $2a - b$　　　　　(2) $-10a + 5b$　　　　　(3) $3(a - 2b) - 4(2a - 3b)$

単位ベクトルと基本ベクトル

もう少し, ベクトルについていくつか基本的なものを定義する.

定義 2.8　o でない 2 つのベクトル a, b が同じ向き, または 反対の向きのとき, a と b は
平行であるといい, $a \parallel b$ と書く.

定義 2.7 のスカラー倍を使えば, 次のように

$$a \neq o,\ b \neq o\ \text{のとき},\ a \mathbin{/\!/} b \overset{\text{def.}}{\iff} a = cb\ \text{となるような}\ c \in \mathbb{R}\ \text{が存在する}.$$

と定義することもできる. ここで, 記号 $A \overset{\text{def.}}{\iff} B$ で, A を B で定義することを意味する.

例 2.4　ベクトル $a = \begin{pmatrix} 3 \\ -6 \\ 0 \end{pmatrix}$ と $b = \begin{pmatrix} 1 \\ -2 \\ 0 \end{pmatrix}$ は, $a \neq o$, $b \neq o$ で, $a = 3b$ であるから,

$a \mathbin{/\!/} b$ である.

定義 2.9　原点 O を始点とする直交座標軸上の正の向きの単位ベクトルを**基本ベクトル**という.

例 2.5　任意のベクトル $a\ (\neq o)$ に対して, $ca,\ c\ (> 0) \in \mathbb{R}$ は, a と同じ向きで, a の長さの c 倍のベクトルであるから, $\dfrac{1}{\|a\|} a$ は, a と同じ向きの単位ベクトルとなる.

例 2.6　平面ベクトルの基本ベクトルは, $e_1 = \begin{pmatrix} 1 \\ 0 \end{pmatrix}$ と

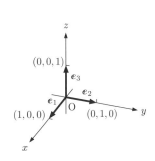

$e_2 = \begin{pmatrix} 0 \\ 1 \end{pmatrix}$ であり, 空間ベクトルの基本ベクトルは,

$e_1 = \begin{pmatrix} 1 \\ 0 \\ 0 \end{pmatrix}, e_2 = \begin{pmatrix} 0 \\ 1 \\ 0 \end{pmatrix}, e_3 = \begin{pmatrix} 0 \\ 0 \\ 1 \end{pmatrix}$ の 3 つである.

定義 2.7 により, ベクトル $a = \begin{pmatrix} a_1 \\ a_2 \\ a_3 \end{pmatrix}$ は,

$$a = \begin{pmatrix} a_1 \\ a_2 \\ a_3 \end{pmatrix} = \begin{pmatrix} a_1 \\ 0 \\ 0 \end{pmatrix} + \begin{pmatrix} 0 \\ a_2 \\ 0 \end{pmatrix} + \begin{pmatrix} 0 \\ 0 \\ a_3 \end{pmatrix} = a_1 \begin{pmatrix} 1 \\ 0 \\ 0 \end{pmatrix} + a_2 \begin{pmatrix} 0 \\ 1 \\ 0 \end{pmatrix} + a_3 \begin{pmatrix} 0 \\ 0 \\ 1 \end{pmatrix}$$

と記述することができる.

定義 2.10　ベクトル $a = \begin{pmatrix} a_1 \\ a_2 \\ a_3 \end{pmatrix}$ に対して, $a = a_1 e_1 + a_2 e_2 + a_3 e_3$ を a の**基本ベクトル表示**という.

例 2.7 平面ベクトル $\boldsymbol{a} = \begin{pmatrix} -1 \\ 2 \end{pmatrix}$ は, $\boldsymbol{a} = -\boldsymbol{e}_1 + 2\boldsymbol{e}_2$ と基本ベクトル表示され, 空間ベク

トル $\boldsymbol{b} = \begin{pmatrix} 3 \\ 0 \\ -1 \end{pmatrix}$ は, $\boldsymbol{b} = 3\boldsymbol{e}_1 - \boldsymbol{e}_3$ と基本ベクトル表示することができる.

例題 2.2 2つのベクトル $\boldsymbol{a} = \boldsymbol{e}_1 - 3\boldsymbol{e}_3$, $\boldsymbol{b} = 3\boldsymbol{e}_1 - \boldsymbol{e}_2 + 2\boldsymbol{e}_3$ について, $3(2\boldsymbol{a}+\boldsymbol{b}) - 2(\boldsymbol{a}-3\boldsymbol{b})$ の成分表示を求めよ.

解答 $3(2\boldsymbol{a}+\boldsymbol{b}) - 2(\boldsymbol{a}-3\boldsymbol{b})$ を整理すると, $3(2\boldsymbol{a}+\boldsymbol{b}) - 2(\boldsymbol{a}-3\boldsymbol{b}) = (3\cdot2-2)\boldsymbol{a} + (3+2\cdot3)\boldsymbol{b} = 4\boldsymbol{a} + 9\boldsymbol{b}$.

ここで, $\boldsymbol{a}, \boldsymbol{b}$ を成分表示すると, $\boldsymbol{a} = \begin{pmatrix} 1 \\ 0 \\ -3 \end{pmatrix}$, $\boldsymbol{b} = \begin{pmatrix} 3 \\ -1 \\ 2 \end{pmatrix}$ であるから,

$$3(2\boldsymbol{a}+\boldsymbol{b}) - 2(\boldsymbol{a}-3\boldsymbol{b}) = 4\boldsymbol{a} + 9\boldsymbol{b} = 4\begin{pmatrix} 1 \\ 0 \\ -3 \end{pmatrix} + 9\begin{pmatrix} 3 \\ -1 \\ 2 \end{pmatrix}$$

$$= \begin{pmatrix} 4 \\ 0 \\ -12 \end{pmatrix} + \begin{pmatrix} 27 \\ -9 \\ 18 \end{pmatrix} = \begin{pmatrix} 31 \\ -9 \\ 6 \end{pmatrix}$$

問 2.2 2つのベクトル $\boldsymbol{a} = 6\boldsymbol{e}_1 - 3\boldsymbol{e}_2 + 5\boldsymbol{e}_3$, $\boldsymbol{b} = -2\boldsymbol{e}_1 + 3\boldsymbol{e}_2$ について, $2(-3\boldsymbol{a}+4\boldsymbol{b}) - 5(\boldsymbol{a}+3\boldsymbol{b})$ の成分表示を求めよ.

例題 2.3 平面上の異なる 2 点 A, B において, 線分 AB を $m : n$ に内分する点を P とするとき, P の位置ベクトル $\boldsymbol{p}$ を A, B のそれぞれの位置ベクトル $\boldsymbol{a}, \boldsymbol{b}$ を使って表せ.

解答 求める位置ベクトル $\boldsymbol{p}$ は, $\overrightarrow{OP}$ である. 和の定義から, $\overrightarrow{OP} = \overrightarrow{OA} + \overrightarrow{AP}$ である.
右の図より, $\overrightarrow{AP} = \dfrac{m}{m+n}\overrightarrow{AB}$ であり, $\overrightarrow{AB} = \boldsymbol{b} - \boldsymbol{a}$ である

から,

$$\overrightarrow{OP} = \overrightarrow{OA} + \overrightarrow{AP} = \boldsymbol{a} + \frac{m}{m+n}(\boldsymbol{b} - \boldsymbol{a})$$

$$= \frac{(m+n)\boldsymbol{a} + m(\boldsymbol{b} - \boldsymbol{a})}{m+n} = \frac{n\boldsymbol{a} + m\boldsymbol{b}}{m+n}$$

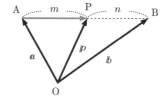

を得る. よって, $\boldsymbol{p} = \dfrac{n\boldsymbol{a} + m\boldsymbol{b}}{m+n}$.

問 2.3 平面上の異なる 2 点 A, B において, 線分 AB を $m : n$ に外分する点を P とするとき, P の位置ベクトル $\boldsymbol{p}$ を A, B のそれぞれの位置ベクトル $\boldsymbol{a}, \boldsymbol{b}$ を使って表せ.

◆◆練習問題 § 2.1 ◆◆

A

1. $a = \begin{pmatrix} 2 \\ -1 \end{pmatrix}, b = \begin{pmatrix} 3 \\ 4 \end{pmatrix}$ のとき, 次のベクトルの長さを求めよ.

   (1) $-a$　　　(2) $a - 2b$　　　(3) $3a + b$　　　(4) $3a - 2(b - a)$

2. $a = \begin{pmatrix} 2 \\ -5 \\ 3 \end{pmatrix}, b = \begin{pmatrix} 4 \\ 0 \\ -1 \end{pmatrix}$ とするとき, 次のベクトルを基本ベクトルを使って

   表せ.

   (1) $a + b$　　　(2) $3a - 2b$　　　(3) $5a - 3e_2 + 4e_3$　　　(4) $2a - 3(b + 3e_2)$

3. 次の (1) ～ (4) について, それぞれの等式が成り立つとき, 各 x について, x を a, b を使って表せ.

   (1) $x + 3b = a$　　　　　　　　　　　(2) $4x - 2a = 3b$

   (3) $7(x - a + 2b) = 4(x - 3a) + 5b$　　　(4) $3(x + a - b) = 2(x - 3b) + 3b$

B

1. $a = \begin{pmatrix} -5 \\ 2 \end{pmatrix}, b = \begin{pmatrix} -3 \\ 1 \end{pmatrix}$ とするとき, 次のベクトルを a, b を使って表せ.

   (1) $\begin{pmatrix} -2 \\ 0 \end{pmatrix}$　　　(2) $\begin{pmatrix} 1 \\ -3 \end{pmatrix}$　　　(3) $\begin{pmatrix} 5 \\ -6 \end{pmatrix}$　　　(4) $\begin{pmatrix} 0 \\ 1 \end{pmatrix}$

2. 空間内の異なる 3 点 $A(a_1, a_2, a_3)$, $B(b_1, b_2, b_3)$, $C(c_1, c_2, c_3)$ がつくる三角形の重心の位置ベクトルを基本ベクトルを使って表せ.

§ 2.2　線形空間の定義と数ベクトル空間

この節では, 複素数についての定理 1.2, 行列についての定理 1.8, ベクトルについての定理 2.1 における共通の性質を抽出した線形空間[3]という概念を導入する. また, 基本的な線形空間の例として数ベクトル空間について学ぶ. 線形空間となる集合は, 数ベクトル空間以外にもいくつかあり, 線形空間についての性質 (定理) は, 線形空間となるすべての集合で成り立つ.

▧線形空間の定義▧

以降, 記述と理解を容易にするために, いくつか用語と記号を整理しておく. 集合 X に対して, a が X の元であることを, $a \in X$ と記述するが, X の任意の元 (すべての元) a を考えたいときは, 「$X \ni \forall a$ に対して」というように, 記号 $\forall$ を使って表す[4]. また, 1 つも元をもた

---

[3] ベクトル空間ということもある.

[4] アルファベットの A の文字 (All or Any の頭文字) をひっくり返した記号で, 全称記号ということもある.

ない集合も扱う. これを**空集合**といい, 記号 $\emptyset$ で表す. 特に, 集合 X が空集合でないことを $X \neq \emptyset$ と書く. 次の定義 2.11 が線形空間の定義である.

定義 2.11　和とスカラー倍が定義されている集合 $V(\neq \emptyset)$ について,

$V \ni \forall a, b$ に対して, $a + b \in V$ 　　　(和),

$V \ni \forall a$ と $\mathbb{R} \ni \forall c$ に対して, $ca \in V$ 　　(スカラー倍)

が成り立ち, これら 2 つの演算が, 次の (1) から (8) を満たすとき, V を**線形空間**という.

(1)　$a + b = b + a$,

(2)　$(a + b) + c = a + (b + c)$,

(3)　特別な元 $o \in V$ が存在して, $V \ni \forall a$ に対して $a + o = a$ となる. o を**零ベクトル**またはゼロベクトルという.

(4)　$V \ni \forall a$ に対して, $a + (-a) = o$ となる $-a \in V$ が存在する.

(5)　$(c + d)a = ca + da$,

(6)　$c(a + b) = ca + cb$,

(7)　$(cd)a = c(da)$,

(8)　$1a = a$.

ここで, $a, b, c \in V$, $c, d \in \mathbb{R}$ である. V が線形空間のとき, V の元を**ベクトル**という.

✎ スカラーを $\mathbb{R}$ 上で考えるとき, **実線形空間** (または $\mathbb{R}$ 上線形空間), $\mathbb{C}$ 上で考えるとき, **複素線形空間** (または $\mathbb{C}$ 上線形空間) という[5]. また, なれるまでは, V の元として, 前節の幾何ベクトルをイメージするとよい.

例 **2.8**　実数を成分とする n 項列ベクトルの全体からなる集合を $\mathbb{R}^n$ と書く. すなわち,

$$\mathbb{R}^n := \left\{ \begin{pmatrix} a_1 \\ a_2 \\ \vdots \\ a_n \end{pmatrix} \middle| a_1, a_2, \ldots, a_n \in \mathbb{R} \right\}$$

とし, $\mathbb{R}^n \ni a = \begin{pmatrix} a_1 \\ a_2 \\ \vdots \\ a_n \end{pmatrix}$, $b = \begin{pmatrix} b_1 \\ b_2 \\ \vdots \\ b_n \end{pmatrix}$, $c \in \mathbb{R}$ に対して, 和とスカラー倍を,

---

[5] ベクトルのスケールの変更 (拡大や縮小, 向きの変更) のためにスカラー倍を考えるが, 拡大や縮小の程度 (あるいは向き) を表すスカラーを, 定義では, 簡単のため, 実数全体の集合 $\mathbb{R}$ の元として考える. このことを, 「スカラーを $\mathbb{R}$ 上で考える」ということもある.

$$\boldsymbol{a} + \boldsymbol{b} = \begin{pmatrix} a_1 + b_1 \\ a_2 + b_2 \\ \vdots \\ a_n + b_n \end{pmatrix}, \qquad c\boldsymbol{a} = \begin{pmatrix} ca_1 \\ ca_2 \\ \vdots \\ ca_n \end{pmatrix}$$

で定義すると, $\mathbb{R}^n$ は線形空間になる. ここで, $\boldsymbol{o} = \begin{pmatrix} 0 \\ 0 \\ \vdots \\ 0 \end{pmatrix}$, $-\boldsymbol{a} = \begin{pmatrix} -a_1 \\ -a_2 \\ \vdots \\ -a_n \end{pmatrix}$.

✎ 例 2.8 において, $\mathbb{R}^n$ が線形空間になることを示すには, 上で定義された和とスカラー倍について, $\boldsymbol{a} + \boldsymbol{b}, c\boldsymbol{a} \in \mathbb{R}^n$ であることと, 定義 2.11 の (1) から (8) が成り立つことを確認すればよい. 他の例についても同様である.

定義 2.12 線形空間 $\mathbb{R}^n$ を**数ベクトル空間**という.

✎ 上の例 2.8 でみたように, $\mathbb{R}$ の「数」の組みからなる集合を考えると, 上の和とスカラー倍の定義により, 線形空間 (ベクトル空間) をなす. 一般に線形空間の元をベクトルというが, ベクトルというのは, 歴史的に幾何ベクトルのことをいう場合が多い. そこで, 対応する図形を意識せず, 「数」をただならべたベクトルであることを強調して, $\mathbb{R}^n$ のベクトルを**数ベクトル**というのである. 実は, この「数」は $\mathbb{R}$ の数に限らず, 四則演算のできる代数的な対象となる数に対して数ベクトル空間を考えることができる. このように, 当初, 図形的なものとして発案した概念も, その特徴を抽出して「数」を対象とすることで応用範囲がひろがったといえる.

例 2.9 § 2.1 の幾何ベクトルについて, 平面ベクトル全体の集合, および, 空間ベクトル全体の集合は, それぞれ $\mathbb{R}^2$, $\mathbb{R}^3$ と考えられるので, いずれも数ベクトル空間である.

例 2.10 整数全体の集合 $\mathbb{Z}$ は, 実線形空間にはならない. なぜならば, $\mathbb{Z} \ni a, b$ に対して, $a + b \in \mathbb{Z}$ であるが, スカラーを $\mathbb{R}$ 上で考えると, $\mathbb{R} \ni c = \dfrac{1}{3}$ に対して, $a = 2$ のとき, $ca = \dfrac{2}{3} \notin \mathbb{Z}$ となるからである.

例 2.11 $\mathbb{C}$ は, 定理 1.2 が成り立つから, 実線形空間である. 実は, スカラーを $\mathbb{C}$ 上で考えても定理 1.2 と同様のことが成り立つから, 複素線形空間でもある.

例 2.12 $\mathbb{R}^n$ のように, 集合 $\mathbb{C}^n$ を次のように定義する.

$$\mathbb{C}^n := \left\{ \begin{pmatrix} c_1 \\ c_2 \\ \vdots \\ c_n \end{pmatrix} \;\middle|\; c_1, c_2, \ldots, c_n \in \mathbb{C} \right\}.$$

スカラーを $\mathbb{C}$ 上で考えて, $\mathbb{R}^n$ のときと同様に和とスカラー倍を定義すると, $\mathbb{C}^n$ は複素線形空間である[6].

---

[6] 一般に, $\mathbb{R}^n$ と $\mathbb{C}^n$ を総称して, 数ベクトル空間という.

例 **2.13** 実行列の集合 $M(m,n)$ は, 定理 1.8 により実線形空間である.

例題 2.4 $\mathbb{C} \ni z$ に対して, $z^3 = 1$ の解の 1 つを $\omega = \dfrac{-1+\sqrt{3}i}{2}$ とする (例題 1.5 参照).
$\mathbb{R} \ni x,y$ について, $x+y\omega$ の形をした数全体の集合
$$\mathbb{R}(\omega) := \{x+y\omega \mid x,y \in \mathbb{R}\}$$
を考えるとき, $\boldsymbol{a} = a_1 + a_2\omega$, $\boldsymbol{b} = b_1 + b_2\omega \in \mathbb{R}(\omega)$, $c \in \mathbb{R}$ に対して, 和とスカラー倍を
$$\boldsymbol{a} + \boldsymbol{b} := (a_1+b_1) + (a_2+b_2)\omega, \qquad c\boldsymbol{a} := (ca_1) + (ca_2)\omega$$
で定めると, $\mathbb{R}(\omega)$ は線形空間になることを確かめよ.

解答 和 $\boldsymbol{a} + \boldsymbol{b} = (a_1+b_1) + (a_2+b_2)\omega$ について, $a_1+b_1, a_2+b_2 \in \mathbb{R}$ であるから, $\boldsymbol{a} + \boldsymbol{b}$ は, $x+y\omega$ $(x,y \in \mathbb{R})$ の形の数となり, $\boldsymbol{a} + \boldsymbol{b} \in \mathbb{R}(\omega)$ である. 同様に, $ca_1, ca_2 \in \mathbb{R}$ であるから, $c\boldsymbol{a} \in \mathbb{R}(\omega)$ も成り立つ.

次に, 定義 2.11 の (1) から (8) を確かめる.

(1) $\boldsymbol{b} + \boldsymbol{a} = (b_1+a_1) + (b_2+a_2)\omega$ となるが, $b_1+a_1 = a_1+b_1$, $b_2+a_2 = a_2+b_2$ であるから, $\boldsymbol{b} + \boldsymbol{a} = \boldsymbol{a} + \boldsymbol{b}$ となる.

(2) $\boldsymbol{a}, \boldsymbol{b}$ に加えて $\boldsymbol{c} := c_1 + c_2\omega \in \mathbb{R}(\omega)$ を考えると,
$$(\boldsymbol{a} + \boldsymbol{b}) + \boldsymbol{c} = ((a_1+b_1) + (a_2+b_2)\omega) + \boldsymbol{c} = ((a_1+b_1)+c_1) + ((a_2+b_2)+c_2)\omega$$
$$= (a_1+(b_1+c_1)) + (a_2+(b_2+c_2))\omega = \boldsymbol{a} + ((b_1+c_1) + (b_2+c_2)\omega)$$
$$= \boldsymbol{a} + (\boldsymbol{b} + \boldsymbol{c})$$
となる.

(3) $\boldsymbol{o} := 0 + 0\omega$ と定めると, $\boldsymbol{o} \in \mathbb{R}(\omega)$ であり, $\mathbb{R}(\omega) \ni \forall \boldsymbol{a}$ に対して, $\boldsymbol{a} + \boldsymbol{o} = (a_1+0) + (a_2+0)\omega = a_1 + a_2\omega = \boldsymbol{a}$ である.

(4) $\mathbb{R}(\omega) \ni \boldsymbol{a} = a_1 + a_2\omega$ に対して, $-\boldsymbol{a} = -a_1 - a_2\omega$ とすると, $\mathbb{R}(\omega)$ における和の定義から,
$$\boldsymbol{a} + (-\boldsymbol{a}) = (a_1+(-a_1)) + (a_2+(-a_2))\omega = 0 + 0\omega = \boldsymbol{o}$$
を得る.

(5) $\mathbb{R} \ni c,d$ に対して, $\mathbb{R}(\omega)$ におけるスカラー倍の定義から,
$$(c+d)\boldsymbol{a} = (c+d)(a_1 + a_2\omega) \stackrel{\text{スカラー倍}}{=} (c+d)a_1 + (c+d)a_2\omega$$
$$= (ca_1 + da_1) + (ca_2 + da_2)\omega = ca_1 + da_1 + ca_2\omega + da_2\omega$$
$$= (ca_1 + ca_2\omega) + (da_1 + da_2\omega) \stackrel{\text{スカラー倍}}{=} c(a_1 + a_2\omega) + d(a_1 + a_2\omega)$$
$$= c\boldsymbol{a} + d\boldsymbol{a}$$

(6) $\boldsymbol{a} + \boldsymbol{b} = (a_1+b_1) + (a_2+b_2)\omega$ であるから,
$$c(\boldsymbol{a} + \boldsymbol{b}) \stackrel{\text{和}}{=} c((a_1+b_1) + (a_2+b_2)\omega) \stackrel{\text{スカラー倍}}{=} c(a_1+b_1) + c(a_2+b_2)\omega$$
$$= (ca_1 + cb_1) + (ca_2 + cb_2)\omega = (ca_1 + ca_2\omega) + (cb_1 + cb_2\omega)$$
$$\stackrel{\text{スカラー倍}}{=} c(a_1 + a_2\omega) + c(b_1 + b_2\omega) = c\boldsymbol{a} + c\boldsymbol{b}$$
となる.

(7) (6) と同様に, $\mathbb{R}(\omega)$ における和とスカラー倍に注意すれば,
$$(cd)\boldsymbol{a} = (cd)(a_1 + a_2\omega) = (cd)a_1 + (cd)a_2\omega = c(da_1) + c(da_2)\omega$$

$$= c(da_1 + da_2\omega) = c(d(a_1 + a_2\omega)) = c(d\boldsymbol{a})$$

を得る.

(8) $1 \in \mathbb{R}$ について, $1 \cdot \boldsymbol{a} = 1 \cdot (a_1 + a_2\omega) = (1 \cdot a_1) + (1 \cdot a_2)\omega = a_1 + a_2\omega = \boldsymbol{a}$.

以上のように (1) から (8) が成り立つことが確かめられたので, $\mathbb{R}(\omega)$ は, 線形空間である.

> **問 2.4**　実数係数の 2 次以下の多項式の集合 $P := \{f \mid f(x) = ax^2 + bx + c, a, b, c \in \mathbb{R}\}$ について,
> $f(x) = a_1 x^2 + b_1 x + c_1, g(x) = a_2 x^2 + b_2 x + c_2 \in P$ と $c \in \mathbb{R}$ に対して, 和とスカラー倍を, それぞれ
> $$(f + g)(x) := f(x) + g(x) = (a_1 + a_2)x^2 + (b_1 + b_2)x + (c_1 + c_2),$$
> $$(cf)(x) := c(f(x)) = ca_1 x^2 + cb_1 x + cc_1$$
> で定める. このとき, 定義 2.11 の (1) から (8) を確かめることで, P が上の和とスカラー倍で線形空間になることを示せ.

部分空間

> **定義 2.13**　線形空間 V の部分集合 $W(\neq \emptyset)$ が V における和とスカラー倍で次の (1), (2) を満たすとき, W を V の**部分空間** (または**線形部分空間**) という.
>
> (1)　$\boldsymbol{a}, \boldsymbol{b} \in W \Longrightarrow \boldsymbol{a} + \boldsymbol{b} \in W$,
>
> (2)　$c \in \mathbb{R}, \boldsymbol{a} \in W \Longrightarrow c\boldsymbol{a} \in W$.

✎　線形空間 V の部分集合 W が V の和とスカラー倍で線形空間となるとき, W を部分空間として定義する場合もある. このとき, W が V の部分空間であることを示すために, 定義 2.11 の (1) から (8) を示さなくてもよい. 定義 2.13 の (1), (2) が成り立てば, W が部分空間であることを示すことができるのである.「W のベクトルが, 足しても伸ばしても W からはみ出さないとき, W は部分空間になる」と覚えておくとよい.

例 2.14　$W := \left\{ \begin{pmatrix} x \\ y \end{pmatrix} \in \mathbb{R}^2 \;\middle|\; 3x + 2y = 0 \right\}$ とすると, W は,

$$3x + 2y = 0 \tag{2.1}$$

を満たす x, y を成分とする列ベクトル $\begin{pmatrix} x \\ y \end{pmatrix} \in \mathbb{R}^2$ の集合だから, $W \subset \mathbb{R}^2$ である[7].

$W \ni \boldsymbol{a} = \begin{pmatrix} x_1 \\ y_1 \end{pmatrix}, \boldsymbol{b} = \begin{pmatrix} x_2 \\ y_2 \end{pmatrix}$ とおくと, $\boldsymbol{a} + \boldsymbol{b} = \begin{pmatrix} x_1 + x_2 \\ y_1 + y_2 \end{pmatrix}$ である. $\boldsymbol{a} + \boldsymbol{b}$ の成分が条件 (2.1) を満たせば, $\boldsymbol{a} + \boldsymbol{b} \in W$ である. 実際, (2.1) の x, y に $x_1 + x_2, y_1 + y_2$ をそれぞれ代入すると,

$$3(x_1 + x_2) + 2(y_1 + y_2) = (3x_1 + 2y_1) + (3x_2 + 2y_2).$$

---

[7] 2 つの集合 A, B について, $\forall x \in A$ に対して, $x \in B$ が成り立つとき, A は B の**部分集合**であるといい, $A \subset B$ と書くのであった.

ここで, $\boldsymbol{a}, \boldsymbol{b} \in W$ より $3x_1 + 2y_1 = 0$ かつ $3x_2 + 2y_2 = 0$ であるから,

$$3(x_1 + x_2) + 2(y_1 + y_2) = 0 + 0 = 0$$

となって, $\boldsymbol{a} + \boldsymbol{b}$ の成分が (2.1) を満たすことが確かめられる. 今度は, $c \in \mathbb{R}$ と $\boldsymbol{a} \in W$ について, $c\boldsymbol{a} = \begin{pmatrix} cx_1 \\ cy_1 \end{pmatrix}$ であるから,

$$3cx_1 + 2cy_1 = c(3x_1 + 2y_1) = c \cdot 0 = 0$$

となり, $c\boldsymbol{a} \in W$ がわかる. よって, W は $\mathbb{R}^2$ の部分空間である.

例 2.15　$W := \left\{ \begin{pmatrix} x \\ y \end{pmatrix} \in \mathbb{R}^2 \ \middle| \ 3x + 2y + 2 = 0 \right\}$ とすると, W は,

$$3x + 2y + 2 = 0 \tag{2.2}$$

を満たす x, y を成分とする列ベクトル $\begin{pmatrix} x \\ y \end{pmatrix} \in \mathbb{R}^2$ の集合だから, $W \subset \mathbb{R}^2$ である.

$W \ni \boldsymbol{a} = \begin{pmatrix} x_1 \\ y_1 \end{pmatrix}, \boldsymbol{b} = \begin{pmatrix} x_2 \\ y_2 \end{pmatrix}$ とおくとき, 例 2.14 と同様に, $\boldsymbol{a} + \boldsymbol{b}$ の成分が条件 (2.2) を満たせば, $\boldsymbol{a} + \boldsymbol{b} \in W$ である. しかし, (2.2) の x, y に $x_1 + x_2$, $y_1 + y_2$ をそれぞれ代入すると,

$$3(x_1 + x_2) + 2(y_1 + y_2) + 2 = (3x_1 + 2y_1 + 2) + (3x_2 + 2y_2 + 2) - 2.$$

ここで, $\boldsymbol{a}, \boldsymbol{b} \in W$ より $3x_1 + 2y_1 + 2 = 0$ かつ $3x_2 + 2y_2 + 2 = 0$ であるから,

$$3(x_1 + x_2) + 2(y_1 + y_2) + 2 = 0 + 0 - 2 = -2 \neq 0$$

となって $\boldsymbol{a} + \boldsymbol{b}$ の成分が, (2.2) を満たさないことが確かめられる. つまり, $\boldsymbol{a} + \boldsymbol{b} \notin W$ がわかる. よって, この場合, W は $\mathbb{R}^2$ の部分空間にはならない.

例 2.16　数ベクトル空間 $\mathbb{R}^n$ を考える. 零ベクトルのみからなる集合 $\{\boldsymbol{o}\}$ は, $\mathbb{R}^n$ のすべての部分空間に含まれる集合であり, 定義 2.13 の (1), (2) を満たすから, $\mathbb{R}^n$ の最小の部分空間である.

例 2.17　V を線形空間とする. W_1, W_2 が V の部分空間となるとき,

$$W_1 + W_2 := \{ \boldsymbol{w}_1 + \boldsymbol{w}_2 \ | \ \boldsymbol{w}_1 \in W_1, \boldsymbol{w}_2 \in W_2 \}$$

とすると, $W_1 + W_2 \ni \boldsymbol{a} = \boldsymbol{a}_1 + \boldsymbol{a}_2, \boldsymbol{b} = \boldsymbol{b}_1 + \boldsymbol{b}_2, (\boldsymbol{a}_1, \boldsymbol{b}_1 \in W_1, \boldsymbol{a}_2, \boldsymbol{b}_2 \in W_2)$ に対して,

$$\boldsymbol{a} + \boldsymbol{b} = (\boldsymbol{a}_1 + \boldsymbol{a}_2) + (\boldsymbol{b}_1 + \boldsymbol{b}_2) = \boldsymbol{a}_1 + \boldsymbol{a}_2 + \boldsymbol{b}_1 + \boldsymbol{b}_2 = (\boldsymbol{a}_1 + \boldsymbol{b}_1) + (\boldsymbol{a}_2 + \boldsymbol{b}_2)$$

であり, W_1, W_2 は V の部分空間であるから, 定義 2.13 の (1) より, $\boldsymbol{a}_1 + \boldsymbol{b}_1 \in W_1$ かつ $\boldsymbol{a}_2 + \boldsymbol{b}_2 \in W_2$ となる. ゆえに, $\boldsymbol{a} + \boldsymbol{b} \in W_1 + W_2$ を満たす. 同様に, $c \in \mathbb{R}, \boldsymbol{a} \in W_1 + W_2$ に対して, $c\boldsymbol{a} = c(\boldsymbol{a}_1 + \boldsymbol{a}_2) = c\boldsymbol{a}_1 + c\boldsymbol{a}_2$ であるが, W_1, W_2 は V の部分空間であるから, 定義 2.13 の (2) より, $c\boldsymbol{a}_1 \in W_1$ かつ $c\boldsymbol{a}_2 \in W_2$ となる. よって, $c\boldsymbol{a} \in W_1 + W_2$ となり, $W_1 + W_2$ は, 定義 2.13 の (1), (2) を満たすから, V の部分空間となる.

　$W_1 + W_2$ を W_1 と W_2 の和空間という.

例題 2.5　$\mathbb{R}^3$ の部分集合

$$W := \left\{ \begin{pmatrix} x_1 \\ x_2 \\ x_3 \end{pmatrix} \;\middle|\; 3x_1 - x_2 + x_3 = 0 \right\}$$

は $\mathbb{R}^3$ の部分空間であることを示せ.

解答　$W \ni {}^\forall \boldsymbol{a} = \begin{pmatrix} a_1 \\ a_2 \\ a_3 \end{pmatrix}, \boldsymbol{b} = \begin{pmatrix} b_1 \\ b_2 \\ b_3 \end{pmatrix}, c \in \mathbb{R}$ について, 定義 2.13 の (1), (2) が成り立つことを

示せばよい.

$\boldsymbol{a} + \boldsymbol{b} = \begin{pmatrix} a_1 \\ a_2 \\ a_3 \end{pmatrix} + \begin{pmatrix} b_1 \\ b_2 \\ b_3 \end{pmatrix} = \begin{pmatrix} a_1 + b_1 \\ a_2 + b_2 \\ a_3 + b_3 \end{pmatrix}$ であるから, W の元となるための条件「$3x_1 - x_2 + x_3 = 0$

の解であること」を確かめるために, $x_1 = a_1 + b_1, x_2 = a_2 + b_2, x_3 = a_3 + b_3$ とおいて,

$$3(a_1 + b_1) - (a_2 + b_2) + (a_3 + b_3) = 3a_1 + 3b_1 - a_2 - b_2 + a_3 + b_3$$

$$= (3a_1 - a_2 + a_3) + (3b_1 - b_2 + b_3)$$

$$= 0 + 0 = 0 \qquad (\boldsymbol{a}, \boldsymbol{b} \in W \text{ に注意})$$

となる. よって, $\boldsymbol{a} + \boldsymbol{b} \in W$ である. 同様に, $c\boldsymbol{a} = \begin{pmatrix} ca_1 \\ ca_2 \\ ca_3 \end{pmatrix}$ であるから, 条件「$3x_1 - x_2 + x_3 = 0$ の

解であること」を確かめるために, 今度は $x_1 = ca_1, x_2 = ca_2, x_3 = ca_3$ とおけば,

$$3(ca_1) - ca_2 + ca_3 = 3ca_1 - ca_2 + ca_3 = c(3a_1 - a_2 + a_3)$$

$$= c \cdot 0 = 0 \qquad (\boldsymbol{a} \in W \text{ に注意})$$

となる. よって, $c\boldsymbol{a} \in W$ である. 以上から, 定義 2.13 の (1), (2) が成り立つ. ゆえに, W は, $\mathbb{R}^3$ の部分空間である.

問 2.5　$\mathbb{R}^3$ の部分空間 $W_1 := \left\{ \begin{pmatrix} x_1 \\ x_2 \\ x_3 \end{pmatrix} \;\middle|\; 2x_1 - x_3 = 0 \right\}$, $W_2 := \left\{ \begin{pmatrix} x_1 \\ x_2 \\ x_3 \end{pmatrix} \;\middle|\; 3x_1 - x_2 + x_3 = 0 \right\}$

に対して, $W_1 \cap W_2$ も $\mathbb{R}^3$ の部分空間になることを示せ. ここで,
集合 A, B に対して, その共通部分は,

$$A \cap B := \{ x \mid x \in A \text{ かつ } x \in B \}$$

で定義する.

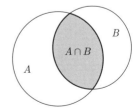

◆◆練習問題 § 2.2 ◆◆

A

1. 次の $\mathbb{R}^2$ (あるいは $\mathbb{R}^3$) の部分集合が, $\mathbb{R}^2$ (あるいは $\mathbb{R}^3$) の部分空間になっているか調べよ.

(1) $W_1 := \left\{ \begin{pmatrix} x_1 \\ x_2 \end{pmatrix} \middle| x_1 - 3x_2 = 0 \right\}$

(2) $W_2 := \left\{ \begin{pmatrix} x_1 \\ x_2 \end{pmatrix} \middle| 2x_1 - 3x_2 + 1 = 0 \right\}$

(3) $W_3 := \left\{ \begin{pmatrix} x_1 \\ x_2 \\ x_3 \end{pmatrix} \middle| 2x_2 - x_3 = 0 \right\}$

(4) $W_4 := \left\{ \begin{pmatrix} x_1 \\ x_2 \\ x_3 \end{pmatrix} \middle| x_1 + 5x_2 - 2x_3 = 0 \right\}$

2. 1. の W_3, W_4 について, $W_3 \cap W_4$ が $\mathbb{R}^3$ の部分空間であることを示せ.

B

1. $\mathbb{R}(\sqrt{-2}) := \{ x + y\sqrt{-2} \mid x, y \in \mathbb{R} \}$ とするとき, $\boldsymbol{a} = x_1 + y_1\sqrt{-2}$, $\boldsymbol{b} = x_2 + y_2\sqrt{-2} \in \mathbb{R}(\sqrt{-2})$ と $c \in \mathbb{R}$ に対して, 和とスカラー倍を

$$\boldsymbol{a} + \boldsymbol{b} := (x_1 + x_2) + (y_1 + y_2)\sqrt{-2}, \qquad c\boldsymbol{a} := c(x_1 + y_1\sqrt{-2}) = cx_1 + cy_1\sqrt{-2}$$

で定める. このとき, $\mathbb{R}(\sqrt{-2})$ が線形空間になることを示せ.

2. $V := \left\{ \begin{pmatrix} x_1 \\ x_2 \end{pmatrix} \middle| x_1, x_2 \in \mathbb{R}, x_1, x_2 \geq 0 \right\}$ とする. $V \ni \boldsymbol{a} = \begin{pmatrix} a_1 \\ a_2 \end{pmatrix}$, $\boldsymbol{b} = \begin{pmatrix} b_1 \\ b_2 \end{pmatrix}$ と $c \in \mathbb{R}$ に対して, 和とスカラー倍を, それぞれ

$$\boldsymbol{a} + \boldsymbol{b} := \begin{pmatrix} a_1 + b_1 \\ a_2 + b_2 \end{pmatrix}, \qquad c\boldsymbol{a} := \begin{pmatrix} ca_1 \\ ca_2 \end{pmatrix}$$

で定めるとき, V が線形空間でないことを示せ.

§ 2.3 ベクトルの 1 次独立と 1 次従属

§ 2.2 では, 線形空間の定義について学んだ. 後の節で学ぶように, ある集合が線形空間となるとき, 集合の広がりの度合いを調べることができるようになる. そこで重要な概念となるの

が, 1 次独立と 1 次従属という概念である. ここでは, 線形空間のベクトルによって, 線形空間の広がりの度合いを調べるための準備をする. 第 1 章で学んだ連立方程式の解法が道具となるので, 必要に応じて復習するとよい.

▌1 次結合と 1 次独立▐

定義 2.14　V を線形空間とするとき, $a_1, a_2, \ldots, a_r \in V$ と, $c_1, c_2, \ldots, c_r \in \mathbb{R}$ に対して,

$$c_1 a_1 + c_2 a_2 + \cdots + c_r a_r$$

を $a_1, a_2, \ldots, a_r$ の **1 次結合**という. $a_1, a_2, \ldots, a_r$ の 1 次結合全体の集合を $\langle a_1, a_2, \ldots, a_r \rangle$ で表す. すなわち,

$$\langle a_1, a_2, \ldots, a_r \rangle := \{c_1 a_1 + c_2 a_2 + \cdots + c_r a_r \mid c_1, c_2, \ldots, c_r \in \mathbb{R}\}.$$

$\langle a_1, a_2, \ldots, a_r \rangle$ は V の部分空間となることから, $a_1, a_2, \ldots, a_r$ が**生成する部分空間**, または, $a_1, a_2, \ldots, a_r$ で**張られる部分空間**という.

✎ 1 次結合のことを**線形結合**ということもある.

　定義 2.14 を簡単にいうと, スカラー倍したベクトル達の和に 1 次結合という名前をつけたということである.

例 2.18　複素数 $\mathbb{C} \ni z_1, z_2$ に対して, $2z_1 - z_2$ は, z_1, z_2 の 1 次結合である. 一般に, $\mathbb{R} \ni c_1, c_2$ に対して, $c_1 z_1 + c_2 z_2$ も z_1, z_2 の 1 次結合である. $\mathbb{C} \ni 1, i$ (i は虚数単位) が生成する部分空間を考えると, $\langle 1, i \rangle = \{c_1 \cdot 1 + c_2 i \mid c_1, c_2 \in \mathbb{R}\}$ であるから, $\mathbb{C} = \langle 1, i \rangle$ である.

例 2.19　空間ベクトル $a, b, c, d \in \mathbb{R}^3$ に対して, $-a + 2b - 3c + d$ は, a, b, c, d の 1 次結合である. より一般に, $c_1, c_2, c_3, c_4 \in \mathbb{R}$ に対して, $c_1 a + c_2 b + c_3 c + c_4 d$ は, a, b, c, d の 1 次結合である.

　次に, 1 次結合がちょうど o になる場合のスカラーの状態について考える.

定義 2.15　V を線形空間とする. $a_1, a_2, \ldots, a_r \in V$ の 1 次結合に対して,

$$c_1 a_1 + c_2 a_2 + \cdots + c_r a_r = o \ (c_i \in \mathbb{R}) \Longrightarrow c_1 = c_2 = \cdots = c_r = 0$$

が成り立つとき, $a_1, a_2, \ldots, a_r$ は **1 次独立**であるという. また, 1 次独立でないとき, すなわち,

$$c_1 a_1 + c_2 a_2 + \cdots + c_r a_r = o \ \text{かつ} \ (c_1, c_2, \ldots, c_r) \neq (0, 0, \ldots, 0)$$

となる $c_1, c_2, \ldots, c_r \in \mathbb{R}$ が少なくとも 1 組存在するとき, $a_1, a_2, \ldots, a_r$ は **1 次従属**であるという.

　すぐ後で定理として整理するが, $a_1, a_2, \ldots, a_r$ が 1 次従属であることは, $a_1, a_2, \ldots, a_r$ の少なくとも 1 つのベクトルが, それ以外のベクトルで表されることと同値である. 実際, $c_1 a_1 + c_2 a_2 + \cdots + c_i a_i + \cdots + c_r a_r = o \ (1 \leq i \leq r)$ とするとき, $a_1, a_2, \ldots, a_r$ が 1 次

従属ならば, $c_j \neq 0$ となる自然数 j が存在して, $\boldsymbol{a}_j = \dfrac{-1}{c_j}(c_1\boldsymbol{a}_1 + c_2\boldsymbol{a}_2 + \cdots + c_{j-1}\boldsymbol{a}_{j-1} + c_{j+1}\boldsymbol{a}_{j+1} + \cdots + c_r\boldsymbol{a}_r)$ のように表すことができる.

例 2.20　幾何ベクトルの場合のように, $V \ni \boldsymbol{a}, \boldsymbol{b}\,(\boldsymbol{a} \neq \boldsymbol{o},\ \boldsymbol{b} \neq \boldsymbol{o})$ に対して,

$$\boldsymbol{a} \parallel \boldsymbol{b} \overset{\text{def}}{\Longleftrightarrow} \boldsymbol{a} = c\boldsymbol{b} \text{ となる } c \in \mathbb{R} \text{ が存在する}$$

と定義すると,

$$\boldsymbol{a} \text{ と } \boldsymbol{b} \text{ が 1 次従属} \Longleftrightarrow \boldsymbol{a} \parallel \boldsymbol{b}$$

が成り立つ. 実際, $\boldsymbol{a}$ と $\boldsymbol{b}$ が 1 次従属ならば, $c_1\boldsymbol{a} + c_2\boldsymbol{b} = \boldsymbol{o}$ で, $c_1 \neq 0$ または $c_2 \neq 0$ である. $c_1 \neq 0$ とすると, $\boldsymbol{a} = \dfrac{-c_2}{c_1}\boldsymbol{b}$, $\dfrac{-c_2}{c_1} \in \mathbb{R}$ であり, $c_2 \neq 0$ とすると, $\boldsymbol{b} = \dfrac{-c_1}{c_2}\boldsymbol{a}$, $\dfrac{-c_1}{c_2} \in \mathbb{R}$ であるから, $\boldsymbol{a} \parallel \boldsymbol{b}$ となる. 逆に, $\boldsymbol{a} \parallel \boldsymbol{b}$ とすると, $\boldsymbol{b} = c_1\boldsymbol{a}$ となるような $c_1 \in \mathbb{R}$ が存在するから, $c_2 = -1$ とすれば, $c_1\boldsymbol{a} + c_2\boldsymbol{b} = c_1\boldsymbol{a} - \boldsymbol{b} = c_1\boldsymbol{a} - c_1\boldsymbol{a} = \boldsymbol{o}$ となり, $c_2 \neq 0$ かつ $c_1\boldsymbol{a} + c_2\boldsymbol{b} = \boldsymbol{o}$ が成り立つから, $\boldsymbol{a}, \boldsymbol{b}$ は 1 次従属である.

例 2.21　$V = \mathbb{R}^3$ のとき, 基本ベクトル $\boldsymbol{e}_1 = \begin{pmatrix} 1 \\ 0 \\ 0 \end{pmatrix}$, $\boldsymbol{e}_2 = \begin{pmatrix} 0 \\ 1 \\ 0 \end{pmatrix}$, $\boldsymbol{e}_3 = \begin{pmatrix} 0 \\ 0 \\ 1 \end{pmatrix}$ は, 1 次独立である. 実際, $c_1\boldsymbol{e}_1 + c_2\boldsymbol{e}_2 + c_3\boldsymbol{e}_3 = \boldsymbol{o}$ とすると,

$$c_1\begin{pmatrix} 1 \\ 0 \\ 0 \end{pmatrix} + c_2\begin{pmatrix} 0 \\ 1 \\ 0 \end{pmatrix} + c_3\begin{pmatrix} 0 \\ 0 \\ 1 \end{pmatrix} = \begin{pmatrix} c_1 \\ c_2 \\ c_3 \end{pmatrix} = \boldsymbol{o} = \begin{pmatrix} 0 \\ 0 \\ 0 \end{pmatrix}$$

であるから, $c_1 = c_2 = c_3 = 0$ でなければならない.

▌同次連立方程式による 1 次独立性の判定▐

簡単のため, $V = \mathbb{R}^n$ で考える. §1.13 で学んだ同次連立方程式を使うと, 与えられたベクトルが 1 次独立かどうかを調べることができる. たとえば, $\mathbb{R}^3 \ni \boldsymbol{a}_1, \boldsymbol{a}_2, \boldsymbol{a}_3$ が与えられたときに, $\boldsymbol{a}_1, \boldsymbol{a}_2, \boldsymbol{a}_3$ が 1 次独立となるのは,

$$c_1\boldsymbol{a}_1 + c_2\boldsymbol{a}_2 + c_3\boldsymbol{a}_3 = \boldsymbol{o} \tag{2.3}$$

を満たすのが, $c_1 = c_2 = c_3 = 0$ のときに限るということである. よって, (2.3) 式を $\boldsymbol{x} = \begin{pmatrix} c_1 \\ c_2 \\ c_3 \end{pmatrix}$ を未知数, $\boldsymbol{a}_1 = \begin{pmatrix} a_{11} \\ a_{21} \\ a_{31} \end{pmatrix}$, $\boldsymbol{a}_2 = \begin{pmatrix} a_{12} \\ a_{22} \\ a_{32} \end{pmatrix}$, $\boldsymbol{a}_3 = \begin{pmatrix} a_{13} \\ a_{23} \\ a_{33} \end{pmatrix}$, と考えた同次連立方程式

$$\begin{cases} c_1a_{11} + c_2a_{12} + c_3a_{13} = 0 \\ c_1a_{21} + c_2a_{22} + c_3a_{23} = 0 \\ c_1a_{31} + c_2a_{32} + c_3a_{33} = 0 \end{cases}$$

とみて, $A\boldsymbol{x} = \boldsymbol{o}$, $A = (\boldsymbol{a}_1 \ \boldsymbol{a}_2 \ \boldsymbol{a}_3)$ に対して, $\boldsymbol{x} = \boldsymbol{o}$ (自明解) のみが解なのか, $\boldsymbol{x} \neq \boldsymbol{o}$ となる解 (自明でない解) をもつのかを調べればよい.

例題 2.6　$\mathbb{R}^3 \ni \boldsymbol{a}_1 = \begin{pmatrix} 2 \\ -2 \\ -1 \end{pmatrix}$, $\boldsymbol{a}_2 = \begin{pmatrix} -1 \\ 1 \\ 1 \end{pmatrix}$, $\boldsymbol{a}_3 = \begin{pmatrix} 3 \\ -3 \\ -2 \end{pmatrix}$, $\boldsymbol{a}_4 = \begin{pmatrix} 0 \\ -1 \\ 3 \end{pmatrix}$ とするとき, $\boldsymbol{a}_1$, $\boldsymbol{a}_2$, $\boldsymbol{a}_3$ が 1 次従属であり, $\boldsymbol{a}_1$, $\boldsymbol{a}_2$, $\boldsymbol{a}_4$ が 1 次独立であることを示せ.

解答　$\mathbb{R} \ni c_1, c_2, c_3$ に対して,

$$c_1 \boldsymbol{a}_1 + c_2 \boldsymbol{a}_2 + c_3 \boldsymbol{a}_3 = \boldsymbol{o} \tag{2.4}$$

とする. これは, $\begin{pmatrix} 2c_1 \\ -2c_1 \\ -c_1 \end{pmatrix} + \begin{pmatrix} -c_2 \\ c_2 \\ c_2 \end{pmatrix} + \begin{pmatrix} 3c_3 \\ -3c_3 \\ -2c_3 \end{pmatrix} = \begin{pmatrix} 0 \\ 0 \\ 0 \end{pmatrix}$ であるから, 未知数 $\boldsymbol{x} = \begin{pmatrix} c_1 \\ c_2 \\ c_3 \end{pmatrix}$ に対する同次連立方程式

$$\begin{cases} 2c_1 - c_2 + 3c_3 = 0 \\ -2c_1 + c_2 - 3c_3 = 0 \\ -c_1 + c_2 - 2c_3 = 0 \end{cases}$$

と考えることができる. 係数行列 $A = \begin{pmatrix} 2 & -1 & 3 \\ -2 & 1 & -3 \\ -1 & 1 & -2 \end{pmatrix}$ について行基本変形を行うと,

$$A = \begin{pmatrix} 2 & -1 & 3 \\ -2 & 1 & -3 \\ -1 & 1 & -2 \end{pmatrix} \longrightarrow \begin{pmatrix} -1 & 1 & -2 \\ -2 & 1 & -3 \\ 2 & -1 & 3 \end{pmatrix} \begin{smallmatrix} \times(-2) \\ \times 2 \end{smallmatrix} \longrightarrow \begin{pmatrix} -1 & 1 & -2 \\ 0 & -1 & 1 \\ 0 & 1 & -1 \end{pmatrix} {\scriptstyle \times 1}$$

$$\longrightarrow \begin{pmatrix} -1 & 1 & -2 \\ 0 & -1 & 1 \\ 0 & 0 & 0 \end{pmatrix} \begin{smallmatrix} \times(-1) \\ \times(-1) \end{smallmatrix} \longrightarrow \begin{pmatrix} 1 & -1 & 2 \\ 0 & 1 & -1 \\ 0 & 0 & 0 \end{pmatrix} {\scriptstyle \times 1} \longrightarrow \begin{pmatrix} 1 & 0 & 1 \\ 0 & 1 & -1 \\ 0 & 0 & 0 \end{pmatrix}$$

と行基本変形できるから, $\operatorname{rank} A = 2$ である. 定理 1.32 により, (2.4) は自明でない解をもつ. ゆえに, $\boldsymbol{a}_1$, $\boldsymbol{a}_2$, $\boldsymbol{a}_3$ は, 1 次従属である. 実際,

$$\begin{cases} c_1 \quad\ \ + c_3 = 0 \\ \quad\ c_2 - c_3 = 0 \end{cases}$$

において, $c_3 = k$ とおくと $c_2 = k$ であり, $c_1 = -c_3 = -k$. よって, $\boldsymbol{x} = \begin{pmatrix} -k \\ k \\ k \end{pmatrix} = \begin{pmatrix} -1 \\ 1 \\ 1 \end{pmatrix} k$ である. 同様に, $\mathbb{R} \ni d_1, d_2, d_3$ に対して,

$$d_1 \boldsymbol{a}_1 + d_2 \boldsymbol{a}_2 + d_3 \boldsymbol{a}_4 = \boldsymbol{o} \tag{2.5}$$

とすると, (2.5) は, 未知数を $\boldsymbol{y} = \begin{pmatrix} d_1 \\ d_2 \\ d_3 \end{pmatrix}$ とする同次連立方程式であるから, (2.5) の係数行列 B は,

$B = (\boldsymbol{a}_1 \ \boldsymbol{a}_2 \ \boldsymbol{a}_4) = \begin{pmatrix} 2 & -1 & 0 \\ -2 & 1 & -1 \\ -1 & 1 & 3 \end{pmatrix}$ である. そこで, B に A と同様な行基本変形を行って,

$$\begin{pmatrix} 2 & -1 & 0 \\ -2 & 1 & -1 \\ -1 & 1 & 3 \end{pmatrix} \longrightarrow \begin{pmatrix} -1 & 1 & 3 \\ -2 & 1 & -1 \\ 2 & -1 & 0 \end{pmatrix} \begin{smallmatrix} \times(-2) \end{smallmatrix} \longrightarrow \begin{pmatrix} -1 & 1 & 3 \\ 0 & -1 & -7 \\ 2 & -1 & 0 \end{pmatrix} \begin{smallmatrix} \times 2 \end{smallmatrix}$$

$$\longrightarrow \begin{pmatrix} -1 & 1 & 3 \\ 0 & -1 & -7 \\ 0 & 1 & 6 \end{pmatrix} \begin{smallmatrix} \times 1 \end{smallmatrix} \longrightarrow \begin{pmatrix} -1 & 1 & 3 \\ 0 & -1 & -7 \\ 0 & 0 & -1 \end{pmatrix}$$

となり, $\operatorname{rank} B = 3$ を得る. したがって, 定理 1.32 により, (2.5) は自明な解のみをもつ. ゆえに, $\boldsymbol{a}_1$, $\boldsymbol{a}_2$, $\boldsymbol{a}_4$ は, 1次独立である.

> **問 2.6** $\mathbb{R}^3 \ni \boldsymbol{a}_1 = \begin{pmatrix} -4 \\ -2 \\ -1 \end{pmatrix}$, $\boldsymbol{a}_2 = \begin{pmatrix} 2 \\ -1 \\ 1 \end{pmatrix}$, $\boldsymbol{a}_3 = \begin{pmatrix} 1 \\ -3 \\ 1 \end{pmatrix}$, $\boldsymbol{a}_4 = \begin{pmatrix} -4 \\ 2 \\ -2 \end{pmatrix}$ とするとき, $\boldsymbol{a}_1$,
>
> $\boldsymbol{a}_2$, $\boldsymbol{a}_3$ が1次独立で, $\boldsymbol{a}_1$, $\boldsymbol{a}_2$, $\boldsymbol{a}_4$ が1次従属であることを示せ.

■1次従属と1次結合■

定理 2.2 $V \ni \boldsymbol{a}_1, \boldsymbol{a}_2, \ldots, \boldsymbol{a}_m, \boldsymbol{b}$ について, $\boldsymbol{a}_1, \boldsymbol{a}_2, \ldots, \boldsymbol{a}_m$ が1次独立で, $\boldsymbol{a}_1, \boldsymbol{a}_2, \ldots, \boldsymbol{a}_m, \boldsymbol{b}$ が1次従属であるならば, $\boldsymbol{b} \in \langle \boldsymbol{a}_1, \boldsymbol{a}_2, \ldots, \boldsymbol{a}_m \rangle$ が成り立つ.

証明 $V \ni \boldsymbol{a}_1, \boldsymbol{a}_2, \ldots, \boldsymbol{a}_m, \boldsymbol{b}$ に対して,

$$c_1 \boldsymbol{a}_1 + c_2 \boldsymbol{a}_2 + \cdots + c_m \boldsymbol{a}_m + c_{m+1} \boldsymbol{b} = \boldsymbol{o} \qquad (c_1, c_2, \ldots, c_{m+1} \in \mathbb{R}) \tag{2.6}$$

とすると, $\boldsymbol{a}_1, \boldsymbol{a}_2, \ldots, \boldsymbol{a}_m, \boldsymbol{b}$ は1次従属だから, $c_1, c_2, \ldots, c_{m+1}$ のなかで, 0 でないものが存在する. $c_{m+1} = 0$ のとき, $c_{m+1} \boldsymbol{b} = \boldsymbol{o}$ であるから, (2.6) 式は,

$$c_1 \boldsymbol{a}_1 + c_2 \boldsymbol{a}_2 + \cdots + c_m \boldsymbol{a}_m = \boldsymbol{o}$$

となる. 1次従属の条件から, $c_1, c_2, \ldots, c_m$ のなかで, 0 でないものが存在しなければならない. ところが, これは, $\boldsymbol{a}_1, \boldsymbol{a}_2, \ldots, \boldsymbol{a}_m$ が1次独立であることに反するから, $c_{m+1} \neq 0$ でなければならない. よって, (2.6) の辺々を c_{m+1} で割ると,

$$\boldsymbol{b} = \left(\frac{-c_1}{c_{m+1}} \right) \boldsymbol{a}_1 + \left(\frac{-c_2}{c_{m+1}} \right) \boldsymbol{a}_2 + \cdots + \left(\frac{-c_m}{c_{m+1}} \right) \boldsymbol{a}_m$$

を得る. ゆえに $\boldsymbol{b}$ は, $\boldsymbol{a}_1, \boldsymbol{a}_2, \ldots, \boldsymbol{a}_m$ の1次結合で書けるから, $\boldsymbol{b} \in \langle \boldsymbol{a}_1, \boldsymbol{a}_2, \ldots, \boldsymbol{a}_m \rangle$ である.

例題 2.7 1次独立である3つのベクトル $\boldsymbol{a}_1 = \begin{pmatrix} 2 \\ 1 \\ -1 \end{pmatrix}$, $\boldsymbol{a}_2 = \begin{pmatrix} -5 \\ -3 \\ 2 \end{pmatrix}$, $\boldsymbol{a}_3 = \begin{pmatrix} 4 \\ 2 \\ -1 \end{pmatrix}$

と $\boldsymbol{b} = \begin{pmatrix} 2 \\ 0 \\ -1 \end{pmatrix}$ に対して, $\boldsymbol{a}_1$, $\boldsymbol{a}_2$, $\boldsymbol{a}_3$, $\boldsymbol{b}$ が1次従属であることを示し, $\boldsymbol{b}$ を $\boldsymbol{a}_1$, $\boldsymbol{a}_2$, $\boldsymbol{a}_3$ の

1次結合で表せ.

解答 $\mathbb{R} \ni c_1, c_2, c_3, c_4$ に対して, $\boldsymbol{x} = \begin{pmatrix} c_1 \\ c_2 \\ c_3 \\ c_4 \end{pmatrix}$ を未知数とする同次連立方程式

$$c_1\boldsymbol{a}_1 + c_2\boldsymbol{a}_2 + c_3\boldsymbol{a}_3 + c_4\boldsymbol{b} = \boldsymbol{o} \tag{2.7}$$

を考える. (2.7) 式の係数行列は, $A = (\boldsymbol{a}_1\ \boldsymbol{a}_2\ \boldsymbol{a}_3\ \boldsymbol{b}) = \begin{pmatrix} 2 & -5 & 4 & 2 \\ 1 & -3 & 2 & 0 \\ -1 & 2 & -1 & -1 \end{pmatrix}$ であるから, A に行

基本変形を行うと,

$$A = \begin{pmatrix} 2 & -5 & 4 & 2 \\ 1 & -3 & 2 & 0 \\ -1 & 2 & -1 & -1 \end{pmatrix} \longrightarrow \begin{pmatrix} 1 & -3 & 2 & 0 \\ 2 & -5 & 4 & 2 \\ -1 & 2 & -1 & -1 \end{pmatrix} \times(-2)$$

$$\longrightarrow \begin{pmatrix} 1 & -3 & 2 & 0 \\ 0 & 1 & 0 & 2 \\ -1 & 2 & -1 & -1 \end{pmatrix} \times 1 \longrightarrow \begin{pmatrix} 1 & -3 & 2 & 0 \\ 0 & 1 & 0 & 2 \\ 0 & -1 & 1 & -1 \end{pmatrix} \times 1$$

$$\longrightarrow \begin{pmatrix} 1 & -3 & 2 & 0 \\ 0 & 1 & 0 & 2 \\ 0 & 0 & 1 & 1 \end{pmatrix} \times 3 \longrightarrow \begin{pmatrix} 1 & 0 & 2 & 6 \\ 0 & 1 & 0 & 2 \\ 0 & 0 & 1 & 1 \end{pmatrix} \times(-2) \longrightarrow \begin{pmatrix} 1 & 0 & 0 & 4 \\ 0 & 1 & 0 & 2 \\ 0 & 0 & 1 & 1 \end{pmatrix}$$

を得る. よって, $\mathrm{rank}\,A = 3$ である. 未知数は, c_1, c_2, c_3, c_4 の 4 個であるから, 解の自由度は, $4 - 3 = 1$ である. (2.7) と同値な連立方程式

$$\begin{cases} c_1 \qquad\quad + 4c_4 = 0 \\ \quad\ c_2 \quad\ + 2c_4 = 0 \\ \qquad\ c_3 + \ c_4 = 0 \end{cases}$$

について, $c_4 = k$ とすると, $c_3 = -c_4 = -k$. 2 行目より, $c_2 = -2c_4 = -2k$ となる. また, 1 行目より,

$c_1 = -4c_4 = -4k$ である. ゆえに, (2.7) 式は, 自明でない解 $\boldsymbol{x} = \begin{pmatrix} -4k \\ -2k \\ -k \\ k \end{pmatrix} = \begin{pmatrix} -4 \\ -2 \\ -1 \\ 1 \end{pmatrix} k$ をもつから,

$\boldsymbol{a}_1, \boldsymbol{a}_2, \boldsymbol{a}_3, \boldsymbol{b}$ は 1 次従属である. したがって, (2.7) 式は,

$$-4k\boldsymbol{a}_1 - 2k\boldsymbol{a}_2 - k\boldsymbol{a}_3 + k\boldsymbol{b} = \boldsymbol{o}$$

となる. したがって, $k \neq 0$ にとれば, $\boldsymbol{b} = 4\boldsymbol{a}_1 + 2\boldsymbol{a}_2 + \boldsymbol{a}_3$ のように, $\boldsymbol{b}$ を $\boldsymbol{a}_1, \boldsymbol{a}_2, \boldsymbol{a}_3$ の 1 次結合で表すことができる.

問 2.7 1 次独立な 3 つのベクトル $\boldsymbol{a}_1 = \begin{pmatrix} -4 \\ 5 \\ -3 \end{pmatrix}$, $\boldsymbol{a}_2 = \begin{pmatrix} -1 \\ 1 \\ -1 \end{pmatrix}$, $\boldsymbol{a}_3 = \begin{pmatrix} 1 \\ -2 \\ 1 \end{pmatrix} \in \mathbb{R}^3$ と

$\boldsymbol{b} = \begin{pmatrix} -5 \\ 6 \\ -4 \end{pmatrix} \in \mathbb{R}^3$ が 1 次従属であることを示し, $\boldsymbol{b}$ を $\boldsymbol{a}_1, \boldsymbol{a}_2, \boldsymbol{a}_3$ の 1 次結合で表せ.

◆◆練習問題 § 2.3 ◆◆

A

1. 次のベクトルが 1 次独立になるか調べよ.

(1) $\begin{pmatrix} 1 \\ 3 \end{pmatrix}, \begin{pmatrix} -2 \\ 1 \end{pmatrix}$ 　　　　　(2) $\begin{pmatrix} 1 \\ -5 \end{pmatrix}, \begin{pmatrix} 2 \\ -10 \end{pmatrix}$

(3) $\begin{pmatrix} 1 \\ 2 \\ -3 \end{pmatrix}, \begin{pmatrix} 4 \\ -5 \\ 6 \end{pmatrix}, \begin{pmatrix} 7 \\ 8 \\ -9 \end{pmatrix}$ 　(4) $\begin{pmatrix} 2 \\ -1 \\ 1 \end{pmatrix}, \begin{pmatrix} 5 \\ -4 \\ 3 \end{pmatrix}, \begin{pmatrix} -1 \\ 2 \\ -1 \end{pmatrix}$

2. 次のベクトル $\boldsymbol{u}$ を $\boldsymbol{a}$ と $\boldsymbol{b}$ の 1 次結合で表せ.

(1) $\boldsymbol{u} = \begin{pmatrix} 5 \\ -6 \end{pmatrix}, \boldsymbol{a} = \begin{pmatrix} -3 \\ 5 \end{pmatrix}, \boldsymbol{b} = \begin{pmatrix} 2 \\ -3 \end{pmatrix}$

(2) $\boldsymbol{u} = \begin{pmatrix} 66 \\ -37 \end{pmatrix}, \boldsymbol{a} = \begin{pmatrix} -12 \\ 13 \end{pmatrix}, \boldsymbol{b} = \begin{pmatrix} -30 \\ 21 \end{pmatrix}$

B

1. 次のベクトルが 1 次従属になるように a の値を定めよ.

(1) $\begin{pmatrix} 2 \\ -3 \end{pmatrix}, \begin{pmatrix} 6 \\ a \end{pmatrix}$ 　　(2) $\begin{pmatrix} 3 \\ -1 \\ 2 \end{pmatrix}, \begin{pmatrix} -1 \\ 0 \\ 4 \end{pmatrix}, \begin{pmatrix} a \\ -3 \\ 2 \end{pmatrix}$

2. $\boldsymbol{a}_1 = \begin{pmatrix} 5 \\ -2 \\ 3 \end{pmatrix}, \boldsymbol{a}_2 = \begin{pmatrix} -3 \\ 2 \\ 1 \end{pmatrix}$ とするとき, 次のベクトルが $\langle \boldsymbol{a}_1, \boldsymbol{a}_2 \rangle$ に属するベクトルであることを示せ.

(1) $\begin{pmatrix} 5 \\ 2 \\ 17 \end{pmatrix}$ 　　(2) $\begin{pmatrix} 0 \\ 4 \\ 14 \end{pmatrix}$

§ 2.4 基底と次元 (集合の広がり)

前節までに, 線形空間というある特別な構造 (性質) をもった集合について学んだ. § 2.1 の幾何ベクトルにおいて, 平面ベクトル全体 $\mathbb{R}^2$ の任意のベクトル $\boldsymbol{x} = \begin{pmatrix} x_1 \\ x_2 \end{pmatrix}$ は, $\boldsymbol{x} = x_1 \begin{pmatrix} 1 \\ 0 \end{pmatrix} + x_2 \begin{pmatrix} 0 \\ 1 \end{pmatrix} = x_1 \boldsymbol{e}_1 + x_2 \boldsymbol{e}_2$ と表されることから, $\mathbb{R}^2 = \left\langle \begin{pmatrix} 1 \\ 0 \end{pmatrix}, \begin{pmatrix} 0 \\ 1 \end{pmatrix} \right\rangle$ であり, $\mathbb{R}^2$ は, $\boldsymbol{e}_1$ と $\boldsymbol{e}_2$ の 2 つの方向 (直交座標では, x 軸と y 軸の 2 つ) に広がりをもつ線形空間と考えることがで

きる. 同様に, $\mathbb{R}^3 \ni \forall \boldsymbol{x} = \begin{pmatrix} x_1 \\ x_2 \\ x_3 \end{pmatrix}$ についても, $\boldsymbol{x} = x_1 \begin{pmatrix} 1 \\ 0 \\ 0 \end{pmatrix} + x_2 \begin{pmatrix} 0 \\ 1 \\ 0 \end{pmatrix} + x_3 \begin{pmatrix} 0 \\ 0 \\ 1 \end{pmatrix}$ と表

されることから, $\mathbb{R}^3 = \left\langle \begin{pmatrix} 1 \\ 0 \\ 0 \end{pmatrix}, \begin{pmatrix} 0 \\ 1 \\ 0 \end{pmatrix}, \begin{pmatrix} 0 \\ 0 \\ 1 \end{pmatrix} \right\rangle$ であり, $\mathbb{R}^3$ は, $\boldsymbol{e}_1 = \begin{pmatrix} 1 \\ 0 \\ 0 \end{pmatrix}, \boldsymbol{e}_2 = \begin{pmatrix} 0 \\ 1 \\ 0 \end{pmatrix},$

$\boldsymbol{e}_3 = \begin{pmatrix} 0 \\ 0 \\ 1 \end{pmatrix}$ の 3 つの方向 (直交座標では, x 軸, y 軸, z 軸の 3 つ) に広がりをもつ線形空間と

考えることができる.

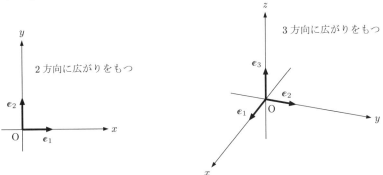

この節は, 線形空間の広がりの度合いを数学的に定義し, その度合いを調べることを目的とする.

■ ランクによる 1 次独立性の判定 ■

まず, 前節の 1 次独立の復習として, 行列のランクによる 1 次独立性の判定について学習する.

定理 2.3 m 個のベクトル $\boldsymbol{a}_1, \boldsymbol{a}_2, \boldsymbol{a}_3, \ldots, \boldsymbol{a}_m \in \mathbb{R}^n$ から定まる行列 $A = (\boldsymbol{a}_1\ \boldsymbol{a}_2\ \cdots \boldsymbol{a}_m) \in M(n, m)$ に対して,

$$\boldsymbol{a}_1, \boldsymbol{a}_2, \boldsymbol{a}_3, \ldots, \boldsymbol{a}_m \ \text{が 1 次独立} \iff \mathrm{rank}\, A = m$$

が成り立つ. 特に, $m = n$ のとき, $A \in M_n$ であり,

$$\boldsymbol{a}_1, \boldsymbol{a}_2, \boldsymbol{a}_3, \ldots, \boldsymbol{a}_n \ \text{が 1 次独立} \iff A \text{ は正則行列.}$$

証明 $\boldsymbol{a}_j = \begin{pmatrix} a_{1j} \\ a_{2j} \\ \vdots \\ a_{nj} \end{pmatrix}$ ($j = 1, 2, \ldots, m$) とし, $\boldsymbol{x} = \begin{pmatrix} c_1 \\ c_2 \\ \vdots \\ c_m \end{pmatrix}$ を未知数とする同次連立方程式

$$c_1 \boldsymbol{a}_1 + c_2 \boldsymbol{a}_2 + \cdots + c_m \boldsymbol{a}_m = \boldsymbol{o} \tag{2.8}$$

を考える. 例題 2.6 で考察したように,

$$\boldsymbol{a}_1, \boldsymbol{a}_2, \boldsymbol{a}_3, \ldots, \boldsymbol{a}_m \text{ が 1 次独立} \Longleftrightarrow (2.8)\text{式が自明な解 } \boldsymbol{x} = \begin{pmatrix} c_1 \\ c_2 \\ \vdots \\ c_m \end{pmatrix} = \begin{pmatrix} 0 \\ 0 \\ \vdots \\ 0 \end{pmatrix} = \boldsymbol{o} \text{ のみをもつ}$$

ことがいえるから, 定理 1.32 より,

$$\boldsymbol{a}_1, \boldsymbol{a}_2, \boldsymbol{a}_3, \ldots, \boldsymbol{a}_m \text{ が 1 次独立} \Longleftrightarrow \operatorname{rank} A = m$$

が成り立つ. $m = n$ のときは, 定理 1.29 から明らかである.

例題 2.8　$\mathbb{R}^3 \ni \boldsymbol{a}_1 = \begin{pmatrix} 0 \\ 1 \\ -1 \end{pmatrix}, \boldsymbol{a}_2 = \begin{pmatrix} 1 \\ -2 \\ 2 \end{pmatrix}, \boldsymbol{a}_3 = \begin{pmatrix} 1 \\ -2 \\ 3 \end{pmatrix}$ が 1 次独立かどうかを行列

のランクを使って確かめよ.

解答　$A = (\boldsymbol{a}_1 \ \boldsymbol{a}_2 \ \boldsymbol{a}_3) = \begin{pmatrix} 0 & 1 & 1 \\ 1 & -2 & -2 \\ -1 & 2 & 3 \end{pmatrix}$ とおいて, A のランクを計算する.

$$A = \begin{pmatrix} 0 & 1 & 1 \\ 1 & -2 & -2 \\ -1 & 2 & 3 \end{pmatrix} \longrightarrow \begin{pmatrix} 1 & -2 & -2 \\ 0 & 1 & 1 \\ -1 & 2 & 3 \end{pmatrix} {\scriptstyle \times 1} \longrightarrow \begin{pmatrix} 1 & -2 & -2 \\ 0 & 1 & 1 \\ 0 & 0 & 1 \end{pmatrix}$$

のように基本変形できるから, $\operatorname{rank} A = 3$. 考察しているベクトルの数は $\boldsymbol{a}_1, \boldsymbol{a}_2, \boldsymbol{a}_3$ の 3 個だから, $\boldsymbol{a}_1, \boldsymbol{a}_2, \boldsymbol{a}_3$ は 1 次独立である.

問 2.8　次のベクトルが 1 次独立かどうかを行列のランクを使って確かめよ.

(1) $\begin{pmatrix} 1 \\ 3 \end{pmatrix}, \begin{pmatrix} 2 \\ -1 \end{pmatrix}$　　(2) $\begin{pmatrix} -2 \\ 4 \end{pmatrix}, \begin{pmatrix} 1 \\ -2 \end{pmatrix}$

(3) $\begin{pmatrix} 2 \\ -3 \\ 1 \end{pmatrix}, \begin{pmatrix} 4 \\ 3 \\ -1 \end{pmatrix}$　　(4) $\begin{pmatrix} 2 \\ -3 \\ 1 \end{pmatrix}, \begin{pmatrix} 4 \\ 3 \\ -1 \end{pmatrix}, \begin{pmatrix} 1 \\ 3 \\ -1 \end{pmatrix}$

■ 基底と次元 ■

定義 2.16　線形空間 V のベクトル $\boldsymbol{v}_1, \boldsymbol{v}_2, \ldots, \boldsymbol{v}_n$ が次の 2 つの条件を満たすとき, ベクトルの組 $\{\boldsymbol{v}_1, \boldsymbol{v}_2, \ldots, \boldsymbol{v}_n\}$ を V の**基底**という.

(1) $\boldsymbol{v}_1, \boldsymbol{v}_2, \ldots, \boldsymbol{v}_n$ は 1 次独立,

(2) $V \ni {}^\forall \boldsymbol{v}$ に対して, $\boldsymbol{v} \in \langle \boldsymbol{v}_1, \boldsymbol{v}_2, \ldots, \boldsymbol{v}_n \rangle$ が成り立つ.

✎　$\boldsymbol{v}_1, \boldsymbol{v}_2, \ldots, \boldsymbol{v}_n$ による線形結合全体の集合 $\langle \boldsymbol{v}_1, \boldsymbol{v}_2, \ldots, \boldsymbol{v}_n \rangle$ は V の部分空間であるから, (2) は, $V = \langle \boldsymbol{v}_1, \boldsymbol{v}_2, \ldots, \boldsymbol{v}_n \rangle$ が成り立つことと同値である.

例 2.22 $\mathbb{R}^n$ の n 個の基本ベクトル

$$
\boldsymbol{e}_1 = \begin{pmatrix} 1 \\ 0 \\ 0 \\ \vdots \\ 0 \end{pmatrix}, \boldsymbol{e}_2 = \begin{pmatrix} 0 \\ 1 \\ 0 \\ \vdots \\ 0 \end{pmatrix}, \ldots, \boldsymbol{e}_n = \begin{pmatrix} 0 \\ \vdots \\ 0 \\ 0 \\ 1 \end{pmatrix}
$$

は $\mathbb{R}^n$ の基底である. 基底 $\{\boldsymbol{e}_1, \boldsymbol{e}_2, \ldots, \boldsymbol{e}_n\}$ を $\mathbb{R}^n$ の**標準的基底**という.

例題 2.9 $\mathbb{R}^3 \ni \boldsymbol{a}_1 = \begin{pmatrix} -3 \\ 2 \\ -3 \end{pmatrix}, \boldsymbol{a}_2 = \begin{pmatrix} -2 \\ 3 \\ 4 \end{pmatrix}, \boldsymbol{a}_3 = \begin{pmatrix} 1 \\ -1 \\ 0 \end{pmatrix}$ は, 数ベクトル空間 $\mathbb{R}^3$ の

基底になることを示せ.

解答 行列 $A = (\boldsymbol{a}_1 \ \boldsymbol{a}_2 \ \boldsymbol{a}_3)$ を考えると,

$$
|A| = \begin{vmatrix} -3 & -2 & 1 \\ 2 & 3 & -1 \\ -3 & 4 & 0 \end{vmatrix} \overset{\times 1}{=} \begin{vmatrix} -3 & -2 & 1 \\ -1 & 1 & 0 \\ -3 & 4 & 0 \end{vmatrix} \overset{第3列による展開}{=} 1 \cdot (-1)^{1+3} \cdot \begin{vmatrix} -1 & 1 \\ -3 & 4 \end{vmatrix}
$$

$$
= (-1 \cdot 4 - 1 \cdot (-3)) = -1 \neq 0
$$

となるから, 定理 2.3 より, $\boldsymbol{a}_1, \boldsymbol{a}_2, \boldsymbol{a}_3$ は 1 次独立である. 次に, $\mathbb{R}^3 \ni \forall \boldsymbol{x} = \begin{pmatrix} x_1 \\ x_2 \\ x_3 \end{pmatrix}$ に対して,

$\boldsymbol{x} \in \langle \boldsymbol{a}_1, \boldsymbol{a}_2, \boldsymbol{a}_3 \rangle$ を示す. そのためには,

$$
\boldsymbol{x} = c_1 \boldsymbol{a}_1 + c_2 \boldsymbol{a}_2 + c_3 \boldsymbol{a}_3 \tag{2.9}
$$

となるような $c_1, c_2, c_3 \in \mathbb{R}$ が存在することを示せばよい. そこで, (2.9) を $\boldsymbol{c} = \begin{pmatrix} c_1 \\ c_2 \\ c_3 \end{pmatrix}$ を未知数とす

る連立方程式

$$
\begin{cases} -3c_1 - 2c_2 + c_3 = x_1 \\ 2c_1 + 3c_2 - c_3 = x_2 \\ -3c_1 + 4c_2 \quad\quad = x_3 \end{cases}
$$

を考えて, $\boldsymbol{c}$ を $\boldsymbol{x}$ を使って表すことができればよい. この連立方程式の係数行列は, A であるから, たとえば, クラメルの公式より,

$$
\begin{cases}
c_1 = \dfrac{\begin{vmatrix} x_1 & -2 & 1 \\ x_2 & 3 & -1 \\ x_3 & 4 & 0 \end{vmatrix}}{|A|} = -4x_1 - 4x_2 + x_3 \\[4ex]
c_2 = \dfrac{\begin{vmatrix} -3 & x_1 & 1 \\ 2 & x_2 & -1 \\ -3 & x_3 & 0 \end{vmatrix}}{|A|} = -3x_1 - 3x_2 + x_3 \\[4ex]
c_3 = \dfrac{\begin{vmatrix} -3 & -2 & x_1 \\ 2 & 3 & x_2 \\ -3 & 4 & x_3 \end{vmatrix}}{|A|} = -17x_1 - 18x_2 + 5x_3
\end{cases}
$$

を得る．つまり，c は，x により決定できる．よって，x は a_1, a_2, a_3 の 1 次結合で書くことができるので，$x \in \langle a_1, a_2, a_3 \rangle$ である．ゆえに，$\{a_1, a_2, a_3\}$ は，$\mathbb{R}^3$ の基底である．

　例題 2.9 のように，基本ベクトル以外に $\mathbb{R}^3$ の基底は存在する．しかし，基底を構成するベクトルの個数は一定である．

定理 2.4　線形空間 V の基底を構成するベクトルの個数は，基底のとり方によらず一定である．

証明　V の 2 組の基底をそれぞれ，$\{u_1, u_2, \ldots, u_n\}$, $\{v_1, v_2, \ldots, v_m\}$ とする．$u_1, u_2, \ldots, u_n \in V$ であるから，各 $u_i \, (i = 1, 2, \ldots, n)$ に対して，

$$u_i \in \langle v_1, v_2, \ldots, v_m \rangle$$

が成り立つ．よって，各 $u_j \, (j = 1, 2, \ldots, n)$ を，スカラー $a_{1j}, a_{2j}, \ldots, a_{mj}$ を使って，$v_1, v_2, \ldots, v_m$ の 1 次結合で表すと，

$$
\begin{cases}
u_1 = a_{11}v_1 + a_{21}v_2 + \cdots + a_{m1}v_m \\
u_2 = a_{12}v_1 + a_{22}v_2 + \cdots + a_{m2}v_m \\
\quad \cdots \\
u_n = a_{1n}v_1 + a_{2n}v_2 + \cdots + a_{mn}v_m
\end{cases}
\tag{2.10}
$$

と書くことができる．

　一方，基底 $\{u_1, u_2, \ldots, u_n\}$ を構成するベクトルは 1 次独立だから，$c_1, c_2, \ldots, c_n$ をスカラーとするとき，

$$c_1 u_1 + c_2 u_2 + \cdots + c_n u_n = o \tag{2.11}$$

を満たすのは，$c_1 = c_2 = \cdots = c_n = 0$ のときに限る．(2.11) 式の各 $u_j \, (i = 1, 2, \ldots, n)$ に (2.10) 式による 1 次結合の式を代入すると，

$$c_1(a_{11}v_1 + a_{21}v_2 + \cdots + a_{m1}v_m) + \cdots + c_n(a_{1n}v_1 + a_{2n}v_2 + \cdots + a_{mn}v_m)$$
$$= (a_{11}c_1 + a_{12}c_2 + \cdots + a_{1n}c_n)v_1 + (a_{21}c_1 + a_{22}c_2 + \cdots + a_{2n}c_n)v_2 + \cdots$$
$$+ (a_{m1}c_1 + a_{m2}c_2 + \cdots + a_{mn}c_n)v_m = o \tag{2.12}$$

を得る．(2.12) 式において，$v_1, v_2, \ldots, v_m$ は 1 次独立だから，各 $v_i \, (i = 1, 2, \ldots, m)$ の係数は，0 で

なければならない. ゆえに, 未知数を $\boldsymbol{c} = \begin{pmatrix} c_1 \\ c_2 \\ \vdots \\ c_n \end{pmatrix}$ とする次の同次連立方程式

$$\begin{cases} a_{11}c_1 + a_{12}c_2 + \cdots + a_{1n}c_n = 0 \\ a_{21}c_1 + a_{22}c_2 + \cdots + a_{2n}c_n = 0 \\ \qquad\qquad \cdots \qquad\qquad\quad = 0 \\ a_{m1}c_1 + a_{m2}c_2 + \cdots + a_{mn}c_n = 0 \end{cases} \tag{2.13}$$

を得る. この係数行列を A とすると, A は m 行の行列より, $\operatorname{rank} A \le m$ である. $m < n$ のとき, 定理 1.32 (1) より, (2.13) は自明でない解 $\boldsymbol{c} \ne \boldsymbol{o}$ をもつ. このことは, (2.11) 式より $\boldsymbol{u}_1, \boldsymbol{u}_2, \ldots, \boldsymbol{u}_n$ が 1 次従属となり, V の基底であることに反する. よって, $m \ge n$ でなければならない. 同様のことを, $\{\boldsymbol{u}_1, \boldsymbol{u}_2, \ldots, \boldsymbol{u}_n\}, \{\boldsymbol{v}_1, \boldsymbol{v}_2, \ldots, \boldsymbol{v}_m\}$ の立場を入れかえて考えると, 今度は $m \le n$ を得るから. $m = n$ となる. したがって, 基底のとり方によらず, 基底を構成するベクトルの個数は一定である. ∎

　線形空間の基底を構成するベクトルの個数を, 線形空間の重要な不変量として, 次のように定義する.

> **定義 2.17** 線形空間 V の基底 が $\{\boldsymbol{v}_1, \boldsymbol{v}_2, \ldots, \boldsymbol{v}_m\}$ であるとき, その基底を構成するベクトル $\boldsymbol{v}_i$ の個数 m を V の**次元**といい, $\dim V = m$ と書く. 特に, $\boldsymbol{o}$ だけからなる線形空間 $\{\boldsymbol{o}\}$ の次元は 0 とする.

例 2.23 数ベクトル空間 $\mathbb{R}^2$, $\mathbb{R}^3$, $\mathbb{R}^n$ の次元は, それぞれ,

$$\dim \mathbb{R}^2 = 2, \quad \dim \mathbb{R}^3 = 3, \quad \dim \mathbb{R}^n = n,$$

である.

　次に, 部分空間の基底と次元について考察する. 部分空間については, 定理 2.5 が成り立つ.

> **定理 2.5** V を線形空間, W を V の部分空間とし, それぞれの次元が, $\dim V = r, \dim W = s$ $(r > s)$ とする. このとき, $\{\boldsymbol{w}_1, \boldsymbol{w}_2, \ldots, \boldsymbol{w}_s\}$ が W の基底ならば, ある $r - s$ 個のベクトル $\boldsymbol{v}_1, \boldsymbol{v}_2, \ldots, \boldsymbol{v}_{r-s} \in V$ を使って, V の基底 $\{\boldsymbol{w}_1, \boldsymbol{w}_2, \ldots, \boldsymbol{w}_s, \boldsymbol{v}_1, \boldsymbol{v}_2, \ldots, \boldsymbol{v}_{r-s}\}$ を構成することができる.

証明 $V \ni \forall \boldsymbol{v}$ に対して, $\boldsymbol{w}_1, \boldsymbol{w}_2, \ldots, \boldsymbol{w}_s, \boldsymbol{v}$ が 1 次従属とすると, $\boldsymbol{w}_1, \boldsymbol{w}_2, \ldots, \boldsymbol{w}_s$ は 1 次独立だから, 定理 2.2 より, $\boldsymbol{v} \in \langle \boldsymbol{w}_1, \boldsymbol{w}_2, \ldots, \boldsymbol{w}_s \rangle$ でなければならない. よって, $V \subset W$ となる. また, W は V の部分空間だから, $V \supset W$ でもある. よって, $V = W$ となり, $\dim V = r = \dim W = s$ を得る. これは, $r > s$ に反するから, $\boldsymbol{w}_1, \boldsymbol{w}_2, \ldots, \boldsymbol{w}_s, \boldsymbol{v}_1$ が 1 次独立になるような, ある $\boldsymbol{v}_1$ が存在する. $\boldsymbol{w}_1, \boldsymbol{w}_2, \ldots, \boldsymbol{w}_s, \boldsymbol{v}_1$ が 1 次独立より, 同様に考えれば, ある $\boldsymbol{v}_2 \in V$ で, $\boldsymbol{w}_1, \boldsymbol{w}_2, \ldots, \boldsymbol{w}_s, \boldsymbol{v}_1, \boldsymbol{v}_2$ が 1 次独立になるようにできる. この操作をベクトルの個数が $\dim V = r$ 個になるまで繰り返すことができるので, 定理の主張を得る. ∎

　この節の最後に, 部分空間の基底と次元の求め方を, 次の例題で確認したい.

例題 **2.10** $\mathbb{R}^3$ の部分空間 W_1, W_2 が次で定義されるとき, $W_1, W_2, W_1 \cap W_2$ の 1 組の基底, および $\dim W_1, \dim W_2, \dim(W_1 \cap W_2)$ を求めよ.

$$W_1 := \left\{ \begin{pmatrix} x_1 \\ x_2 \\ x_3 \end{pmatrix} \middle| \ x_1 - x_2 + x_3 = 0 \right\},$$

$$W_2 := \left\{ \begin{pmatrix} x_1 \\ x_2 \\ x_3 \end{pmatrix} \middle| \ x_1 - 2x_3 = 0 \right\}.$$

解答　$W_1 \ni \forall \boldsymbol{x} = \begin{pmatrix} x_1 \\ x_2 \\ x_3 \end{pmatrix}$ は, 同次連立方程式 $x_1 - x_2 + x_3 = 0$ の解である. 係数行列 A を考え

ると, $A = \begin{pmatrix} 1 & -1 & 1 \end{pmatrix}$ で, $\mathrm{rank}\, A = 1$ であるから, 定理 1.31 より解の自由度は 2 である. そこで, $x_2 = c_1, x_3 = c_2$ とすれば, $x_1 = x_2 - x_3 = c_1 - c_2$ を得る. よって, $\boldsymbol{x}$ は,

$$\boldsymbol{x} = \begin{pmatrix} c_1 - c_2 \\ c_1 \\ c_2 \end{pmatrix} = c_1 \begin{pmatrix} 1 \\ 1 \\ 0 \end{pmatrix} + c_2 \begin{pmatrix} -1 \\ 0 \\ 1 \end{pmatrix} \qquad [c_1, c_2 : 任意定数]$$

と書くことができる. よって, $\boldsymbol{x} \in \left\langle \begin{pmatrix} 1 \\ 1 \\ 0 \end{pmatrix}, \begin{pmatrix} -1 \\ 0 \\ 1 \end{pmatrix} \right\rangle$ が成り立つ. また,

$$\left(\begin{pmatrix} 1 \\ 1 \\ 0 \end{pmatrix} \begin{pmatrix} -1 \\ 0 \\ 1 \end{pmatrix} \right) = \begin{pmatrix} 1 & -1 \\ 1 & 0 \\ 0 & 1 \end{pmatrix} \underset{\times(-1)}{\searrow} \longrightarrow \begin{pmatrix} 1 & -1 \\ 0 & 1 \\ 0 & 1 \end{pmatrix} \underset{\times(-1)}{\searrow} \longrightarrow \begin{pmatrix} 1 & -1 \\ 0 & 1 \\ 0 & 0 \end{pmatrix}$$

となり, $\mathrm{rank} \begin{pmatrix} 1 & -1 \\ 1 & 0 \\ 0 & 1 \end{pmatrix} = 2$ である. つまり, $\begin{pmatrix} 1 \\ 1 \\ 0 \end{pmatrix}$ と $\begin{pmatrix} -1 \\ 0 \\ 1 \end{pmatrix}$ は 1 次独立であるから, したがっ

て, 定義 2.16 より $\left\{ \begin{pmatrix} 1 \\ 1 \\ 0 \end{pmatrix}, \begin{pmatrix} -1 \\ 0 \\ 1 \end{pmatrix} \right\}$ は, W_1 の基底である. ゆえに, 基底を構成するベクトルの個数

は 2 個だから, $\dim W_1 = 2$ となる.

W_2 についても同様に考える. $W_2 \ni \boldsymbol{x} = \begin{pmatrix} x_1 \\ x_2 \\ x_3 \end{pmatrix}$ は, 同次連立方程式 $x_1 - 2x_3 = 0$ の解である. こ

こで, 係数行列 $A = \begin{pmatrix} 1 & 0 & -2 \end{pmatrix}$ のランクは, $\mathrm{rank}\, A = 1$ であり, 解の自由度は 2 である. そこで, $x_2 = c_1, x_3 = c_2$ とすると, $x_1 = 2x_3 = 2c_2$ であるから,

$$\boldsymbol{x} = \begin{pmatrix} 2c_2 \\ c_1 \\ c_2 \end{pmatrix} = c_1 \begin{pmatrix} 0 \\ 1 \\ 0 \end{pmatrix} + c_2 \begin{pmatrix} 2 \\ 0 \\ 1 \end{pmatrix} \qquad [c_1, c_2 : 任意定数]$$

と書ける.また,ベクトル $\begin{pmatrix} 0 \\ 1 \\ 0 \end{pmatrix}, \begin{pmatrix} 2 \\ 0 \\ 1 \end{pmatrix}$ について,

$$\begin{pmatrix} 0 & 2 \\ 1 & 0 \\ 0 & 1 \end{pmatrix} \longrightarrow \begin{pmatrix} 1 & 0 \\ 0 & 2 \\ 0 & 1 \end{pmatrix} \longrightarrow \begin{pmatrix} 1 & 0 \\ 0 & 1 \\ 0 & 2 \end{pmatrix} \overset{\times(-2)}{\longrightarrow} \begin{pmatrix} 1 & 0 \\ 0 & 1 \\ 0 & 0 \end{pmatrix}$$

であるから,rank $\begin{pmatrix} 0 & 2 \\ 1 & 0 \\ 0 & 1 \end{pmatrix} = 2$ となり,$\begin{pmatrix} 0 \\ 1 \\ 0 \end{pmatrix}, \begin{pmatrix} 2 \\ 0 \\ 1 \end{pmatrix}$ は 1 次独立である. つまり,$\left\{ \begin{pmatrix} 0 \\ 1 \\ 0 \end{pmatrix}, \begin{pmatrix} 2 \\ 0 \\ 1 \end{pmatrix} \right\}$

が W_2 の基底で,$\dim W_2 = 2$ となる.

最後に,$W_1 \cap W_2$ は,W_1 と W_2 の共通部分で,W_1 と W_2 の両方の条件を満たすベクトルの集合

$$W_1 \cap W_2 = \left\{ \begin{pmatrix} x_1 \\ x_2 \\ x_3 \end{pmatrix} \;\middle|\; \begin{array}{l} x_1 - x_2 + x_3 = 0 \\ x_1 \quad\quad - 2x_3 = 0 \end{array} \right\}$$

であるから,$W_1 \cap W_2 \ni \forall \boldsymbol{x}$ は,同次連立方程式

$$\left\{ \begin{array}{l} x_1 - x_2 + x_3 = 0 \\ x_1 \quad\quad - 2x_3 = 0 \end{array} \right.$$

の解でなければならない. 係数行列を A とすると,

$$A = \begin{pmatrix} 1 & -1 & 1 \\ 1 & 0 & -2 \end{pmatrix} \overset{\times(-1)}{\longrightarrow} \begin{pmatrix} 1 & -1 & 1 \\ 0 & 1 & -3 \end{pmatrix} \overset{\times 1}{\longrightarrow} \begin{pmatrix} 1 & 0 & -2 \\ 0 & 1 & -3 \end{pmatrix}$$

を得るから rank $A = 2$ となり,解の自由度が 1 となることがわかる.

$$\left\{ \begin{array}{l} x_1 \quad - 2x_3 = 0 \\ \quad x_2 - 3x_3 = 0 \end{array} \right.$$

において,$x_3 = c$ とすると,$x_2 = 3c$, $x_1 = 2c$ であるから,

$$\boldsymbol{x} = \begin{pmatrix} 2c \\ 3c \\ c \end{pmatrix} = c \begin{pmatrix} 2 \\ 3 \\ 1 \end{pmatrix} \qquad [c : \text{任意定数}]$$

と書くことができる. ゆえに,$\boldsymbol{x} \in \left\langle \begin{pmatrix} 2 \\ 3 \\ 1 \end{pmatrix} \right\rangle$ であり,$\left\{ \begin{pmatrix} 2 \\ 3 \\ 1 \end{pmatrix} \right\}$ は $W_1 \cap W_2$ の基底で,$\dim (W_1 \cap W_2) =$

1 となる.

問 2.9 $\mathbb{R}^3$ の部分空間 W_1, W_2 が次で定義されるとき,$W_1, W_2, W_1 \cap W_2$ の 1 組の基底, および $\dim W_1, \dim W_2, \dim (W_1 \cap W_2)$ を求めよ.

$$W_1 := \left\{ \begin{pmatrix} x_1 \\ x_2 \\ x_3 \end{pmatrix} \;\middle|\; 2x_1 + 3x_2 - x_3 = 0 \right\}, \qquad W_2 := \left\{ \begin{pmatrix} x_1 \\ x_2 \\ x_3 \end{pmatrix} \;\middle|\; 2x_1 - 5x_2 = 0 \right\}.$$

◆◆練習問題 § 2.4 ◆◆

A

1. 行列のランクを使って, 次のベクトルが 1 次独立かどうか調べよ.

(1) $\begin{pmatrix} 2 \\ -1 \end{pmatrix}$, $\begin{pmatrix} 3 \\ 2 \end{pmatrix}$ (2) $\begin{pmatrix} -5 \\ 1 \end{pmatrix}$, $\begin{pmatrix} 10 \\ -2 \end{pmatrix}$

(3) $\begin{pmatrix} 1 \\ -3 \end{pmatrix}$, $\begin{pmatrix} -2 \\ 5 \end{pmatrix}$ (4) $\begin{pmatrix} 3 \\ -2 \\ 1 \end{pmatrix}$, $\begin{pmatrix} 0 \\ 5 \\ 0 \end{pmatrix}$, $\begin{pmatrix} 1 \\ 0 \\ 2 \end{pmatrix}$

(5) $\begin{pmatrix} 2 \\ -6 \\ 2 \end{pmatrix}$, $\begin{pmatrix} 1 \\ 2 \\ -9 \end{pmatrix}$, $\begin{pmatrix} -1 \\ 6 \\ -7 \end{pmatrix}$ (6) $\begin{pmatrix} 0 \\ -3 \\ 3 \end{pmatrix}$, $\begin{pmatrix} -1 \\ 2 \\ 0 \end{pmatrix}$, $\begin{pmatrix} 0 \\ -3 \\ 4 \end{pmatrix}$

2. 次の集合は, $\mathbb{R}^2$ あるいは $\mathbb{R}^3$ の部分空間になるか調べ, 部分空間になる場合は, 1 組の基底と次元を求めよ. ただし, $x_1, x_2, x_3 \in \mathbb{R}$ とする.

(1) $W_1 = \left\{ \begin{pmatrix} x_1 \\ x_2 \end{pmatrix} \ \middle| \ 2x_2 = -3x_1 \right\}$ (2) $W_2 = \left\{ \begin{pmatrix} x_1 \\ x_2 \end{pmatrix} \ \middle| \ x_1 > x_2 \right\}$

(3) $W_3 = \left\{ \begin{pmatrix} x_1 \\ x_2 \end{pmatrix} \ \middle| \ x_1 = -x_2 + 2 \right\}$ (4) $W_4 = \left\{ \begin{pmatrix} x_1 \\ x_2 \end{pmatrix} \ \middle| \ x_1{}^2 + x_2{}^2 = 2 \right\}$

(5) $W_5 = \left\{ \begin{pmatrix} x_1 \\ x_2 \\ x_3 \end{pmatrix} \ \middle| \ 2x_1 - 3x_2 + x_3 = 0 \right\}$

(6) $W_6 = \left\{ \begin{pmatrix} x_1 \\ x_2 \\ x_3 \end{pmatrix} \ \middle| \ \begin{matrix} -x_1 - 3x_2 + 2x_3 = 0 \\ x_1 + 4x_2 - x_3 = 0 \end{matrix} \right\}$

(7) $W_7 = \left\{ \begin{pmatrix} x_1 \\ x_2 \\ x_3 \end{pmatrix} \ \middle| \ \begin{pmatrix} 3 & -1 & 5 \\ -2 & -2 & 0 \\ 3 & -9 & 15 \end{pmatrix} \begin{pmatrix} x_1 \\ x_2 \\ x_3 \end{pmatrix} = \boldsymbol{o} \right\}$

3. 次のベクトルが 1 次独立であるための条件を求めよ.

(1) $\begin{pmatrix} -3 \\ 3a \end{pmatrix}$, $\begin{pmatrix} 5 \\ 2 \end{pmatrix}$ (2) $\begin{pmatrix} -3 \\ 2 \end{pmatrix}$, $\begin{pmatrix} 1 \\ a \end{pmatrix}$

(3) $\begin{pmatrix} 2a \\ 1 \end{pmatrix}$, $\begin{pmatrix} -3b \\ 4 \end{pmatrix}$ (4) $\begin{pmatrix} -2 \\ 1 \\ 4 \end{pmatrix}$, $\begin{pmatrix} 0 \\ 3 \\ 5 \end{pmatrix}$, $\begin{pmatrix} 2 \\ 2 \\ a \end{pmatrix}$

$$(5)\ \begin{pmatrix} -7 \\ 3 \\ 1 \end{pmatrix},\ \begin{pmatrix} 0 \\ 3a+6 \\ -2 \end{pmatrix},\ \begin{pmatrix} -3 \\ 4 \\ 0 \end{pmatrix}\qquad (6)\ \begin{pmatrix} 3a-2 \\ -1 \\ 0 \end{pmatrix},\ \begin{pmatrix} 2 \\ -3 \\ 4 \end{pmatrix},\ \begin{pmatrix} 0 \\ 1 \\ -2 \end{pmatrix}$$

B

1. $\mathbb{R}^3$ の部分空間 W_1, W_2 が次で定義されているとき, $W_1 \cap W_2$ の 1 組の基底と次元を求めよ.

$$W_1 := \left\langle \begin{pmatrix} -3 \\ 1 \\ 2 \end{pmatrix}, \begin{pmatrix} 5 \\ 1 \\ 0 \end{pmatrix} \right\rangle, \qquad W_2 := \left\langle \begin{pmatrix} 1 \\ -3 \\ -4 \end{pmatrix}, \begin{pmatrix} 15 \\ 3 \\ 0 \end{pmatrix} \right\rangle.$$

§ 2.5　写像の定義と線形写像

　まず写像について基本的なことを学習し, この写像のうち, 線形写像という扱いやすい写像について理解することを目的とする. 写像の基本事項については, まず, 写像というものが把握できる程度に学習するにとどめて, 必要になってからじっくり学習してもよい.

■ 写像の定義 ■

定義 2.18　X, Y を 2 つの集合とする. $X \ni \forall x$ に対して, Y の元が 1 つ対応しているとき, この対応を X から Y への**写像**という. 写像は, f, g, h などの記号を用いて表し, f が X から Y の写像であることを,

$$f : X \longrightarrow Y$$

で表す. また, 写像 f によって $X \ni x$ に対応する $y \in Y$ を x の**像**といい, $y = f(x)$ または $f : x \longmapsto y$ で表す.

例 2.24　変数 x を $\mathbb{R}$ 上で考えた関数 $f(x) = x^2$ は, $\mathbb{R} \ni \forall x$ を $x^2 \in \mathbb{R}$ に対応づけたものであるから, 写像

$$\begin{array}{ccc} f: & \mathbb{R} & \longrightarrow & \mathbb{R} \\ & \cup & & \cup \\ & x & \longmapsto & y = x^2 \end{array}$$

と考えることができる.

　例 2.24 のように, 関数は写像の例として考えることができる.

定義 2.19　集合 X, Y に対して, 写像 $f : X \longrightarrow Y$ が定義されているとき, $A \subset X$ に対して,

$$f(A) := \{ f(a) \mid a \in A \}$$

で $f(A)$ を定義し, f による A の**像**という.

一般に, $A \subset X$ に対し, $f(A) \subset f(X) \subset Y$ が成り立つことは, 定義よりわかる.

定義 2.20　写像 $f : X \longrightarrow Y$ が定義され, f による X の像が Y に一致するとき, すなわち, $f(X) = Y$ が成り立つとき, f は**全射**であるという.

✎ 写像 $f : X \longrightarrow Y$ が全射であることは, $\forall y \in Y$ について, $y = f(x)$ となるような $x \in X$ が存在することと同値である.

定義 2.21　写像 $f : X \longrightarrow Y$ が定義されるとき, $Y \ni y$ に対して, $y = f(x)$ となる $x \in X$ 全体の集合を y の f による**逆像**といい, $f^{-1}(y)$ で表す.

定義 2.21 において, $y \in Y$ の逆像 $f^{-1}(y)$ は,

$$f^{-1}(y) = \{x \in X \mid y = f(x)\}$$

と書くことができる.

例 2.25　写像 $f : \mathbb{R} \longrightarrow \mathbb{R}$ を $f(x) = x^2$ で定めるとき, $y = 4$ の逆像を考えると, $f(2) = 2^2 = 4$ であり, また $f(-2) = (-2)^2 = 4$ であるから[8], $f^{-1}(4) = \{-2, 2\}$ である. また, 写像 f を $f(x) = 2x - 1$ で定めるとき, $y = 4$ の逆像は, $f\left(\dfrac{5}{2}\right) = 2 \cdot \dfrac{5}{2} - 1 = 4$ であるから[9], $f^{-1}(4) = \left\{\dfrac{5}{2}\right\}$.

定義 2.22　写像 $f : X \longrightarrow Y$ について, $Y \supset B$ の逆像 $f^{-1}(B)$ を
$$f^{-1}(B) := \{x \in X \mid f(x) \in B\}$$
で定め, B の f による**逆像**という.

定義 2.23　写像 $f : X \longrightarrow Y$ が定義されているとき, $X \ni \forall x_1, x_2$ に対して,
$$x_1 \neq x_2 \Longrightarrow f(x_1) \neq f(x_2)$$
が成り立つとき, f は**単射**であるという.

例 2.26　$[-1, 1]$ は, 区間 $[-1, 1]$ とする. 写像 f が

$$
\begin{array}{ccc}
f : & \mathbb{R} & \longrightarrow & [-1, 1] \\
& \cup & & \cup \\
& x & \longmapsto & \sin x
\end{array}
$$

で定義されるとき, $y = \sin x$ のグラフから, $[-1, 1] \ni \forall y$ に対して, $y = f(x)$ となる $x \in \mathbb{R}$ が必ず存在するので, f は全射である. しかし, $x_1 = \dfrac{\pi}{2}$, $x_2 = \dfrac{5\pi}{2}$ とすると, $x_1 \neq x_2$ であるが $f(x_1) = f(x_2) = 1$ であるから, f は単射ではない.

---

[8] このことは, $x^2 = 4$ を解いて, $x = \pm 2$ であることからわかる.
[9] このことは, $2x - 1 = 4$ を解いて, $x = 5/2$ であることからわかる.

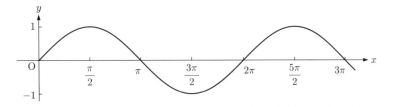

定義 2.24　写像 f が全射かつ単射のとき，f は**全単射**という.

　写像 $f : X \longrightarrow X$ において，$X \ni \forall x$ に対して $f(x) = x$ であるとき，f は**恒等写像**であるという. また，$f : X \to Y$ が全単射のときは，$y \in Y$ の逆像 $f^{-1}(y)$ はただ 1 つの元からなるから，このとき，$f^{-1}(y) = \{x\}$ を $f^{-1}(y) = x$ と書き，次のように定義する.

定義 2.25　写像 $f : X \longrightarrow Y$ が全単射であるとき，$y \in Y$ に $f^{-1}(y) \in X$ を対応させる写像を f の**逆写像**といい，f^{-1} で表す.

✎ 　f が全単射であるとき，Y のすべての元において，その逆像は必ず 1 つの元からなる集合であるから，今度は，Y から X への写像を定義できる. また，f が全単射のとき，f の逆写像 f^{-1} も全単射である.

例 2.27　$f : \begin{pmatrix} x_1 \\ x_2 \end{pmatrix} \longmapsto \begin{pmatrix} x_2 \\ x_1 \end{pmatrix}$ で写像 $f : \mathbb{R}^2 \longrightarrow \mathbb{R}^2$ を定めるとき，$\forall \boldsymbol{y} = \begin{pmatrix} y_1 \\ y_2 \end{pmatrix} \in \mathbb{R}^2$

に対して，$\boldsymbol{y} = f(\boldsymbol{x}) = \begin{pmatrix} x_2 \\ x_1 \end{pmatrix}$ となる $\boldsymbol{x} = \begin{pmatrix} x_1 \\ x_2 \end{pmatrix} \in \mathbb{R}^2$ が存在するから，$f(\mathbb{R}^2) = \mathbb{R}^2$ と

なり f は全射である. また，$\boldsymbol{a} = \begin{pmatrix} a_1 \\ a_2 \end{pmatrix}, \mathbb{b} = \begin{pmatrix} b_1 \\ b_2 \end{pmatrix} \in \mathbb{R}^2$ に対して，$f(\boldsymbol{a}) = f(\mathbb{b}) \Longrightarrow$

$\begin{pmatrix} a_2 \\ a_1 \end{pmatrix} = \begin{pmatrix} b_2 \\ b_1 \end{pmatrix}$ であるから，$f(\boldsymbol{a}) = f(\mathbb{b})$ ならば $a_1 = b_1$ かつ $a_2 = b_2$ でなければならない. よって，

$$f(\boldsymbol{a}) = f(\mathbb{b}) \Longrightarrow \boldsymbol{a} = \mathbb{b}$$

が成り立つから，f は単射である. したがって，f は全単射となり，f の逆写像 f^{-1} を考えることができる. この場合は，$f^{-1} = f$ である. 実際，$\boldsymbol{y} = f(\boldsymbol{x}) = f(\begin{pmatrix} x_1 \\ x_2 \end{pmatrix}) = \begin{pmatrix} x_2 \\ x_1 \end{pmatrix}$ とするとき，

$f^{-1}(\boldsymbol{y}) = f^{-1}(\begin{pmatrix} y_1 \\ y_2 \end{pmatrix}) = \boldsymbol{x} = \begin{pmatrix} x_1 \\ x_2 \end{pmatrix} = \begin{pmatrix} y_2 \\ y_1 \end{pmatrix}$ を得るから，$f^{-1} : \begin{pmatrix} x_1 \\ x_2 \end{pmatrix} \longmapsto \begin{pmatrix} x_2 \\ x_1 \end{pmatrix}$ と

なる.

✎ 　写像 $f : X \longrightarrow Y$ が単射であることを示すとき，$x_1, x_2 \in X$ に対して，$x_1 \neq x_2 \Longrightarrow f(x_1) \neq f(x_2)$ を示すかわりに，例 2.27 のように，対偶を考えて，$f(x_1) = f(x_2) \Longrightarrow x_1 = x_2$ を示してもよい.

■ **線形写像** ■　この節の冒頭では，高校で学んだ関数などの例で，いろいろな写像を考えることができた. ここでは，写像のなかでも特に扱いやすい線形写像を定義する.

定義 2.26　線形空間 V, W に対して，V から W への写像 $f : V \longrightarrow W$ が**線形写像**であるとは，

(1)　$\forall \boldsymbol{a}, \boldsymbol{b} \in V$ に対して，$f(\boldsymbol{a} + \boldsymbol{b}) = f(\boldsymbol{a}) + f(\boldsymbol{b})$,

(2)　$\forall \boldsymbol{a} \in V$ と スカラー c に対して，$f(c\boldsymbol{a}) = cf(\boldsymbol{a})$

が成り立つときをいう．特に，$V = W$ のとき，線形写像 $f : V \longrightarrow V$ を V の**線形変換**または，**1 次変換**という．

上の定義では，線形空間 V での 和とスカラー倍という 2 つの演算が，f で写った先の W という線形空間において保存されていると解釈すればよい．また，この本では簡単のため，定義における V, W を $\mathbb{R}^n$ の部分空間として考え，スカラーについても $c \in \mathbb{R}$ とする．

例 2.28　写像 $f : \mathbb{R} \longrightarrow \mathbb{R}$ を $f(x) = 3x$ で定めると，$\mathbb{R} \ni a, b$ に対して，$f(a + b) = 3(a + b) = 3a + 3b = f(a) + f(b)$ であり，$\mathbb{R} \ni a, c$ に対して，$f(ca) = 3(ca) = c \cdot 3a = cf(a)$ であるから，f は線形写像である．

例 2.29　写像 $f : \mathbb{R} \longrightarrow \mathbb{R}$ を $f(x) = 3x+2$ で定めると，$\mathbb{R} \ni a, b$ に対して，$f(a+b) = 3(a+b)+2 = 3a+3b+2 = 3a+3b+2+2-2 = (3a+2)+(3b+2)-2 = f(a)+f(b)-2 \neq f(a)+f(b)$ であるから，f は線形写像ではない．

定理 2.6　線形空間 V, W に対して，$f : V \longrightarrow W$ が線形写像であるための必要十分条件は，$V \ni \forall \boldsymbol{a}_1, \boldsymbol{a}_2$ と $\mathbb{R} \ni \forall c_1, c_2$ に対して，

$$f(c_1 \boldsymbol{a}_1 + c_2 \boldsymbol{a}_2) = c_1 f(\boldsymbol{a}_1) + c_2 f(\boldsymbol{a}_2)$$

が成り立つことである．

証明　f が線形写像とすると，定義 2.26 (1) より，$V \ni \forall \boldsymbol{a}, \boldsymbol{b}$ に対して，$f(\boldsymbol{a} + \boldsymbol{b}) = f(\boldsymbol{a}) + f(\boldsymbol{b})$ であるから，

$$f(c_1 \boldsymbol{a}_1 + c_2 \boldsymbol{a}_2) = f(c_1 \boldsymbol{a}_1) + f(c_2 \boldsymbol{a}_2)$$

である．同様に，定義 2.26 (2) から，$\forall c \in \mathbb{R}$ と $\forall \boldsymbol{a} \in V$ に対して，$f(c\boldsymbol{a}) = cf(\boldsymbol{a})$ であるから，

$$f(c_1 \boldsymbol{a}_1) + f(c_2 \boldsymbol{a}_2) = c_1 f(\boldsymbol{a}_1) + c_2 f(\boldsymbol{a}_2)$$

を得る．

逆に，

$$f(c_1 \boldsymbol{a}_1 + c_2 \boldsymbol{a}_2) = c_1 f(\boldsymbol{a}_1) + c_2 f(\boldsymbol{a}_2)$$

が成り立つとすると，$c_1 = c_2 = 1$ のときを考えれば，$f(\boldsymbol{a}_1 + \boldsymbol{a}_2) = f(\boldsymbol{a}_1) + f(\boldsymbol{a}_2)$ を得る．また，$c_1 \neq 0$ かつ $c_2 = 0$ のときを考えれば，$f(c_1 \boldsymbol{a}_1) = c_1 f(\boldsymbol{a}_1)$ となり，定義 2.26 の (1), (2) を満たすから，f は線形写像である．

例題 2.11　写像 $f : \mathbb{R}^3 \longrightarrow \mathbb{R}^2$ が $f\left(\begin{pmatrix} x_1 \\ x_2 \\ x_3 \end{pmatrix}\right) := \begin{pmatrix} 2x_1 - x_3 \\ x_2 + 3x_3 \end{pmatrix}$ で定義されるとき，f は線形写像であることを示せ．

解答　$\mathbb{R}^3 \ni \boldsymbol{a} = \begin{pmatrix} a_1 \\ a_2 \\ a_3 \end{pmatrix}, \boldsymbol{b} = \begin{pmatrix} b_1 \\ b_2 \\ b_3 \end{pmatrix}$ と, $\mathbb{R} \ni c, d$ に対して, $f(c\boldsymbol{a} + d\boldsymbol{b})$ を考えると, $c\boldsymbol{a} + d\boldsymbol{b} =$

$\begin{pmatrix} ca_1 + db_1 \\ ca_2 + db_2 \\ ca_3 + db_3 \end{pmatrix}$ であるから,

$$f(c\boldsymbol{a} + d\boldsymbol{b}) = f(\begin{pmatrix} ca_1 + db_1 \\ ca_2 + db_2 \\ ca_3 + db_3 \end{pmatrix}) = \begin{pmatrix} 2(ca_1 + db_1) - (ca_3 + db_3) \\ ca_2 + db_2 + 3(ca_3 + db_3) \end{pmatrix}$$

$$= \begin{pmatrix} (2ca_1 - ca_3) + (2db_1 - db_3) \\ (ca_2 + 3ca_3) + (db_2 + 3db_3) \end{pmatrix} = \begin{pmatrix} 2ca_1 - ca_3 \\ ca_2 + 3ca_3 \end{pmatrix} + \begin{pmatrix} 2db_1 - db_3 \\ db_2 + 3db_3 \end{pmatrix}$$

$$= c \begin{pmatrix} 2a_1 - a_3 \\ a_2 + 3a_3 \end{pmatrix} + d \begin{pmatrix} 2b_1 - b_3 \\ b_2 + 3b_3 \end{pmatrix} = cf(\boldsymbol{a}) + df(\boldsymbol{b}).$$

よって, 定理 2.6 より, f は線形写像である.

> **問 2.10** 次で定義される写像 f が線形写像であるかどうか調べよ.
>
> (1)
> $$f : \quad \mathbb{R}^2 \quad \longrightarrow \quad \mathbb{R}$$
> $$\cup \qquad\qquad\qquad \cup$$
> $$\begin{pmatrix} x_1 \\ x_2 \end{pmatrix} \quad \longmapsto \quad f(\begin{pmatrix} x_1 \\ x_2 \end{pmatrix}) := 2x_1 - 5x_2 + 1$$
>
> (2)
> $$f : \quad \mathbb{R}^3 \quad \longrightarrow \quad \mathbb{R}^2$$
> $$\cup \qquad\qquad\qquad \cup$$
> $$\begin{pmatrix} x_1 \\ x_2 \\ x_3 \end{pmatrix} \quad \longmapsto \quad f(\begin{pmatrix} x_1 \\ x_2 \\ x_3 \end{pmatrix}) := \begin{pmatrix} 3x_1 - x_2 \\ 2x_2 + 4x_3 \end{pmatrix}$$

◆◆練習問題 § 2.5 ◆◆

A

1. 次の写像 f が線形写像かどうか確かめよ.

    (1)
    $$f : \quad \mathbb{R}^2 \quad \longrightarrow \quad \mathbb{R}^3$$
    $$\cup \qquad\qquad\qquad\qquad \cup$$
    $$\begin{pmatrix} x_1 \\ x_2 \end{pmatrix} \quad \longmapsto \quad f(\begin{pmatrix} x_1 \\ x_2 \end{pmatrix}) := \begin{pmatrix} x_1 + x_2 \\ x_1 - x_2 \\ x_1 x_2 \end{pmatrix}$$

(2)

$$
\begin{array}{ccc}
f: & \mathbb{R}^2 & \longrightarrow & \mathbb{R}^3 \\
 & \cup & & \cup \\
 & \begin{pmatrix} x_1 \\ x_2 \end{pmatrix} & \longmapsto & f(\begin{pmatrix} x_1 \\ x_2 \end{pmatrix}) := \begin{pmatrix} 2x_1 + 3x_2 \\ x_1 \\ x_2 - 4x_1 \end{pmatrix}
\end{array}
$$

(3)

$$
\begin{array}{ccc}
f: & \mathbb{R}^2 & \longrightarrow & \mathbb{R} \\
 & \cup & & \cup \\
 & \begin{pmatrix} x_1 \\ x_2 \end{pmatrix} & \longmapsto & f(\begin{pmatrix} x_1 \\ x_2 \end{pmatrix}) := -x_1 + 5x_2
\end{array}
$$

(4)

$$
\begin{array}{ccc}
f: & \mathbb{R}^2 & \longrightarrow & \mathbb{R}^2 \\
 & \cup & & \cup \\
 & \begin{pmatrix} x_1 \\ x_2 \end{pmatrix} & \longmapsto & f(\begin{pmatrix} x_1 \\ x_2 \end{pmatrix}) := \begin{pmatrix} -4x_1 + 3x_2 \\ x_1 + 2 \end{pmatrix}
\end{array}
$$

(5)

$$
\begin{array}{ccc}
f: & \mathbb{R}^3 & \longrightarrow & \mathbb{R}^2 \\
 & \cup & & \cup \\
 & \begin{pmatrix} x_1 \\ x_2 \\ x_3 \end{pmatrix} & \longmapsto & f(\begin{pmatrix} x_1 \\ x_2 \\ x_3 \end{pmatrix}) := \begin{pmatrix} x_1 + 3x_2 \\ x_2 - 4x_3 \end{pmatrix}
\end{array}
$$

(6)

$$
\begin{array}{ccc}
f: & \mathbb{R}^3 & \longrightarrow & \mathbb{R}^3 \\
 & \cup & & \cup \\
 & \begin{pmatrix} x_1 \\ x_2 \\ x_3 \end{pmatrix} & \longmapsto & f(\begin{pmatrix} x_1 \\ x_2 \\ x_3 \end{pmatrix}) := \begin{pmatrix} x_1 - 2x_2 \\ 3x_2 - 4x_3 \\ 5x_3 - 6x_1 \end{pmatrix}
\end{array}
$$

B

1. 写像 $f : \mathbb{R}^2 \to \mathbb{R}^2$ が $f(\begin{pmatrix} x_1 \\ x_2 \end{pmatrix}) := \begin{pmatrix} a{x_2}^2 + bx_2 + c \\ x_1 + (a + b - c + 2) \end{pmatrix}$ で定義されるとき，f が線形写像となるように $a, b, c \in \mathbb{R}$ を決定せよ．

§ 2.6　線形写像と行列

この節では, 写像 f が線形写像となるための必要十分条件について学び, 線形写像と行列との関係を理解することを目的とする.

▌行列による線形写像▐

はじめに, 行列によって定義された写像を考える.

定理 2.7　行列 $A = (a_{ij}) \in M(m, n)$ と $\boldsymbol{x} = \begin{pmatrix} x_1 \\ x_2 \\ \vdots \\ x_n \end{pmatrix} \in \mathbb{R}^n$ に対して, 写像 $f : \mathbb{R}^n \longrightarrow \mathbb{R}^m$ を

$$f(\boldsymbol{x}) := A\boldsymbol{x} = \begin{pmatrix} a_{11}x_1 + a_{12}x_2 + \cdots + a_{1n}x_n \\ a_{21}x_1 + a_{22}x_2 + \cdots + a_{2n}x_n \\ \vdots \\ a_{m1}x_1 + a_{m2}x_2 + \cdots + a_{mn}x_n \end{pmatrix}$$

で定義すると, f は線形写像である.

証明　$\mathbb{R}^n \ni \boldsymbol{x}, \boldsymbol{y}$ に対して, 行列の積の性質である定理 1.9 (2) から,

$$f(\boldsymbol{x} + \boldsymbol{y}) = A(\boldsymbol{x} + \boldsymbol{y}) = A\boldsymbol{x} + A\boldsymbol{y} = f(\boldsymbol{x}) + f(\boldsymbol{y})$$

が成り立つ. 同様に, 定理 1.9 (4) より, $\mathbb{R} \ni c$ に対して,

$$f(c\boldsymbol{x}) = A(c\boldsymbol{x}) = c(A\boldsymbol{x}) = cf(\boldsymbol{x})$$

を得るから, f は線形写像である. ∎

定理 2.7 のように行列 A によって定義された線形写像 f を**行列 A に対応する線形写像**という.

例 2.30　行列 $\begin{pmatrix} 2 & -1 \\ 3 & 0 \end{pmatrix}$ に対応する線形変換 $f : \mathbb{R}^2 \longrightarrow \mathbb{R}^2$ による 平面座標上の点 $(1, 3)$ の像は,

$$f(\begin{pmatrix} 1 \\ 3 \end{pmatrix}) = \begin{pmatrix} 2 & -1 \\ 3 & 0 \end{pmatrix}\begin{pmatrix} 1 \\ 3 \end{pmatrix} = \begin{pmatrix} -1 \\ 3 \end{pmatrix}$$

であるから, 点 $(-1, 3)$ である.

例題 2.12　$M_2 \ni \begin{pmatrix} 2 & -4 \\ 1 & 5 \end{pmatrix}$ に対応する線形変換を f とするとき, f による像が直線 $3x - 2y + 5 = 0$ となるのはどのような図形か求めよ.

解答　行列 $\begin{pmatrix} 2 & -4 \\ 1 & 5 \end{pmatrix}$ に対応する線形変換は

$$f: \quad \begin{matrix} \mathbb{R}^2 \\ \cup \\ \begin{pmatrix} x \\ y \end{pmatrix} \end{matrix} \quad \begin{matrix} \longrightarrow \\ \\ \longmapsto \end{matrix} \quad \begin{matrix} \mathbb{R}^2 \\ \cup \\ \begin{pmatrix} x' \\ y' \end{pmatrix} \end{matrix}$$

を考えればよい.

$$\begin{pmatrix} x' \\ y' \end{pmatrix} = \begin{pmatrix} 2 & -4 \\ 1 & 5 \end{pmatrix} \begin{pmatrix} x \\ y \end{pmatrix} = \begin{pmatrix} 2x - 4y \\ x + 5y \end{pmatrix}$$

であり, f による 点 (x,y) の像である点 (x',y') が, 直線 $3x - 2y + 5 = 0$ 上にあることから,

$$3x' - 2y' + 5 = 3(2x - 4y) - 2(x + 5y) + 5 = 0$$

となる. よって, 求める図形は, 直線 $4x - 22y + 5 = 0$ である.

問 2.11　$M_2 \ni \begin{pmatrix} -3 & -4 \\ 1 & 2 \end{pmatrix}$ に対応する線形写像を f とするとき, f による像が直線 $4x + 3y - 7 = 0$ となるのはどのような図形か求めよ.

▓ 線形写像に対応する行列 ▓

今度は, 線形写像 $f : \mathbb{R}^n \longrightarrow \mathbb{R}^m$ が行列を使って表すことができることをみる.

定理 2.8　任意の線形写像 $f : \mathbb{R}^n \longrightarrow \mathbb{R}^m$ に対して,

$$f(\boldsymbol{x}) = A\boldsymbol{x} \quad (\boldsymbol{x} \in \mathbb{R}^n)$$

となるような $A \in M(m,n)$ が存在する.

証明　$\mathbb{R}^n$ の標準基底 $\{\boldsymbol{e}_1, \boldsymbol{e}_2, \dots, \boldsymbol{e}_n\}$ に対して, その f の像は $\mathbb{R}^m$ のベクトルであるから,

$$f(\boldsymbol{e}_1) = \boldsymbol{a}_1 = \begin{pmatrix} a_{11} \\ a_{21} \\ \vdots \\ a_{m1} \end{pmatrix}, \quad f(\boldsymbol{e}_2) = \boldsymbol{a}_2 = \begin{pmatrix} a_{12} \\ a_{22} \\ \vdots \\ a_{m2} \end{pmatrix}, \quad \dots, \quad f(\boldsymbol{e}_n) = \boldsymbol{a}_n = \begin{pmatrix} a_{1n} \\ a_{2n} \\ \vdots \\ a_{mn} \end{pmatrix}$$

と表される. $\mathbb{R}^n \ni \forall \boldsymbol{x}$ に対して, 標準基底を使うと,

$$\boldsymbol{x} = \begin{pmatrix} x_1 \\ x_2 \\ \vdots \\ x_n \end{pmatrix} = x_1 \boldsymbol{e}_1 + x_2 \boldsymbol{e}_2 + \cdots + x_n \boldsymbol{e}_n$$

と表すことができる. この $\boldsymbol{x}$ の f による像は, f が線形写像であることから,

$$\begin{aligned} f(\boldsymbol{x}) &= f(x_1 \boldsymbol{e}_1 + x_2 \boldsymbol{e}_2 + \cdots + x_n \boldsymbol{e}_n) \\ &= x_1 f(\boldsymbol{e}_1) + x_2 f(\boldsymbol{e}_2) + \cdots + x_n f(\boldsymbol{e}_n) \\ &= x_1 \boldsymbol{a}_1 + x_2 \boldsymbol{a}_2 + \cdots + x_n \boldsymbol{a}_n \end{aligned} \tag{2.14}$$

となる. そこで, 行列 A を

$$A = (\boldsymbol{a}_1\ \boldsymbol{a}_2\ \cdots\ \boldsymbol{a}_n) = \begin{pmatrix} a_{11} & a_{12} & \cdots & a_{1n} \\ a_{21} & a_{22} & \cdots & a_{2n} \\ & & \cdots & \\ a_{m1} & a_{m2} & \cdots & a_{mn} \end{pmatrix}$$

とおけば, $A \in M(m,n)$ であり, (2.14) 式より,

$$f(\boldsymbol{x}) = A\boldsymbol{x}$$

を得る.

定理 2.8 のように線形写像 f によって定まる行列 A を**線形写像 f に対応する行列**という. 定理 2.7, 2.8 から, 写像 $f : \mathbb{R}^n \longrightarrow \mathbb{R}^m$ が線形写像であるならば, それに対応する $m \times n$ 行列 A が決まり, 写像 f を行列 $A \in M(m,n)$ で定めれば, f は線形写像になるのである. このことを次の定理としてまとめておく.

定理 2.9

写像 $f : \mathbb{R}^n \longrightarrow \mathbb{R}^m$ は線形写像である $\iff$ $f(\boldsymbol{x}) = A\boldsymbol{x}$ $(\boldsymbol{x} \in \mathbb{R}^n)$ となる行列 $A \in M(m,n)$ が存在する.

例 2.31 　線形写像 $f : \mathbb{R}^3 \longrightarrow \mathbb{R}^2$ が $f\left(\begin{pmatrix} x_1 \\ x_2 \\ x_3 \end{pmatrix}\right) := \begin{pmatrix} x_2 + 2x_3 \\ -x_1 \end{pmatrix}$ で定義されるとき, $\mathbb{R}^3$ の標準基底の像は,

$$f(\boldsymbol{e}_1) = f\left(\begin{pmatrix} 1 \\ 0 \\ 0 \end{pmatrix}\right) = \begin{pmatrix} 0 \\ -1 \end{pmatrix},\ f(\boldsymbol{e}_2) = f\left(\begin{pmatrix} 0 \\ 1 \\ 0 \end{pmatrix}\right) = \begin{pmatrix} 1 \\ 0 \end{pmatrix},\ f(\boldsymbol{e}_3) = f\left(\begin{pmatrix} 0 \\ 0 \\ 1 \end{pmatrix}\right) = \begin{pmatrix} 2 \\ 0 \end{pmatrix}$$

であるから,

$$f(\boldsymbol{x}) = \begin{pmatrix} 0 & 1 & 2 \\ -1 & 0 & 0 \end{pmatrix} \boldsymbol{x}$$

となり, $\begin{pmatrix} 0 & 1 & 2 \\ -1 & 0 & 0 \end{pmatrix}$ が f に対応する行列である.

例題 2.13　線形変換 $f : \mathbb{R}^3 \longrightarrow \mathbb{R}^3$ が

$$f\left(\begin{pmatrix} 2 \\ -1 \\ 0 \end{pmatrix}\right) = \begin{pmatrix} 0 \\ -2 \\ 1 \end{pmatrix},\ \ f\left(\begin{pmatrix} 3 \\ 1 \\ -1 \end{pmatrix}\right) = \begin{pmatrix} 2 \\ -4 \\ -2 \end{pmatrix},\ \ f\left(\begin{pmatrix} -1 \\ 0 \\ 1 \end{pmatrix}\right) = \begin{pmatrix} 2 \\ 2 \\ 1 \end{pmatrix}$$

を満たすとき,

> (1)　$\mathbb{R}^3$ の基本ベクトルの像 $f(\boldsymbol{e}_1)$, $f(\boldsymbol{e}_2)$, $f(\boldsymbol{e}_3)$ を求めよ.
>
> (2)　$f(\boldsymbol{x}) = A\boldsymbol{x}$ となる行列 A を求めよ.

解答　(1) f は線形写像であるから,

$$f\left(\begin{pmatrix} 2 \\ -1 \\ 0 \end{pmatrix}\right) = f(2\boldsymbol{e}_1 - \boldsymbol{e}_2) = 2f(\boldsymbol{e}_1) - f(\boldsymbol{e}_2) = \begin{pmatrix} 0 \\ -2 \\ 1 \end{pmatrix} \tag{2.15}$$

$$f\left(\begin{pmatrix} 3 \\ 1 \\ -1 \end{pmatrix}\right) = f(3\boldsymbol{e}_1 + \boldsymbol{e}_2 - \boldsymbol{e}_3) = 3f(\boldsymbol{e}_1) + f(\boldsymbol{e}_2) - f(\boldsymbol{e}_3) = \begin{pmatrix} 2 \\ -4 \\ -2 \end{pmatrix} \tag{2.16}$$

$$f\left(\begin{pmatrix} -1 \\ 0 \\ 1 \end{pmatrix}\right) = f(-\boldsymbol{e}_1 + \boldsymbol{e}_3) = -f(\boldsymbol{e}_1) + f(\boldsymbol{e}_3) = \begin{pmatrix} 2 \\ 2 \\ 1 \end{pmatrix} \tag{2.17}$$

を得る. ここで, (2.15) 式, (2.16) 式, (2.17) 式 の辺々を加えると, $4f(\boldsymbol{e}_1) = \begin{pmatrix} 4 \\ -4 \\ 0 \end{pmatrix}$ となるか

ら, $f(\boldsymbol{e}_1) = \begin{pmatrix} 1 \\ -1 \\ 0 \end{pmatrix}$ となる. これを (2.15) 式に代入すると, $f(\boldsymbol{e}_2) = 2f(\boldsymbol{e}_1) - \begin{pmatrix} 0 \\ -2 \\ 1 \end{pmatrix} =$

$\begin{pmatrix} 2-0 \\ -2-(-2) \\ 0-1 \end{pmatrix} = \begin{pmatrix} 2 \\ 0 \\ -1 \end{pmatrix}$ であり, 同様に, $f(\boldsymbol{e}_1)$ の結果を (2.17) 式に代入すれば, $f(\boldsymbol{e}_3) =$

$\begin{pmatrix} 2 \\ 2 \\ 1 \end{pmatrix} + f(\boldsymbol{e}_1) = \begin{pmatrix} 2+1 \\ 2+(-1) \\ 1+0 \end{pmatrix} = \begin{pmatrix} 3 \\ 1 \\ 1 \end{pmatrix}$ を得る. よって,

$$f(\boldsymbol{e}_1) = \begin{pmatrix} 1 \\ -1 \\ 0 \end{pmatrix}, \quad f(\boldsymbol{e}_2) = \begin{pmatrix} 2 \\ 0 \\ -1 \end{pmatrix}, \quad f(\boldsymbol{e}_3) = \begin{pmatrix} 3 \\ 1 \\ 1 \end{pmatrix}$$

である.

(2) $\mathbb{R}^3 \ni \forall \boldsymbol{x} = \begin{pmatrix} x_1 \\ x_2 \\ x_3 \end{pmatrix}$ に対して, f による $\boldsymbol{x}$ の像を考えると, f は線形写像であるから,

$$f(\boldsymbol{x}) = f(x_1\boldsymbol{e}_1 + x_2\boldsymbol{e}_2 + x_3\boldsymbol{e}_3) = x_1 f(\boldsymbol{e}_1) + x_2 f(\boldsymbol{e}_2) + x_3 f(\boldsymbol{e}_3)$$

$$= (f(\boldsymbol{e}_1)\ f(\boldsymbol{e}_2)\ f(\boldsymbol{e}_3)) \begin{pmatrix} x_1 \\ x_2 \\ x_3 \end{pmatrix} = \begin{pmatrix} 1 & 2 & 3 \\ -1 & 0 & 1 \\ 0 & -1 & 1 \end{pmatrix} \begin{pmatrix} x_1 \\ x_2 \\ x_3 \end{pmatrix}.$$

ゆえに,

$$A = \begin{pmatrix} 1 & 2 & 3 \\ -1 & 0 & 1 \\ 0 & -1 & 1 \end{pmatrix}$$

を得る.

問 2.12 線形変換 $f : \mathbb{R}^3 \to \mathbb{R}^3$ が,

$$f(\begin{pmatrix} 1 \\ 0 \\ 3 \end{pmatrix}) = \begin{pmatrix} -2 \\ -5 \\ 8 \end{pmatrix}, \quad f(\begin{pmatrix} 2 \\ 1 \\ -1 \end{pmatrix}) = \begin{pmatrix} -1 \\ 4 \\ 8 \end{pmatrix}, \quad f(\begin{pmatrix} -1 \\ -2 \\ 0 \end{pmatrix}) = \begin{pmatrix} -4 \\ -1 \\ -3 \end{pmatrix}$$

を満たすとき,

(1) $\mathbb{R}^3$ の基本ベクトルの像 $f(\boldsymbol{e}_1), f(\boldsymbol{e}_2), f(\boldsymbol{e}_3)$ を求めよ.

(2) $f(\boldsymbol{x}) = A\boldsymbol{x}$ となる行列 A を求めよ.

▌逆変換に対応する行列▐

V を線形空間とし, V_1, V_2, V_3 を V の部分空間とする. このとき, $f : V_1 \longrightarrow V_2$, $g : V_2 \longrightarrow V_3$ の 2 つの写像について考える.

定義 2.27 線形空間 V の部分空間 V_1, V_2, V_3 について, 写像 $f : V_1 \longrightarrow V_2, g : V_2 \longrightarrow V_3$

$$g \circ f : \quad V_1 \quad \longrightarrow \quad V_3$$

が定義されるとき, $\qquad \cup \qquad\qquad \cup \qquad$ を f と g の**合成写像**という.

$$\boldsymbol{x} \quad \longmapsto \quad (g \circ f)(\boldsymbol{x})$$

✎ $(g \circ f)(\boldsymbol{x}) := g(f(\boldsymbol{x}))$ として考える.

定義 2.27 において, f, g が線形写像であるとき, 合成写像 $g \circ f$ も線形写像となる.

例 2.32 $f : \mathbb{R}^2 \longrightarrow \mathbb{R}^2, g : \mathbb{R}^2 \longrightarrow \mathbb{R}^2$ をそれぞれ,

$$f(\begin{pmatrix} x \\ y \end{pmatrix}) := \begin{pmatrix} y \\ x \end{pmatrix}, \quad g(\begin{pmatrix} x \\ y \end{pmatrix}) := \begin{pmatrix} x - y \\ 3x + 2y \end{pmatrix}$$

で定めるとき, f と g の合成写像 $g \circ f$ により, $\boldsymbol{x} = \begin{pmatrix} x \\ y \end{pmatrix} \in \mathbb{R}^2$ の像は,

$$(g \circ f)(\boldsymbol{x}) = (g \circ f)(\begin{pmatrix} x \\ y \end{pmatrix}) = g(f(\begin{pmatrix} x \\ y \end{pmatrix}))$$

$$= g(\begin{pmatrix} y \\ x \end{pmatrix}) = \begin{pmatrix} y - x \\ 3y + 2x \end{pmatrix}$$

となる. このとき, $\mathbb{R}^2$ の標準基底の像は, それぞれ,

$$(g \circ f)(\begin{pmatrix} 1 \\ 0 \end{pmatrix}) = \begin{pmatrix} 0 - 1 \\ 3 \cdot 0 + 2 \cdot 1 \end{pmatrix} = \begin{pmatrix} -1 \\ 2 \end{pmatrix}, \quad (g \circ f)(\begin{pmatrix} 0 \\ 1 \end{pmatrix}) = \begin{pmatrix} 1 - 0 \\ 3 \cdot 1 + 2 \cdot 0 \end{pmatrix} = \begin{pmatrix} 1 \\ 3 \end{pmatrix}$$

であるから, $(g \circ f)(\boldsymbol{x}) = \begin{pmatrix} -1 & 1 \\ 2 & 3 \end{pmatrix} \boldsymbol{x}$ となる. よって, $g \circ f$ に対応する行列は $\begin{pmatrix} -1 & 1 \\ 2 & 3 \end{pmatrix}$

である.

定理 2.10   線形変換 $f : \mathbb{R}^n \longrightarrow \mathbb{R}^n$ に対応する行列 A が正則行列ならば, 逆変換 f^{-1} が存在して, f^{-1} に対応する行列は, A^{-1} である.

証明   線形写像 $f : \mathbb{R}^n \longrightarrow \mathbb{R}^n$, $g : \mathbb{R}^n \longrightarrow \mathbb{R}^n$ が定義されるとき, 定理 2.9 より, f に対応する行列 A と, g に対応する行列 B が存在する. すると,

$$(g \circ f)(\boldsymbol{x}) = g(f(\boldsymbol{x})) = g(A\boldsymbol{x}) = BA\boldsymbol{x}$$

であるから, $g \circ f$ に対応する行列は BA である. そこで, 線形変換 f に対応する行列 A が正則行列のとき, A^{-1} に対応する線形変換を g とすれば, $AA^{-1} = A^{-1}A = E$ であるから, $f \circ g$ と $g \circ f$ は恒等写像となる. 定義 2.25 より, f の逆変換 (逆写像) が存在して, $f^{-1} = g$ である. ∎

例題 2.14   線形変換 $f : \mathbb{R}^2 \longrightarrow \mathbb{R}^2$ に対応する行列を $\begin{pmatrix} -2 & 1 \\ 5 & -3 \end{pmatrix}$ とするとき, f による像が点 $(-3, 1)$ となるような点を求めよ.

解答   求める点を $\boldsymbol{x}$ とすると, 題意から, $f(\boldsymbol{x}) = \begin{pmatrix} -3 \\ 1 \end{pmatrix}$ である. また, $\begin{vmatrix} -2 & 1 \\ 5 & -3 \end{vmatrix} = 1 \neq 0$ より f^{-1} が存在する. ゆえに, $\boldsymbol{x}$ を求めるには, f の逆変換 f^{-1} を使って,

$$(f^{-1} \circ f)(\boldsymbol{x}) = f^{-1}(\begin{pmatrix} -3 \\ 1 \end{pmatrix})$$

$$\boldsymbol{x} = f^{-1}(\begin{pmatrix} -3 \\ 1 \end{pmatrix})$$

として求めればよい. 定理 2.10 から, f^{-1} に対応する行列は, $\begin{pmatrix} -2 & 1 \\ 5 & -3 \end{pmatrix}^{-1}$ であるから,

$$\boldsymbol{x} = \begin{pmatrix} -2 & 1 \\ 5 & -3 \end{pmatrix}^{-1} \begin{pmatrix} -3 \\ 1 \end{pmatrix} = \begin{pmatrix} -3 & -1 \\ -5 & -2 \end{pmatrix} \begin{pmatrix} -3 \\ 1 \end{pmatrix} = \begin{pmatrix} 9 + (-1) \\ 15 + (-2) \end{pmatrix} = \begin{pmatrix} 8 \\ 13 \end{pmatrix}. ∎$$

問 2.13   線形変換 $f : \mathbb{R}^2 \to \mathbb{R}^2$ に対応する行列を $\begin{pmatrix} 3 & -7 \\ -1 & 9 \end{pmatrix}$ とするとき, f による像が点 $(5, -2)$ となる点を求めよ.

☕ **回転を表す線形変換** ☕

座標平面上の点 $\mathrm{A}(x, y)$ を原点中心に角 θ だけ回転して移動した点 $\mathrm{A}'(x', y')$ を考える. このように, 点 A から 点 A' に移動することを, 原点を中心とする角 θ の **回転移動** という. 原点を中心とする角 θ の回転移動を表す線形変換を

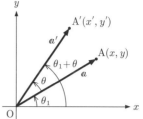

$$
f: \quad \mathbb{R}^2 \quad \longrightarrow \quad \mathbb{R}^2
$$
$$
\cup \qquad\qquad \cup
$$
$$
\begin{pmatrix} x \\ y \end{pmatrix} \quad \longmapsto \quad \begin{pmatrix} x' \\ y' \end{pmatrix}
$$

とするとき, 図のように $\boldsymbol{a}$ と $\boldsymbol{a}'$ を考え, x 軸と $\begin{pmatrix} x \\ y \end{pmatrix}$ とのなす角を θ_1, $\begin{pmatrix} x \\ y \end{pmatrix}$ と $\begin{pmatrix} x' \\ y' \end{pmatrix}$ のなす角を θ とすると, $\|\boldsymbol{a}\| = \|\boldsymbol{a}'\| = r$ とおけば, $\begin{pmatrix} x \\ y \end{pmatrix}$ は, r, θ_1 を使って,

$$
\begin{cases} x = r \cos \theta_1 \\ y = r \sin \theta_1 \end{cases} \tag{2.18}
$$

と表すことができ, $\begin{pmatrix} x' \\ y' \end{pmatrix}$ は, r, θ_1, θ を使って,

$$
\begin{cases} x' = r \cos (\theta_1 + \theta) \\ y' = r \sin (\theta_1 + \theta) \end{cases} \tag{2.19}
$$

と表すことができる. ここで, 三角関数の加法定理より,

$$
\begin{cases} \cos (\theta_1 + \theta) = \cos \theta_1 \cos \theta - \sin \theta_1 \sin \theta \\ \sin (\theta_1 + \theta) = \sin \theta_1 \cos \theta + \cos \theta_1 \sin \theta \end{cases} \tag{2.20}
$$

となるから, (2.18), (2.19), (2.20) 式から,

$$
x' = r \cos \theta_1 \cos \theta - r \sin \theta_1 \sin \theta = x \cos \theta - y \sin \theta
$$
$$
y' = r \sin \theta_1 \cos \theta + r \cos \theta_1 \sin \theta = x \sin \theta + y \cos \theta
$$

を得る. ゆえに,

$$
\begin{pmatrix} x' \\ y' \end{pmatrix} = \begin{pmatrix} \cos \theta & -\sin \theta \\ \sin \theta & \cos \theta \end{pmatrix} \begin{pmatrix} x \\ y \end{pmatrix}
$$

となる. 以上より, 原点 O を中心とした角 θ の回転移動の線形変換に対応する行列は,

$$
\begin{pmatrix} \cos \theta & -\sin \theta \\ \sin \theta & \cos \theta \end{pmatrix}
$$

である.

◆◆練習問題 § 2.6 ◆◆

A

1. 行列 $\begin{pmatrix} -2 & 5 \\ 7 & 3 \end{pmatrix} \in M_2$ に対応する線形変換 $f : \mathbb{R}^2 \to \mathbb{R}^2$ による平面座標上の次の点の像を求めよ.

　　(1)　点 $(-1, 3)$　　(2)　点 $(2, 0)$　　(3)　点 $(1, 0)$

　　(4)　点 $(0, 1)$　　(5)　点 $(\sqrt{2}, 3)$　　(6)　点 $(-\dfrac{1}{2}, 3)$

2. $M_2 \ni \begin{pmatrix} -2 & -1 \\ 7 & 1 \end{pmatrix}$ に対応する線形写像を f とするとき, f による像が直線 $2x - 3y - 4 = 0$ となるのはどのような図形か求めよ.

3. 線形変換 $f : \mathbb{R}^3 \longrightarrow \mathbb{R}^3$ が

$$f\left(\begin{pmatrix} 1 \\ 2 \\ -1 \end{pmatrix}\right) = \begin{pmatrix} 6 \\ 1 \\ -4 \end{pmatrix}, f\left(\begin{pmatrix} 0 \\ -3 \\ 1 \end{pmatrix}\right) = \begin{pmatrix} -5 \\ -5 \\ 5 \end{pmatrix}, f\left(\begin{pmatrix} -1 \\ 1 \\ -1 \end{pmatrix}\right) = \begin{pmatrix} 1 \\ 0 \\ -6 \end{pmatrix}$$

を満たすとき,

　　(1)　$\mathbb{R}^3$ の基本ベクトルの像 $f(\boldsymbol{e}_1), f(\boldsymbol{e}_2), f(\boldsymbol{e}_3)$ を求めよ.

　　(2)　$f(\boldsymbol{x}) = A\boldsymbol{x}$ となる行列 A を求めよ.

4. 写像 $f : \mathbb{R}^2 \to \mathbb{R}^2$ と $g : \mathbb{R}^2 \to \mathbb{R}^2$ について, f に対応する行列を $\begin{pmatrix} -2 & 4 \\ 3 & -5 \end{pmatrix}$ とし, $f \circ g$ に対応する行列を $\begin{pmatrix} -4 & -16 \\ 5 & 22 \end{pmatrix}$ とするとき,

　　(1)　g に対応する行列を求めよ.

　　(2)　$g \circ f$ に対応する行列を求め, $g \circ f$ による 点 $(-4, 3)$ の像を求めよ.

B

1. 行列 $\begin{pmatrix} a & -3 \\ 5 & b \end{pmatrix}$ に対応する写像 f による, 2 点 $(2, -1), (0, -3)$ の像がいずれも直線 $2x - 3y - 7 = 0$ 上の点となるとき, 定数 a, b の値を定めよ.

2. 線形写像 f による 図形 A の像は, 図形 A を x 軸方向に $\dfrac{1}{3}$ 倍, y 軸方向に $\dfrac{1}{2}$ 倍したものになる.

　　(1)　f に対応する行列を求めよ.

　　(2)　f による 円 $x^2 + y^2 = 36$ の像を求めよ.

§ 2.7　ベクトルの内積

　これまでに線形空間を定義し (定義 2.11)，基底と次元 (定義 2.17) といった概念によって，線形空間がどのような広がりをもつのかを調べる方法について学んだ. また, 線形空間 $\mathbb{R}^m$, $\mathbb{R}^n$ の間に線形写像という対応を考えると，その対応を行列を使って表すことができた (定理 2.9). ここでは，さらに線形空間 $\mathbb{R}^n$ の 2 つのベクトルを比べるための道具としてベクトルの内積を導入することで，ベクトルの大きさ，なす角などの計算ができるようになることを目的とする.

■内積■

定義 2.28　$\mathbb{R}^n \ni \boldsymbol{a} = \begin{pmatrix} a_1 \\ a_2 \\ \vdots \\ a_n \end{pmatrix}, \boldsymbol{b} = \begin{pmatrix} b_1 \\ b_2 \\ \vdots \\ b_n \end{pmatrix}$ に対して，

$$(\boldsymbol{a}, \boldsymbol{b}) := {}^t\boldsymbol{a}\,\boldsymbol{b} = a_1 b_1 + a_2 b_2 + \cdots + a_n b_n$$

によって定める値 $(\boldsymbol{a}, \boldsymbol{b})$ を $\boldsymbol{a}$ と $\boldsymbol{b}$ の**内積**という.

　内積の定義された線形空間を**内積空間**または**計量ベクトル空間**などという[10].

例 2.33　$\mathbb{R}^3 \ni \boldsymbol{a} = \begin{pmatrix} 1 \\ -2 \\ 3 \end{pmatrix}, \boldsymbol{b} = \begin{pmatrix} 6 \\ -5 \\ -4 \end{pmatrix}$ に対して，

$$(\boldsymbol{a}, \boldsymbol{b}) = 1 \cdot 6 + (-2) \cdot (-5) + 3 \cdot (-4) = 6 + 10 - 12 = 4$$

である.

定理 2.11　$\mathbb{R}^n \ni \boldsymbol{a}, \boldsymbol{b}, \boldsymbol{c}$ に対して次の (1) から (4) が成り立つ.

(1)　$(\boldsymbol{a}, \boldsymbol{b}) = (\boldsymbol{b}, \boldsymbol{a})$,

(2)　$(\boldsymbol{a} + \boldsymbol{b}, \boldsymbol{c}) = (\boldsymbol{a}, \boldsymbol{c}) + (\boldsymbol{b}, \boldsymbol{c})$,

(3)　$(c\,\boldsymbol{a}, \boldsymbol{b}) = (\boldsymbol{a}, c\,\boldsymbol{b}) = c(\boldsymbol{a}, \boldsymbol{b})$　$(c \in \mathbb{R})$,

(4)　$(\boldsymbol{a}, \boldsymbol{a}) \geq 0$. ここで等号成立は，$\boldsymbol{a} = \boldsymbol{o}$ のときに限る.

証明　$\boldsymbol{a} = \begin{pmatrix} a_1 \\ a_2 \\ \vdots \\ a_n \end{pmatrix}, \boldsymbol{b} = \begin{pmatrix} b_1 \\ b_2 \\ \vdots \\ b_n \end{pmatrix}, \boldsymbol{c} = \begin{pmatrix} c_1 \\ c_2 \\ \vdots \\ c_n \end{pmatrix}$ とおく.

(1) 定義 2.28 より, $(\boldsymbol{a}, \boldsymbol{b}) = a_1 b_1 + a_2 b_2 + \cdots + a_n b_n$ である. ここで, $\mathbb{R} \ni a_i, b_i$ について, $a_i b_i = b_i a_i$ が成り立つから, $a_1 b_1 + a_2 b_2 + \cdots + a_n b_n = b_1 a_1 + b_2 a_2 + \cdots + b_n a_n = (\boldsymbol{b}, \boldsymbol{a})$ である. よって, $(\boldsymbol{a}, \boldsymbol{b}) = (\boldsymbol{b}, \boldsymbol{a})$.

---

[10] 数ベクトル空間以外の線形空間についても，定理 2.11 の (1) から (4) を満たすような実数 $(\boldsymbol{a}, \boldsymbol{b})$ が定義できるならば，それを内積として内積空間を考えることができる. このテキストは簡単のため, 数ベクトル空間の内積のみ扱う.

(2) $\boldsymbol{a}+\boldsymbol{b}$ の i 番目の成分は, a_i+b_i であるから, $(\boldsymbol{a}+\boldsymbol{b},\boldsymbol{c})$ は, $(a_i+b_i)c_i$ $(i=1,2,\ldots,n)$ の和に書ける. $a_i,b_i,c_i\in\mathbb{R}$ であるから, 和の各項は, $(a_i+b_i)c_i=a_ic_i+b_ic_i$ となり,

$$(\boldsymbol{a}+\boldsymbol{b},\boldsymbol{c})=(a_1+b_1)c_1+(a_2+b_2)c_2+\cdots+(a_n+b_n)c_n$$

$$=(a_1c_1+a_2c_2+\cdots+a_nc_n)+(b_1c_1+b_2c_2+\cdots+b_nc_n)=(\boldsymbol{a},\boldsymbol{c})+(\boldsymbol{b},\boldsymbol{c})$$

を得る.

(3) $(c\,\boldsymbol{a},\boldsymbol{b})$ は $(ca_i)b_i=a_i(cb_i)=c(a_ib_i)$ $(i=1,2,\ldots,n)$ の和であるから,

$$(c\,\boldsymbol{a},\boldsymbol{b})=(ca_1)b_1+(ca_2)b_2+\cdots+(ca_n)b_n$$

$$=a_1(cb_1)+a_2(cb_2)+\cdots+a_n(cb_n)=(\boldsymbol{a},c\boldsymbol{b})$$

$$=c(a_1b_1)+c(a_2b_2)+\cdots+c(a_nb_n)=c(a_1b_1+a_2b_2+\cdots+a_nb_n)=c(\boldsymbol{a},\boldsymbol{b}).$$

(4) $(\boldsymbol{a},\boldsymbol{a})=a_1^2+a_2^2+\cdots+a_n^2$ である. 第 i 項について, $a_i^2\geq0$ となるから, $(\boldsymbol{a},\boldsymbol{a})\geq0$ を得る. また, $a_i^2=0$ となるのは $a_i=0$ のときに限るから, $(\boldsymbol{a},\boldsymbol{a})=0$ となるのは, $\boldsymbol{a}=\begin{pmatrix}0\\0\\\vdots\\0\end{pmatrix}=\boldsymbol{o}$ のときに限る.

例題 **2.15** $\boldsymbol{a}=\begin{pmatrix}-1\\3\\1\end{pmatrix},\boldsymbol{b}=\begin{pmatrix}4\\1\\-3\end{pmatrix},\boldsymbol{c}=\begin{pmatrix}0\\-5\\2\end{pmatrix}$ のとき, 次の値を計算せよ.

(1) $(\boldsymbol{a},\boldsymbol{b}+\boldsymbol{c})$　　(2) $(-4\boldsymbol{a}+3\boldsymbol{b},2\boldsymbol{b})$　　(3) $(2\boldsymbol{b}-\boldsymbol{c},\boldsymbol{a}+\boldsymbol{b}+\boldsymbol{c})$

解答 (1) 定理 2.11 より

$$(\boldsymbol{a},\boldsymbol{b}+\boldsymbol{c})=(\boldsymbol{b}+\boldsymbol{c},\boldsymbol{a})=(\boldsymbol{b},\boldsymbol{a})+(\boldsymbol{c},\boldsymbol{a})$$

である. ここで, $(\boldsymbol{b},\boldsymbol{a})=(\boldsymbol{a},\boldsymbol{b})=(-1)\cdot4+3\cdot1+1\cdot(-3)=-4+3-3=-4$, $(\boldsymbol{c},\boldsymbol{a})=(\boldsymbol{a},\boldsymbol{c})=-1\cdot0+3\cdot(-5)+1\cdot2=-15+2=-13$ であるから,

$$(\boldsymbol{a},\boldsymbol{b}+\boldsymbol{c})=-4-13=-17$$

を得る.

(2) (1) と同様にして, 定理 2.11 より

$$(-4\boldsymbol{a}+3\boldsymbol{b},2\boldsymbol{b})=(-4\boldsymbol{a},2\boldsymbol{b})+(3\boldsymbol{b},2\boldsymbol{b})=-4\cdot2(\boldsymbol{a},\boldsymbol{b})+3\cdot2(\boldsymbol{b},\boldsymbol{b})=-8(\boldsymbol{a},\boldsymbol{b})+6(\boldsymbol{b},\boldsymbol{b})$$

である. ここで, $(\boldsymbol{a},\boldsymbol{b})=-4$, $(\boldsymbol{b},\boldsymbol{b})=4^2+1^2+(-3)^2=16+1+9=26$ であるから,

$$(-4\boldsymbol{a}+3\boldsymbol{b},2\boldsymbol{b})=-8\cdot(-4)+6\cdot26=32+156=188$$

となる.

(3) 定理 2.11 より

$$(2\boldsymbol{b}-\boldsymbol{c},\boldsymbol{a}+\boldsymbol{b}+\boldsymbol{c})=(2\boldsymbol{b},\boldsymbol{a}+\boldsymbol{b}+\boldsymbol{c})+(-\boldsymbol{c},\boldsymbol{a}+\boldsymbol{b}+\boldsymbol{c})=2(\boldsymbol{a}+\boldsymbol{b}+\boldsymbol{c},\boldsymbol{b})-(\boldsymbol{a}+\boldsymbol{b}+\boldsymbol{c},\boldsymbol{c})$$

$$=2\{(\boldsymbol{a},\boldsymbol{b})+(\boldsymbol{b},\boldsymbol{b})+(\boldsymbol{c},\boldsymbol{b})\}-\{(\boldsymbol{a},\boldsymbol{c})+(\boldsymbol{b},\boldsymbol{c})+(\boldsymbol{c},\boldsymbol{c})\}$$

$$=2(\boldsymbol{a},\boldsymbol{b})+2(\boldsymbol{b},\boldsymbol{b})+2(\boldsymbol{b},\boldsymbol{c})-(\boldsymbol{a},\boldsymbol{c})-(\boldsymbol{b},\boldsymbol{c})-(\boldsymbol{c},\boldsymbol{c})$$

$$=2(\boldsymbol{a},\boldsymbol{b})+2(\boldsymbol{b},\boldsymbol{b})+(\boldsymbol{b},\boldsymbol{c})-(\boldsymbol{a},\boldsymbol{c})-(\boldsymbol{c},\boldsymbol{c})$$

である. ここで, $(\boldsymbol{a}, \boldsymbol{b}) = -4$, $(\boldsymbol{b}, \boldsymbol{b}) = 26$, $(\boldsymbol{b}, \boldsymbol{c}) = 4 \cdot 0 + 1 \cdot (-5) + (-3) \cdot 2 = -11$, $(\boldsymbol{a}, \boldsymbol{c}) = -13$, $(\boldsymbol{c}, \boldsymbol{c}) = 0 + (-5)^2 + 2^2 = 25 + 4 = 29$ であるから,

$$(2\boldsymbol{b} - \boldsymbol{c}, \boldsymbol{a} + \boldsymbol{b} + \boldsymbol{c}) = 2 \cdot (-4) + 2 \cdot 26 + (-11) - (-13) - 29 = -8 + 52 - 11 + 13 - 29 = 17$$

を得る. ∎

✎ 例題 2.15 の (1) などは, $\boldsymbol{b} + \boldsymbol{c} = \begin{pmatrix} 4 \\ -4 \\ -1 \end{pmatrix}$ であることから, $(\boldsymbol{a}, \boldsymbol{b} + \boldsymbol{c}) = (\begin{pmatrix} -1 \\ 3 \\ 1 \end{pmatrix}, \begin{pmatrix} 4 \\ -4 \\ -1 \end{pmatrix}) = $

$-1 \cdot 4 + 3 \cdot (-4) + 1 \cdot (-1) = -4 - 12 - 1 = -17$ として計算してもよい.

> **問 2.14** $\boldsymbol{a} = \begin{pmatrix} 2 \\ -1 \\ 3 \end{pmatrix}, \boldsymbol{b} = \begin{pmatrix} 5 \\ 4 \\ 0 \end{pmatrix}, \boldsymbol{c} = \begin{pmatrix} 1 \\ -1 \\ 2 \end{pmatrix}$ のとき,
>
> (1) $(\boldsymbol{a}, \boldsymbol{b} - \boldsymbol{c})$　　　　　　(2) $(-\boldsymbol{a} + 2\boldsymbol{b}, 3\boldsymbol{a})$　　　　　　(3) $(4\boldsymbol{b} + \boldsymbol{c}, 2\boldsymbol{a} + \boldsymbol{b} + \boldsymbol{c})$
> を計算せよ.

▌ベクトルの大きさと単位ベクトル▌

定義 2.2 によって幾何ベクトルの大きさを定義した. ここでは, 線形空間 $\mathbb{R}^n$ のベクトルの大きさおよび単位ベクトルについて定める.

定義 2.29 $\mathbb{R}^n \ni \boldsymbol{a} = \begin{pmatrix} a_1 \\ a_2 \\ \vdots \\ a_n \end{pmatrix}$ に対して,

$$\|\boldsymbol{a}\| := \sqrt{(\boldsymbol{a}, \boldsymbol{a})} = \sqrt{a_1{}^2 + a_2{}^2 + \cdots + a_n{}^2}$$

で $\|\boldsymbol{a}\|$ を定めて, ベクトル $\boldsymbol{a}$ の**大きさ** (または **長さ**) という. また 長さが 1 のベクトルを**単位ベクトル**という.

定義 2.28 の内積の定義から, $\mathbb{R}^n$ のベクトルの内積は実数である. また, 定理 2.11 (4) より, $(\boldsymbol{a}, \boldsymbol{a}) \geq 0$ であるから, $\|\boldsymbol{a}\| \in \mathbb{R}$ でなければならない. さらに, 定義 2.29 から次のことが容易に確かめられる.

$$\|\boldsymbol{a}\| \geq 0 \quad (\text{等号成立は } \boldsymbol{a} = \boldsymbol{o} \text{ のときに限る}),$$
$$\|c\boldsymbol{a}\| = |c| \|\boldsymbol{a}\|.$$

例 2.34 $\mathbb{R}^2 \ni \boldsymbol{a} = \begin{pmatrix} -5 \\ 1 \end{pmatrix}$ に対して, $\|\boldsymbol{a}\| = \sqrt{(-5)^2 + 1^2} = \sqrt{25 + 1} = \sqrt{26}$ である. また,

$\mathbb{R}^3 \ni \boldsymbol{b} = \begin{pmatrix} 3 \\ -2 \\ 1 \end{pmatrix}$ とすると, $\|\boldsymbol{b}\| = \sqrt{3^2 + (-2)^2 + 1^2} = \sqrt{9 + 4 + 1} = \sqrt{14}$ を得る.

　ベクトルの大きさについて, 定理 2.12 のような不等式が成り立つ.

定理 2.12　$\mathbb{R}^n \ni \boldsymbol{a}, \boldsymbol{b}$ に対して, 次の (1), (2) が成り立つ.

(1)　$|(\boldsymbol{a}, \boldsymbol{b})| \leq \|\boldsymbol{a}\| \|\boldsymbol{b}\|$　　（シュヴァルツの不等式）

(2)　$\|\boldsymbol{a} + \boldsymbol{b}\| \leq \|\boldsymbol{a}\| + \|\boldsymbol{b}\|$　　　（三角不等式）

証明　(1) $\boldsymbol{a} = \boldsymbol{o}$ のときは, $(\boldsymbol{a}, \boldsymbol{b}) = 0$ かつ $(\boldsymbol{a}, \boldsymbol{a}) = 0$ であるから, 等号が成り立つ. そこで, $\boldsymbol{a} \neq \boldsymbol{o}$ とする. $\mathbb{R} \ni \forall t$ に対して, $\|\boldsymbol{a}t + \boldsymbol{b}\|^2$ を計算することを考える. 定義 2.29 および定理 2.11 から,

$$\|\boldsymbol{a}t + \boldsymbol{b}\|^2 = (\boldsymbol{a}t + \boldsymbol{b}, \boldsymbol{a}t + \boldsymbol{b})$$

$$= (\boldsymbol{a}t, \boldsymbol{a}t) + (\boldsymbol{a}t, \boldsymbol{b}) + (\boldsymbol{b}, \boldsymbol{a}t) + (\boldsymbol{b}, \boldsymbol{b})$$

$$= \|\boldsymbol{a}\|^2 t^2 + 2(\boldsymbol{a}, \boldsymbol{b})t + \|\boldsymbol{b}\|^2. \tag{2.21}$$

ここで, $\|\boldsymbol{a}t + \boldsymbol{b}\| \in \mathbb{R}$ より, $\|\boldsymbol{a}t + \boldsymbol{b}\|^2 \geq 0$ でなければならない. そこで, (2.21) 式を t の 2 次式と考えて, $D = 4(\boldsymbol{a}, \boldsymbol{b})^2 - 4\|\boldsymbol{a}\|^2 \|\boldsymbol{b}\|^2$ とおくと, $D/4 = (\boldsymbol{a}, \boldsymbol{b})^2 - \|\boldsymbol{a}\|^2 \|\boldsymbol{b}\|^2 \leq 0$ でなければならない. ゆえに, $-\|\boldsymbol{a}\| \|\boldsymbol{b}\| \leq (\boldsymbol{a}, \boldsymbol{b}) \leq \|\boldsymbol{a}\| \|\boldsymbol{b}\|$ となり, (1) が成り立つ.

(2) $\|\boldsymbol{a} + \boldsymbol{b}\|^2 \leq (\|\boldsymbol{a}\| + \|\boldsymbol{b}\|)^2$ を示せばよい.

$$\|\boldsymbol{a} + \boldsymbol{b}\|^2 = (\boldsymbol{a} + \boldsymbol{b}, \boldsymbol{a} + \boldsymbol{b})$$

$$= (\boldsymbol{a}, \boldsymbol{a}) + (\boldsymbol{a}, \boldsymbol{b}) + (\boldsymbol{b}, \boldsymbol{a}) + (\boldsymbol{b}, \boldsymbol{b})$$

$$= \|\boldsymbol{a}\|^2 + 2(\boldsymbol{a}, \boldsymbol{b}) + \|\boldsymbol{b}\|^2$$

ここで, (1) より $(\boldsymbol{a}, \boldsymbol{b}) \leq \|\boldsymbol{a}\| \|\boldsymbol{b}\|$ であるから,

$$\|\boldsymbol{a} + \boldsymbol{b}\|^2 \leq \|\boldsymbol{a}\|^2 + 2\|\boldsymbol{a}\| \|\boldsymbol{b}\| + \|\boldsymbol{b}\|^2 = (\|\boldsymbol{a}\| + \|\boldsymbol{b}\|)^2$$

が成り立つ.　∎

例 2.35　$\dfrac{(\boldsymbol{a}, \boldsymbol{b})}{\|\boldsymbol{a}\| \|\boldsymbol{b}\|}$ の値の範囲を考える.

　$\boldsymbol{o}$ でないベクトル $\boldsymbol{a}, \boldsymbol{b} \in \mathbb{R}^n$ に対して, シュヴァルツの不等式 (定理 2.12 (1)) より,

$$-\|\boldsymbol{a}\| \|\boldsymbol{b}\| \leq (\boldsymbol{a}, \boldsymbol{b}) \leq \|\boldsymbol{a}\| \|\boldsymbol{b}\|$$

であるから, 上式を $\|\boldsymbol{a}\| \|\boldsymbol{b}\|$ で割れば,

$$-1 \leq \frac{(\boldsymbol{a}, \boldsymbol{b})}{\|\boldsymbol{a}\| \|\boldsymbol{b}\|} \leq 1 \tag{2.22}$$

を得る.

(2.22)式と右図の $y = \cos x$ のグラフにより，

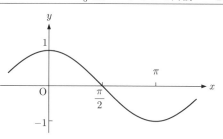

$$\cos \theta = \frac{(a, b)}{\|a\|\|b\|}$$

となるような $\theta \in \mathbb{R}$（$0 \leq \theta \leq \pi$）が唯一つ定まる．そこで，内積空間 $\mathbb{R}^n$ の 2 つのベクトルに対して次の定義のように角度を定める．

定義 2.30　$\mathbb{R}^n \ni a, b \neq o$ に対して，

$$\cos \theta = \frac{(a, b)}{\|a\|\|b\|}$$

で定まる θ　$(0 \leq \theta \leq \pi)$ を a と b の**なす角**という．また，$(a, b) = 0$ のとき，a と b は<ruby>直交<rt>ちょっこう</rt></ruby>するといい，$a \perp b$ と書く．

✎　$(a, b) = 0$ のときに a と b が直交することにするのは，$\cos \theta = \dfrac{(a, b)}{\|a\|\|b\|}$ より，$(a, b) = \|a\|\|b\|\cos \theta$ であり，$\theta = \dfrac{\pi}{2}$ のときに限って $(a, b) = 0$ となるからである．

　零ベクトル o はすべてのベクトルと直交するものと考える．

例 2.36　内積空間のベクトル $\mathbb{R}^3 \ni a = \begin{pmatrix} -2 \\ 1 \\ 2 \end{pmatrix}, b = \begin{pmatrix} -4 \\ -1 \\ 1 \end{pmatrix}$ について，

$$\cos \theta = \frac{(a, b)}{\|a\|\|b\|} = \frac{9}{\sqrt{9}\sqrt{18}} = \frac{1}{\sqrt{2}}$$

であるから，a と b のなす角は $\theta = \dfrac{\pi}{4}$ である．

例 2.37　内積空間 $\mathbb{R}^3$ のベクトル $a = \begin{pmatrix} 1 \\ 2 \\ 3 \end{pmatrix}, b = \begin{pmatrix} -9 \\ -6 \\ 7 \end{pmatrix}$ に対して，

$$(a, b) = 1 \cdot (-9) + 2 \cdot (-6) + 3 \cdot 7 = -9 - 12 + 21 = 0$$

であるから，$a \perp b$ である．

例題 2.16　$\mathbb{R}^3 \ni a = \begin{pmatrix} -3 \\ -1 \\ 2 \end{pmatrix}, b = \begin{pmatrix} -2 \\ -1 \\ 1 \end{pmatrix}$ に対して，a と b の両方に直交する単位ベクトルを求めよ．

解答　求めるベクトルを $x = \begin{pmatrix} x_1 \\ x_2 \\ x_3 \end{pmatrix}$ とすると，$a \perp x$ かつ $b \perp x$ であるから，同次連立 1 次方

程式

$$\begin{cases} (a, x) = -3x_1 - x_2 + 2x_3 = 0 \\ (b, x) = -2x_1 - x_2 + x_3 = 0 \end{cases}$$

を解けばよい. そこで, 係数行列の行基本変形を行って,

$$\begin{pmatrix} -3 & -1 & 2 \\ -2 & -1 & 1 \end{pmatrix} \overset{\times(-1)}{\longrightarrow} \begin{pmatrix} -1 & 0 & 1 \\ -2 & -1 & 1 \end{pmatrix} \overset{\times(-2)}{\longrightarrow} \begin{pmatrix} -1 & 0 & 1 \\ 0 & -1 & -1 \end{pmatrix}$$

となり, $\mathrm{rank} \begin{pmatrix} -3 & -1 & 2 \\ -2 & -1 & 1 \end{pmatrix} = 2$ であるから, 解の自由度は $3 - 2 = 1$ である. よって,

$$\begin{cases} -x_1 + x_3 = 0 \\ -x_2 - x_3 = 0 \end{cases}$$

について, $x_3 = c$ とおくと, $x_2 = -x_3 = -c, x_1 = x_3 = c$ であるから, 解は $x = c \begin{pmatrix} 1 \\ -1 \\ 1 \end{pmatrix}$ $[c \neq 0 :$

任意定数] となる. ここで, x は単位ベクトルでなければならないから,

$$\|x\|^2 = x_1{}^2 + x_2{}^2 + x_3{}^2 = c^2 + (-c)^2 + c^2 = 3c^2 = 1$$

を得る. よって, $c = \pm \dfrac{1}{\sqrt{3}}$ となるから, 求めるベクトルは, $x = \begin{pmatrix} \dfrac{1}{\sqrt{3}} \\ -\dfrac{1}{\sqrt{3}} \\ \dfrac{1}{\sqrt{3}} \end{pmatrix}, \begin{pmatrix} -\dfrac{1}{\sqrt{3}} \\ \dfrac{1}{\sqrt{3}} \\ -\dfrac{1}{\sqrt{3}} \end{pmatrix}$ である. ∎

問 **2.15** $\mathbb{R}^3 \ni a = \begin{pmatrix} -5 \\ -2 \\ 1 \end{pmatrix}, b = \begin{pmatrix} 1 \\ -3 \\ 2 \end{pmatrix}$ に対して, a と b の両方に直交する単位ベクトルを求めよ.

◆◆練習問題 § 2.7 ◆◆

A

1. $\mathbb{R}^3 \ni a = \begin{pmatrix} -3 \\ 1 \\ 1 \end{pmatrix}, b = \begin{pmatrix} 1 \\ 4 \\ -2 \end{pmatrix}, c = \begin{pmatrix} 2 \\ -1 \\ 4 \end{pmatrix}$ について, 次の値を計算せよ.

(1) $\|a\|$　　　　　(2) $\|b\|$　　　　　(3) $\|a + b\|$

(4) $\|2a + 3c\|$　　(5) $\|a + 3b + 2c\|$　(6) (a, b)

(7) (b, c)　　　　(8) (c, a)　　　　(9) $(a + b, c)$

(10) $(2a + b, 3c)$　(11) $(5b - 3a, 2b + c)$　(12) $(3c - b - 2a, -4a + 3b - 2c)$

2. $\mathbb{R}^3 \ni \boldsymbol{a} = \begin{pmatrix} 2 \\ -1 \\ 3 \end{pmatrix}, \boldsymbol{b} = \begin{pmatrix} 0 \\ 2 \\ 5 \end{pmatrix}, \boldsymbol{c} = \begin{pmatrix} -3 \\ 0 \\ 1 \end{pmatrix}$ とする. 次の 2 つのベクトルのな

す角を θ とするとき, $\cos\theta$ と $\sin\theta$ を求めよ.

(1) $\boldsymbol{a}, \boldsymbol{b}$　　　　　(2) $\boldsymbol{b}, \boldsymbol{c}$　　　　　(3) $\boldsymbol{c}, \boldsymbol{a}$

(4) $\boldsymbol{a} + \boldsymbol{c}, \boldsymbol{b} - 2\boldsymbol{c}$　　(5) $\boldsymbol{a} - \boldsymbol{b}, \boldsymbol{b} - 2\boldsymbol{c}$　(6) $\boldsymbol{a} - \boldsymbol{b}, \boldsymbol{b}$

(7) $\boldsymbol{a} - \boldsymbol{b} + \boldsymbol{c}, \boldsymbol{b} + \boldsymbol{c}$

§ 2.8　グラム-シュミットの直交化法

前節で, 内積空間 $\mathbb{R}^n$ のベクトル $\boldsymbol{a}, \boldsymbol{b}$ に対して, $\boldsymbol{a}$ と $\boldsymbol{b}$ のなす角を定義し, $(\boldsymbol{a}, \boldsymbol{b}) = 0$ となるとき, $\boldsymbol{a}$ と $\boldsymbol{b}$ が直交することを学んだ. ここでは, 内積空間の基底のうち, どの 2 つのベクトルを選んでも直交するような基底を考えて, さらに, 各ベクトルが単位ベクトルとなるようにする手法について解説し, 実際に計算できるようになることを目的とする.

▊正規直交基底▊

> **定義 2.31**　$\mathbb{R}^n \ni \boldsymbol{a}_1, \boldsymbol{a}_2, \ldots, \boldsymbol{a}_r \ (\boldsymbol{a}_i \neq \boldsymbol{o})$ において, どの 2 つのベクトルも直交しているとき, すなわち
>
> $$(\boldsymbol{a}_i, \boldsymbol{a}_j) = 0 \quad (i \neq j)$$
>
> が成り立つとき, $\boldsymbol{a}_1, \boldsymbol{a}_2, \ldots, \boldsymbol{a}_r$ は**直交系**であるといい, また, $\boldsymbol{a}_1, \boldsymbol{a}_2, \ldots, \boldsymbol{a}_r$ がすべて単位ベクトルで直交系となるとき, $\boldsymbol{a}_1, \boldsymbol{a}_2, \ldots, \boldsymbol{a}_r$ は**正規直交系**であるという. さらに, $\mathbb{R}^n$ の基底 $\{\boldsymbol{v}_1, \boldsymbol{v}_2, \ldots, \boldsymbol{v}_n\}$ が正規直交系であるとき, この基底を**正規直交基底**という.

例 2.38　$\mathbb{R}^3 \ni \boldsymbol{a} = \begin{pmatrix} 1 \\ 0 \\ -2 \end{pmatrix}, \ \boldsymbol{b} = \begin{pmatrix} 0 \\ 1 \\ 0 \end{pmatrix}, \ \boldsymbol{c} = \begin{pmatrix} 2 \\ 0 \\ 1 \end{pmatrix}$ に対して, $(\boldsymbol{a}, \boldsymbol{b}) = 1 \cdot 0 + 0 \cdot 1 +$

$(-2) \cdot 0 = 0, (\boldsymbol{b}, \boldsymbol{c}) = 0 \cdot 2 + 1 \cdot 0 + 0 \cdot 1 = 0, (\boldsymbol{c}, \boldsymbol{a}) = 2 \cdot 1 + 0 + 1 \cdot (-2) = 0$ であるから, 直交系である. しかし, $\|\boldsymbol{a}\| = \sqrt{1 + 0 + 4} = \sqrt{5} \neq 1$ また, $\|\boldsymbol{c}\| = \sqrt{4 + 0 + 1} = \sqrt{5} \neq 1$ であるから, 正規直交系ではない.

例 2.39　$\mathbb{R}^n$ の標準基底 $\{\boldsymbol{e}_1, \boldsymbol{e}_2, \ldots, \boldsymbol{e}_n\}$ は $(\boldsymbol{e}_i, \boldsymbol{e}_j) = 0 \ (i \neq j), \|\boldsymbol{e}_i\| = 1$ が成り立つから $\mathbb{R}^n$ の正規直交基底である.

> **定理 2.13**　$\mathbb{R}^n \ni \boldsymbol{a}_1, \boldsymbol{a}_2, \ldots, \boldsymbol{a}_r$ が 直交系 $\Longrightarrow \boldsymbol{a}_1, \boldsymbol{a}_2, \ldots, \boldsymbol{a}_r$ は 1 次独立.

証明　定義 2.15 より, スカラー $c_1, c_2, \ldots, c_r$ に対する 1 次結合が,

$$c_1 \boldsymbol{a}_1 + c_2 \boldsymbol{a}_2 + \cdots + c_r \boldsymbol{a}_r = \boldsymbol{o} \tag{2.23}$$

が成り立つとき $c_1 = c_2 = \cdots = c_r = 0$ になることを示せばよい. $\boldsymbol{a}_j \ (1 \leq \forall j \leq r)$ について, (2.23) 式と定理 2.11 から,

$$(\boldsymbol{a}_j, \boldsymbol{o}) = (\boldsymbol{a}_j, c_1 \boldsymbol{a}_1 + c_2 \boldsymbol{a}_2 + \cdots + c_r \boldsymbol{a}_r)$$

$$= c_1(\boldsymbol{a}_j, \boldsymbol{a}_1) + c_2(\boldsymbol{a}_j, \boldsymbol{a}_2) + \cdots + c_r(\boldsymbol{a}_j, \boldsymbol{a}_r)$$

$$= c_j(\boldsymbol{a}_j, \boldsymbol{a}_j) \qquad (\because \quad \boldsymbol{a}_1, \ldots, \boldsymbol{a}_r \text{は直交系だから } j \neq i \text{ のとき } (\boldsymbol{a}_j, \boldsymbol{a}_i) = 0)$$

$$= c_j \|\boldsymbol{a}_j\|^2$$

である．ここで，$\boldsymbol{a}_j \neq \boldsymbol{o}$ かつ $(\boldsymbol{a}_j, \boldsymbol{o}) = 0$ であるから，$c_j = 0$ でなければならない．すべての $j\ (1 \leq j \leq r)$ について $c_j = 0$ がいえるから，$\boldsymbol{a}_1, \ldots, \boldsymbol{a}_r$ は 1 次独立である． ∎

　このように，直交系のベクトルは 1 次独立になっている．$\mathbb{R}^n$ の任意のベクトル $\boldsymbol{a}\ (\neq \boldsymbol{o})$ について，$\boldsymbol{v} = \dfrac{1}{\|\boldsymbol{a}\|}\boldsymbol{a}$ とすると，$\|\boldsymbol{v}\| = 1$ となり，$\boldsymbol{v}$ は単位ベクトルになる．よって，直交系を構成することができれば，正規直交系も構成することができる．次の定理は，内積空間 $\mathbb{R}^n$ の任意の基底から正規直交基底を構成することができることを主張するもので，**グラム-シュミットの直交化法**という．

定理 2.14　$\mathbb{R}^n$ の 1 組の基底 $\{\boldsymbol{a}_1, \boldsymbol{a}_2, \ldots, \boldsymbol{a}_n\}$ が与えられたとき，$\boldsymbol{v}_1 = \dfrac{1}{\|\boldsymbol{a}_1\|}\boldsymbol{a}_1$ とし，

$$\boldsymbol{v}_k{}' = \boldsymbol{a}_k - \sum_{i=1}^{k-1}(\boldsymbol{a}_k, \boldsymbol{v}_i)\boldsymbol{v}_i, \quad \boldsymbol{v}_k = \frac{1}{\|\boldsymbol{v}_k{}'\|}\boldsymbol{v}_k{}' \quad (k = 2, 3, \ldots, n)$$

によって，順に $\boldsymbol{v}_2, \boldsymbol{v}_3, \ldots, \boldsymbol{v}_n$ を構成するとき，$\{\boldsymbol{v}_1, \boldsymbol{v}_2, \ldots, \boldsymbol{v}_n\}$ は $\mathbb{R}^n$ の正規直交基底となる．

証明　$\|\boldsymbol{v}_1\| = 1$ である．$\boldsymbol{v}_2{}' = \boldsymbol{a}_2 - (\boldsymbol{a}_2, \boldsymbol{v}_1)\boldsymbol{v}_1$ とおくと，$\boldsymbol{v}_2{}' \neq \boldsymbol{o}$ である．なぜならば，$\boldsymbol{v}_2{}' = \boldsymbol{a}_2 - (\boldsymbol{a}_2, \boldsymbol{v}_1)\boldsymbol{v}_1 = \boldsymbol{o}$ とすると，$\boldsymbol{a}_2 = (\boldsymbol{a}_2, \boldsymbol{v}_1)\boldsymbol{v}_1 = (\boldsymbol{a}_2, \boldsymbol{v}_1)\dfrac{1}{\|\boldsymbol{a}_1\|}\boldsymbol{a}_1$ となり，$\boldsymbol{a}_1 \parallel \boldsymbol{a}_2$ となり，$\boldsymbol{a}_1$ と $\boldsymbol{a}_2$ が 1 次独立であることに反するからである．ここで，$(\boldsymbol{v}_2{}', \boldsymbol{v}_1)$ を考えると，

$$(\boldsymbol{v}_2{}', \boldsymbol{v}_1) = (\boldsymbol{a}_2 - (\boldsymbol{a}_2, \boldsymbol{v}_1)\boldsymbol{v}_1, \boldsymbol{v}_1)$$

$$= (\boldsymbol{a}_2, \boldsymbol{v}_1) - (\boldsymbol{a}_2, \boldsymbol{v}_1)(\boldsymbol{v}_1, \boldsymbol{v}_1)$$

$$= (\boldsymbol{a}_2, \boldsymbol{v}_1) - (\boldsymbol{a}_2, \boldsymbol{v}_1) = 0 \quad (\because \quad (\boldsymbol{v}_1, \boldsymbol{v}_1) = \|\boldsymbol{v}_1\|^2 = 1)$$

である．そこで，$\boldsymbol{v}_2 = \dfrac{1}{\|\boldsymbol{v}_2{}'\|}\boldsymbol{v}_2{}'$ とすれば，$(\boldsymbol{v}_1, \boldsymbol{v}_2) = 0$ で，$\|\boldsymbol{v}_2\| = 1$ である．次に，$\boldsymbol{v}_3{}' = \boldsymbol{a}_3 - (\boldsymbol{a}_3, \boldsymbol{v}_1)\boldsymbol{v}_1 - (\boldsymbol{a}_3, \boldsymbol{v}_2)\boldsymbol{v}_2$ とおくと，同様にして，$\boldsymbol{v}_3{}' \neq \boldsymbol{o}$ であり，

$$(\boldsymbol{v}_3{}', \boldsymbol{v}_1) = (\boldsymbol{a}_3 - (\boldsymbol{a}_3, \boldsymbol{v}_1)\boldsymbol{v}_1 - (\boldsymbol{a}_3, \boldsymbol{v}_2)\boldsymbol{v}_2, \boldsymbol{v}_1)$$

$$= (\boldsymbol{a}_3, \boldsymbol{v}_1) - (\boldsymbol{a}_3, \boldsymbol{v}_1)(\boldsymbol{v}_1, \boldsymbol{v}_1) - (\boldsymbol{a}_3, \boldsymbol{v}_2)(\boldsymbol{v}_2, \boldsymbol{v}_1)$$

$$= (\boldsymbol{a}_3, \boldsymbol{v}_1) - (\boldsymbol{a}_3, \boldsymbol{v}_1) = 0 \quad (\because \quad (\boldsymbol{v}_1, \boldsymbol{v}_1) = 1 \text{ かつ } (\boldsymbol{v}_2, \boldsymbol{v}_1) = 0)$$

となる．同じようにして，$(\boldsymbol{v}_3{}', \boldsymbol{v}_2) = 0$ を示すことができるから，$\boldsymbol{v}_3 = \dfrac{1}{\|\boldsymbol{v}_3{}'\|}\boldsymbol{v}_3{}'$ とすれば，$(\boldsymbol{v}_3, \boldsymbol{v}_1) = (\boldsymbol{v}_3, \boldsymbol{v}_2) = (\boldsymbol{v}_1, \boldsymbol{v}_2) = 0$ で，$\|\boldsymbol{v}_3\| = 1$ が成り立つ．

　そこで，自然数 k に対して，$(\boldsymbol{v}_i, \boldsymbol{v}_j) = 0\ (1 \leq i, j \leq k,\ i \neq j)$，$\|\boldsymbol{v}_i\| = 1\ (1 \leq i \leq k)$ かつ $\boldsymbol{v}_i$ が $\boldsymbol{a}_1, \cdots, \boldsymbol{a}_i$ の 1 次結合で書くことができると仮定する．

$$\boldsymbol{v}_{k+1}{}' = \boldsymbol{a}_{k+1} - \sum_{i=1}^{k}(\boldsymbol{a}_{k+1}, \boldsymbol{v}_i)\boldsymbol{v}_i \tag{2.24}$$

とおくとき, $\boldsymbol{v}_{k+1}' \neq \boldsymbol{o}$ である. また, $\boldsymbol{v}_j$ $(1 \leq \forall j \leq k)$ に対して, (2.24) 式より,

$$(\boldsymbol{v}_{k+1}', \boldsymbol{v}_j) = (\boldsymbol{a}_{k+1} - \sum_{i=1}^{k}(\boldsymbol{a}_{k+1}, \boldsymbol{v}_i)\boldsymbol{v}_i, \boldsymbol{v}_j)$$

$$= (\boldsymbol{a}_{k+1}, \boldsymbol{v}_j) - \sum_{i=1}^{k}(\boldsymbol{a}_{k+1}, \boldsymbol{v}_i)(\boldsymbol{v}_i, \boldsymbol{v}_j)$$

$$= (\boldsymbol{a}_{k+1}, \boldsymbol{v}_j) - (\boldsymbol{a}_{k+1}, \boldsymbol{v}_j)(\boldsymbol{v}_j, \boldsymbol{v}_j) \quad (\because \text{ 仮定より } (\boldsymbol{v}_i, \boldsymbol{v}_j) = \delta_{ij})$$

$$= (\boldsymbol{a}_{k+1}, \boldsymbol{v}_j) - (\boldsymbol{a}_{k+1}, \boldsymbol{v}_j) = 0 \quad (\because \ (\boldsymbol{v}_j, \boldsymbol{v}_j) = 1)$$

と計算される. ゆえに, $\boldsymbol{v}_{k+1} = \dfrac{1}{\|\boldsymbol{v}_{k+1}'\|}\boldsymbol{v}_{k+1}'$ とすれば, $(\boldsymbol{v}_i, \boldsymbol{v}_j) = 0$ $(1 \leq i, j \leq k+1,\ i \neq j)$ かつ $\|\boldsymbol{v}_i\| = 1$ $(1 \leq i \leq k+1)$ が成り立ち, 数学的帰納法より, $\{\boldsymbol{v}_1, \boldsymbol{v}_2, \ldots, \boldsymbol{v}_n\}$ は, $\mathbb{R}^n$ の正規直交基底となる. ∎

例題 2.17 $\boldsymbol{a}_1 = \begin{pmatrix} -1 \\ 2 \\ -1 \end{pmatrix}$, $\boldsymbol{a}_2 = \begin{pmatrix} -1 \\ 3 \\ 1 \end{pmatrix}$, $\boldsymbol{a}_3 = \begin{pmatrix} 1 \\ -1 \\ 0 \end{pmatrix}$ に対して, $\{\boldsymbol{a}_1, \boldsymbol{a}_2, \boldsymbol{a}_3\}$ は, $\mathbb{R}^3$ の 1 組の基底である. この $\mathbb{R}^3$ の基底 $\{\boldsymbol{a}_1, \boldsymbol{a}_2, \boldsymbol{a}_3\}$ に対してグラム-シュミットの直交化法を行い, $\mathbb{R}^3$ の正規直交基底を構成せよ.

解答 $\boldsymbol{v}_1 = \dfrac{1}{\|\boldsymbol{a}_1\|}\boldsymbol{a}_1 = \dfrac{1}{\sqrt{1+4+1}}\begin{pmatrix} -1 \\ 2 \\ -1 \end{pmatrix} = \dfrac{1}{\sqrt{6}}\begin{pmatrix} -1 \\ 2 \\ -1 \end{pmatrix}$.

$$\boldsymbol{v}_2' = \boldsymbol{a}_2 - (\boldsymbol{a}_2, \boldsymbol{v}_1)\boldsymbol{v}_1 = \begin{pmatrix} -1 \\ 3 \\ 1 \end{pmatrix} - \frac{(-1)\cdot(-1) + 3\cdot 2 + 1\cdot(-1)}{\sqrt{6}}\frac{1}{\sqrt{6}}\begin{pmatrix} -1 \\ 2 \\ -1 \end{pmatrix}$$

$$= \begin{pmatrix} -1 \\ 3 \\ 1 \end{pmatrix} - \frac{(1+6-1)}{6}\begin{pmatrix} -1 \\ 2 \\ -1 \end{pmatrix} = \begin{pmatrix} -1-(-1) \\ 3-2 \\ 1-(-1) \end{pmatrix} = \begin{pmatrix} 0 \\ 1 \\ 2 \end{pmatrix}.$$

よって, $\boldsymbol{v}_2 = \dfrac{1}{\|\boldsymbol{v}_2'\|}\boldsymbol{v}_2' = \dfrac{1}{\sqrt{0+1+4}}\boldsymbol{v}_2' = \dfrac{1}{\sqrt{5}}\begin{pmatrix} 0 \\ 1 \\ 2 \end{pmatrix}$ を得る. 次に,

$$\boldsymbol{v}_3' = \boldsymbol{a}_3 - (\boldsymbol{a}_3, \boldsymbol{v}_1)\boldsymbol{v}_1 - (\boldsymbol{a}_3, \boldsymbol{v}_2)\boldsymbol{v}_2 = \boldsymbol{a}_3 - \frac{-1-2+0}{\sqrt{6}}\boldsymbol{v}_1 - \frac{0+(-1)+0}{\sqrt{5}}\boldsymbol{v}_2$$

$$= \boldsymbol{a}_3 - \frac{-3}{\sqrt{6}}\frac{1}{\sqrt{6}}\begin{pmatrix} -1 \\ 2 \\ -1 \end{pmatrix} - \frac{-1}{\sqrt{5}}\frac{1}{\sqrt{5}}\begin{pmatrix} 0 \\ 1 \\ 2 \end{pmatrix} = \begin{pmatrix} 1 \\ -1 \\ 0 \end{pmatrix} + \frac{1}{2}\begin{pmatrix} -1 \\ 2 \\ -1 \end{pmatrix} + \frac{1}{5}\begin{pmatrix} 0 \\ 1 \\ 2 \end{pmatrix}$$

$$= \begin{pmatrix} 1 - \frac{1}{2} + 0 \\ -1 + 1 + \frac{1}{5} \\ 0 - \frac{1}{2} + \frac{2}{5} \end{pmatrix} = \begin{pmatrix} \frac{1}{2} \\ \frac{1}{5} \\ -\frac{1}{10} \end{pmatrix} = \frac{1}{10}\begin{pmatrix} 5 \\ 2 \\ -1 \end{pmatrix}.$$

よって, $\boldsymbol{v}_3 = \dfrac{1}{\|\boldsymbol{v}_3{}'\|}\boldsymbol{v}_3{}' = \dfrac{10}{\sqrt{25+4+1}}\dfrac{1}{10}\begin{pmatrix} 5 \\ 2 \\ -1 \end{pmatrix} = \dfrac{1}{\sqrt{30}}\begin{pmatrix} 5 \\ 2 \\ -1 \end{pmatrix}$ となる. ゆえに, グラム-

シュミットの直交化法より, $\{\boldsymbol{v}_1, \boldsymbol{v}_2, \boldsymbol{v}_3\}$ は $\mathbb{R}^3$ の正規直交基底となる. ∎

> **問 2.16** $\boldsymbol{a}_1 = \begin{pmatrix} 2 \\ 0 \\ -1 \end{pmatrix}$, $\boldsymbol{a}_2 = \begin{pmatrix} 0 \\ -1 \\ -1 \end{pmatrix}$, $\boldsymbol{a}_3 = \begin{pmatrix} 1 \\ 0 \\ -1 \end{pmatrix}$ に対して, $\{\boldsymbol{a}_1, \boldsymbol{a}_2, \boldsymbol{a}_3\}$ は, $\mathbb{R}^3$ の基底である. この $\mathbb{R}^3$ の 1 組の基底 $\{\boldsymbol{a}_1, \boldsymbol{a}_2, \boldsymbol{a}_3\}$ に対してグラム-シュミットの直交化法を行い, $\mathbb{R}^3$ の正規直交基底を構成せよ.

▊正規直交基底と直交行列▊

実数を成分にもつ n 次正方行列 A が

$$^tAA = A{}^tA = E$$

を満たすとき, A を直交行列というのであった (定義 1.25 参照). 正規直交基底を列ベクトルにもつ正方行列は, 直交行列になる.

> **定理 2.15** $M_n(\mathbb{R}) \ni A = (\boldsymbol{a}_1\ \boldsymbol{a}_2\ \cdots\ \boldsymbol{a}_n)$ について,
>
> $$\{\boldsymbol{a}_1, \boldsymbol{a}_2, \cdots, \boldsymbol{a}_n\} \text{ は } \mathbb{R}^n \text{の正規直交基底} \iff A \text{ は直交行列}$$
>
> が成り立つ.

証明 $A = (a_{ij})$ とすると, $\boldsymbol{a}_i = \begin{pmatrix} a_{1i} \\ a_{2i} \\ \vdots \\ a_{ni} \end{pmatrix}$ であり, $^tA = (a_{ji})$ の 第 i 行が, $\begin{pmatrix} a_{1i} & a_{2i} & \cdots & a_{ni} \end{pmatrix}$

であるから, ^tAA の (i,j) 成分は,

$$\begin{pmatrix} a_{1i} & a_{2i} & \cdots & a_{ni} \end{pmatrix}\begin{pmatrix} a_{1j} \\ a_{2j} \\ \vdots \\ a_{nj} \end{pmatrix} = {}^t\boldsymbol{a}_i\boldsymbol{a}_j = (\boldsymbol{a}_i, \boldsymbol{a}_j) = a_{1i}a_{1j} + a_{2i}a_{2j} + \cdots + a_{ni}a_{nj}$$

である. ここで,

$$\{\boldsymbol{a}_1, \boldsymbol{a}_2, \ldots, \boldsymbol{a}_n\} \text{ が } \mathbb{R}^n \text{の正規直交基底} \iff (\boldsymbol{a}_i, \boldsymbol{a}_j) = \delta_{ij}$$

が成り立ち, (i,j) 成分が クロネッカーの δ_{ij} で表される行列は単位行列 E であるから,

$$\{\boldsymbol{a}_1, \boldsymbol{a}_2, \ldots, \boldsymbol{a}_n\} \text{ が } \mathbb{R}^n \text{の正規直交基底} \iff {}^tAA = E$$

が成り立つ. ゆえに定理の主張は正しい (δ_{ij} については p.26 を参照). ∎

> **例 2.40** 例題 2.17 により, $\boldsymbol{v}_1 = \dfrac{1}{\sqrt{6}}\begin{pmatrix} -1 \\ 2 \\ -1 \end{pmatrix}$, $\boldsymbol{v}_2 = \dfrac{1}{\sqrt{5}}\begin{pmatrix} 0 \\ 1 \\ 2 \end{pmatrix}$, $\boldsymbol{v}_3 = \dfrac{1}{\sqrt{30}}\begin{pmatrix} 5 \\ 2 \\ -1 \end{pmatrix}$

とすると, $\{\boldsymbol{v}_1, \boldsymbol{v}_2, \boldsymbol{v}_3\}$ は $\mathbb{R}^3$ の正規直交基底である. そこで, $A = (\boldsymbol{v}_1\ \boldsymbol{v}_2\ \boldsymbol{v}_3)$ とすると,

$$A = \begin{pmatrix} -\dfrac{1}{\sqrt{6}} & 0 & \dfrac{5}{\sqrt{30}} \\ \dfrac{2}{\sqrt{6}} & \dfrac{1}{\sqrt{5}} & \dfrac{2}{\sqrt{30}} \\ -\dfrac{1}{\sqrt{6}} & \dfrac{2}{\sqrt{5}} & -\dfrac{1}{\sqrt{30}} \end{pmatrix} = \frac{1}{\sqrt{30}} \begin{pmatrix} -\sqrt{5} & 0 & 5 \\ 2\sqrt{5} & \sqrt{6} & 2 \\ -\sqrt{5} & 2\sqrt{6} & -1 \end{pmatrix},$$

$${}^tA = \frac{1}{\sqrt{30}} \begin{pmatrix} -\sqrt{5} & 2\sqrt{5} & -\sqrt{5} \\ 0 & \sqrt{6} & 2\sqrt{6} \\ 5 & 2 & -1 \end{pmatrix}$$

であるから,

$$A\,{}^tA = \frac{1}{30} \begin{pmatrix} -\sqrt{5} & 0 & 5 \\ 2\sqrt{5} & \sqrt{6} & 2 \\ -\sqrt{5} & 2\sqrt{6} & -1 \end{pmatrix} \begin{pmatrix} -\sqrt{5} & 2\sqrt{5} & -\sqrt{5} \\ 0 & \sqrt{6} & 2\sqrt{6} \\ 5 & 2 & -1 \end{pmatrix}$$

$$= \frac{1}{30} \begin{pmatrix} 5+0+25 & -10+0+10 & 5+0-5 \\ -10+0+10 & 20+6+4 & -10+12-2 \\ 5+0-5 & -10+12-2 & 5+24+1 \end{pmatrix} = \frac{1}{30} \begin{pmatrix} 30 & 0 & 0 \\ 0 & 30 & 0 \\ 0 & 0 & 30 \end{pmatrix} = E$$

となる. 同様に ${}^tAA = E$ も確かめることができる.

◆◇練習問題 § 2.8 ◇◆

A

1. 次の各組のベクトルを正規直交化せよ.

(1) $\begin{pmatrix} 1 \\ 3 \end{pmatrix}$, $\begin{pmatrix} 2 \\ 4 \end{pmatrix}$ (2) $\begin{pmatrix} 1 \\ 1 \\ 1 \end{pmatrix}$, $\begin{pmatrix} 1 \\ 1 \\ 0 \end{pmatrix}$, $\begin{pmatrix} 1 \\ 0 \\ 0 \end{pmatrix}$

(3) $\begin{pmatrix} -1 \\ 1 \\ 1 \end{pmatrix}$, $\begin{pmatrix} 1 \\ -2 \\ 0 \end{pmatrix}$, $\begin{pmatrix} 1 \\ -1 \\ 3 \end{pmatrix}$

2. $\boldsymbol{a}_1 = \begin{pmatrix} -3 \\ 1 \\ 0 \end{pmatrix}$, $\boldsymbol{a}_2 = \begin{pmatrix} -1 \\ 1 \\ -2 \end{pmatrix}$, $\boldsymbol{a}_3 = \begin{pmatrix} -1 \\ 1 \\ 5 \end{pmatrix}$ に対して, $\{\boldsymbol{a}_1, \boldsymbol{a}_2, \boldsymbol{a}_3\}$ は, $\mathbb{R}^3$ の

基底である. この $\mathbb{R}^3$ の1組の基底 $\{\boldsymbol{a}_1, \boldsymbol{a}_2, \boldsymbol{a}_3\}$ に対してグラム-シュミットの直交化法を行い, $\mathbb{R}^3$ の正規直交基底を構成せよ.

B

1. 次の行列が直交行列になるように, a, b, c を決定せよ.

$$(1) \begin{pmatrix} -\dfrac{1}{\sqrt{2}} & a & \dfrac{1}{\sqrt{3}} \\ \dfrac{1}{\sqrt{2}} & b & \dfrac{1}{\sqrt{3}} \\ 0 & c & -\dfrac{1}{\sqrt{3}} \end{pmatrix} \qquad (2) \begin{pmatrix} a & -2a & 0 \\ -4b & -2b & 5b \\ 2c & c & 2c \end{pmatrix}$$

§ 2.9   外積の定義と応用

この節では, 再び空間ベクトルに話をもどして, ベクトルとベクトルの演算について, その計算結果がまたベクトルとなる演算について学ぶ. 物理学における, 向きと力の大きさを扱うための道具として, ネジを回すときなどの角運動量や, 電磁気学のローレンツ力などで活用されている.

▌外積の定義▌

定義 2.32

(I) $\mathbb{R}^3$ の 2 つの o でないベクトル a, b が平行でないとき:

次の 3 つの条件を満たすベクトル c を a と b の**外積**といい, c を $a \times b$ で表す.

(1) $c \perp a$ かつ $c \perp b$,

(2) a, b, c の向きは, 右図のように, 右手の親指 (a), 人差し指 (b), 中指 (c) の向きになる (a, b, c は**右手系**をなすという場合がある).

(3) c の大きさは, a と b がつくる平行四辺形の面積に等しい. すなわち, a と b のなす角を θ とすると,

$$\|c\| = \|a\|\|b\| \sin\theta.$$

(II) 2 つのベクトル a, b の少なくとも一方が o または, $a \parallel b$ $(\theta = 0, \pi)$ のとき:

$a \times b = o$ と定める.

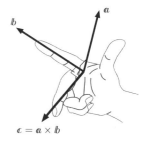

✎ ベクトルとベクトルの積でベクトルが生成されることから, 外積のことを**ベクトル積**ということがある. このテキストでは, 外積は $\mathbb{R}^3$ において定義し, $\mathbb{R}^2, \mathbb{R}^4, \dots$ には定義しない.

例 2.41 $\mathbb{R}^3$ の基本ベクトル e_1, e_2, e_3 について, e_1 と e_2 のつくる平行四辺形の面積は, $\|e_1\|\|e_2\| \sin\dfrac{\pi}{2} = 1$ であり, 親指を e_1 (x 軸方向), 人差し指を e_2 (y 軸方向) とすると, 両方に直交して大きさが 1 のベクトルは, 基本ベクトル e_3 (z 軸方向) であるから, $e_1 \times e_2 = e_3$ である. また, $e_2 \times e_1$ を考えると, 親指を e_2, 人差し指を e_1 と考えれば, $e_2 \times e_1$ の向きは, z 軸の負の向きになるので, $e_2 \times e_1 = -e_3$ を得る.

§ 2.9 外積の定義と応用 *151*

定義 2.32 から, 外積は次の基本法則を満たすことがわかる.

定理 2.16 $\mathbb{R}^3 \ni \boldsymbol{a}, \boldsymbol{b}, \boldsymbol{c}, k \in \mathbb{R}$ に対して, 次が成り立つ.

(1) $\boldsymbol{a} \times \boldsymbol{a} = \boldsymbol{o}$,

(2) $\boldsymbol{a} /\!/ \boldsymbol{b} \Longrightarrow \boldsymbol{a} \times \boldsymbol{b} = \boldsymbol{o}$,

(3) $\boldsymbol{b} \times \boldsymbol{a} = -(\boldsymbol{a} \times \boldsymbol{b})$,

(4) $\boldsymbol{a} \times (\boldsymbol{b} + \boldsymbol{c}) = \boldsymbol{a} \times \boldsymbol{b} + \boldsymbol{a} \times \boldsymbol{c}$,

(5) $(\boldsymbol{b} + \boldsymbol{c}) \times \boldsymbol{a} = \boldsymbol{b} \times \boldsymbol{a} + \boldsymbol{c} \times \boldsymbol{a}$,

(6) $(k\boldsymbol{a}) \times \boldsymbol{b} = \boldsymbol{a} \times (k\boldsymbol{b}) = k(\boldsymbol{a} \times \boldsymbol{b})$.

証明 (1) と (2) は定義 2.32 (II) より明らか.

(3) $\boldsymbol{a} = \boldsymbol{o}$ または $\boldsymbol{b} = \boldsymbol{o}$ または $\boldsymbol{a} /\!/ \boldsymbol{b}$ の場合は定義 2.32 の (II) より明らか. $\boldsymbol{a} \neq \boldsymbol{o}, \boldsymbol{b} \neq \boldsymbol{o}$ かつ $\boldsymbol{a}, \boldsymbol{b}$ が平行でない場合を考える. $\boldsymbol{a} \times \boldsymbol{b} = \boldsymbol{c}$ とすると, $\boldsymbol{a}, \boldsymbol{b}, \boldsymbol{c}$ は右手系をなすから, 親指を $\boldsymbol{b}$, 人差し指を $\boldsymbol{a}$ にとれば, $\boldsymbol{b}, \boldsymbol{a}, -\boldsymbol{c}$ が右手系をなす. また, 定義 2.3 より $\|-\boldsymbol{c}\| = \|\boldsymbol{c}\|$ であるから, $\boldsymbol{b} \times \boldsymbol{a} = -\boldsymbol{c}$ でなければならない.

(4) $\boldsymbol{a} = \boldsymbol{o}$ または $\boldsymbol{b} = \boldsymbol{o}$ または $\boldsymbol{c} = \boldsymbol{o}$ の場合は明らかなので, $\boldsymbol{a} \neq \boldsymbol{o}, \boldsymbol{b} \neq \boldsymbol{o}, \boldsymbol{c} \neq \boldsymbol{o}$ とする. $\boldsymbol{b} + \boldsymbol{c} = \boldsymbol{o}$ の場合は (4) の左辺は $\boldsymbol{o}$ であり, また $\boldsymbol{c} = -\boldsymbol{b}$ と後の (6) より $\boldsymbol{a} \times \boldsymbol{c} = \boldsymbol{a} \times (-\boldsymbol{b}) = -(\boldsymbol{a} \times \boldsymbol{b})$ となるので (4) の右辺も $\boldsymbol{o}$ である. そこで $\boldsymbol{b} + \boldsymbol{c} \neq \boldsymbol{o}$ とする. $\boldsymbol{a}, \boldsymbol{b}, \boldsymbol{c} \in \mathbb{R}^3$ について, 図 2.1 のよう

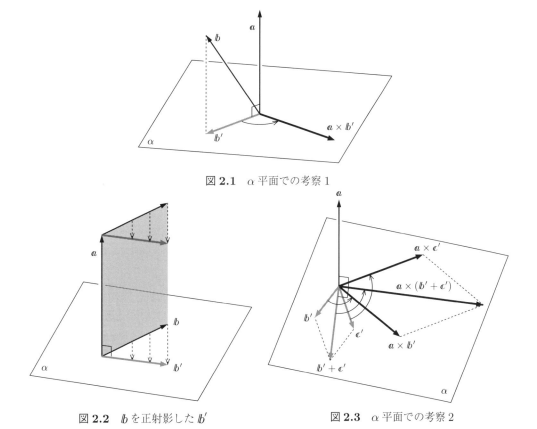

図 **2.1** α 平面での考察 1

図 **2.2** $\boldsymbol{b}$ を正射影した $\boldsymbol{b}'$　　　　図 **2.3** α 平面での考察 2

に, $\boldsymbol{a}$ を法線とする α 平面を考え, $\boldsymbol{b}$ の α への正射影 ($\boldsymbol{b}$ の始点を始点とし, $\boldsymbol{b}$ の終点を α に垂直に下ろしたときの α との交点を終点とするベクトル) を $\boldsymbol{b}'$ とする. まず, $\boldsymbol{a} \times \boldsymbol{b} = \boldsymbol{a} \times \boldsymbol{b}'$ となることを示す. $\boldsymbol{a} /\!/ \boldsymbol{b}$ のときは, $\boldsymbol{b}' = \boldsymbol{o}$ であるから $\boldsymbol{a} \times \boldsymbol{b} = \boldsymbol{a} \times \boldsymbol{b}' = \boldsymbol{o}$. $\boldsymbol{a}$ と $\boldsymbol{b}$ が平行でないとする. このとき $\boldsymbol{b}' \neq \boldsymbol{o}$ であり, $\boldsymbol{a} \times \boldsymbol{b}'$ の向きは $\boldsymbol{b}'$ を α 平面で反時計回りに $\frac{\pi}{2}$ だけ回転させた向きになる. 定義 2.32 (I) の (1) により $\boldsymbol{a} \times \boldsymbol{b}' \perp \boldsymbol{a}$ かつ $\boldsymbol{a} \times \boldsymbol{b}' \perp \boldsymbol{b}'$ となり, $\boldsymbol{b}$ は $\boldsymbol{a}$ と $\boldsymbol{b}'$ のつくる平面上のベクトルであるから, $\boldsymbol{a} \times \boldsymbol{b}' \perp \boldsymbol{b}$ である. また, 定義 2.32 (I) の (2) により, $\boldsymbol{a}, \boldsymbol{b}, \boldsymbol{a} \times \boldsymbol{b}$ は右手系をなすから, $\boldsymbol{a} \times \boldsymbol{b}'$ と $\boldsymbol{a} \times \boldsymbol{b}$ は同じ向きになる. 次にベクトルの大きさを考えると, 図 2.2 のように $\boldsymbol{a}$ と $\boldsymbol{b}$ のつくる平行四辺形と $\boldsymbol{a}$ と $\boldsymbol{b}'$ のつくる長方形は, 同じ高さで, 同一底辺となるから, それらの面積は等しい. よって, 定義 2.32 (I) の (3) により $\|\boldsymbol{a} \times \boldsymbol{b}'\| = \|\boldsymbol{a} \times \boldsymbol{b}\|$ を得るから

$$\boldsymbol{a} \times \boldsymbol{b}' = \boldsymbol{a} \times \boldsymbol{b} \tag{2.25}$$

となる. 次に, $\boldsymbol{c}$ を α 平面に正射影した $\boldsymbol{c}'$ を $\boldsymbol{b}$ と同様に考え, $\boldsymbol{b}+\boldsymbol{c}$ の α 平面への正射影である $(\boldsymbol{b}+\boldsymbol{c})'$ について, $(\boldsymbol{b}+\boldsymbol{c})' = \boldsymbol{b}' + \boldsymbol{c}'$ であることを示す. $\boldsymbol{a}$ と重なるように z 軸をとり, α 平面上の $\boldsymbol{a}$ の始点が原点となるように, α 平面上に x 軸, y 軸を考えた直交座標系における $\boldsymbol{b}$ と $\boldsymbol{c}$ の成分表示をそれぞれ,

$\boldsymbol{b} = \begin{pmatrix} b_1 \\ b_2 \\ b_3 \end{pmatrix}, \boldsymbol{c} = \begin{pmatrix} c_1 \\ c_2 \\ c_3 \end{pmatrix}$ とすると, その正射影は, それぞれ, $\boldsymbol{b}' = \begin{pmatrix} b_1 \\ b_2 \\ 0 \end{pmatrix}, \boldsymbol{c}' = \begin{pmatrix} c_1 \\ c_2 \\ 0 \end{pmatrix}$ と表す

ことができる. また, $\boldsymbol{b}+\boldsymbol{c} = \begin{pmatrix} b_1+c_1 \\ b_2+c_2 \\ b_3+c_3 \end{pmatrix}$ の正射影は, $(\boldsymbol{b}+\boldsymbol{c})' = \begin{pmatrix} b_1+c_1 \\ b_2+c_2 \\ 0 \end{pmatrix}$ であるから,

$$(\boldsymbol{b}+\boldsymbol{c})' = \boldsymbol{b}' + \boldsymbol{c}'$$

を得る. このことと, (2.25) 式により, (4) を示すには,

$$\boldsymbol{a} \times (\boldsymbol{b}' + \boldsymbol{c}') = \boldsymbol{a} \times \boldsymbol{b}' + \boldsymbol{a} \times \boldsymbol{c}' \tag{2.26}$$

を示せばよい.

$\boldsymbol{b}' = \boldsymbol{o}$ または $\boldsymbol{c}' = \boldsymbol{o}$ の場合の (2.26) は明らかなので $\boldsymbol{b}' \neq \boldsymbol{o}, \boldsymbol{c}' \neq \boldsymbol{o}$ とする. $\boldsymbol{b}' + \boldsymbol{c}' = \boldsymbol{o}$ の場合は (2.26) の左辺は $\boldsymbol{o}$ であり, また $\boldsymbol{c}' = -\boldsymbol{b}'$ と後の (6) より $\boldsymbol{a} \times \boldsymbol{c}' = \boldsymbol{a} \times (-\boldsymbol{b}') = -(\boldsymbol{a} \times \boldsymbol{b}')$ となるので (2.26) の右辺も $\boldsymbol{o}$ である. そこで $\boldsymbol{b}' + \boldsymbol{c}' \neq \boldsymbol{o}$ とする. $\boldsymbol{a} \times \boldsymbol{b}', \boldsymbol{a} \times \boldsymbol{c}', \boldsymbol{a} \times (\boldsymbol{b}' + \boldsymbol{c}')$ の向きは, 図 2.3 のように, $\boldsymbol{a}$ を軸にして, それぞれ, $\boldsymbol{b}', \boldsymbol{c}', \boldsymbol{b}' + \boldsymbol{c}'$ を α 平面上で反時計回りに $\frac{\pi}{2}$ だけ回転させた向きになる. さらに $\boldsymbol{a} \times \boldsymbol{b}', \boldsymbol{a} \times \boldsymbol{c}', \boldsymbol{a} \times (\boldsymbol{b}' + \boldsymbol{c}')$ の大きさは, 定義 2.32 (I) の (3) により, それぞれ, $\|\boldsymbol{b}'\|, \|\boldsymbol{c}'\|, \|\boldsymbol{b}' + \boldsymbol{c}'\|$ を $\|\boldsymbol{a}\|$ 倍した大きさになる $\left(\sin \frac{\pi}{2} = 1\right)$. ゆえに, ベクトルの和の定義 2.7 と図 2.3 から, (2.26) 式が成り立つことがわかる. 以上より, (4) の主張を得る.

(5) (3) より $(\boldsymbol{b}+\boldsymbol{c}) \times \boldsymbol{a} = -(\boldsymbol{a} \times (\boldsymbol{b}+\boldsymbol{c}))$ であり, 同様に, $\boldsymbol{b} \times \boldsymbol{a} = -(\boldsymbol{a} \times \boldsymbol{b}), \boldsymbol{c} \times \boldsymbol{a} = -(\boldsymbol{a} \times \boldsymbol{c})$ であるから, (4) よりただちに (5) の主張を得る.

(6) $\boldsymbol{a} = \boldsymbol{o}$ または $\boldsymbol{b} = \boldsymbol{o}$ または $\boldsymbol{a} /\!/ \boldsymbol{b}$ の場合は定義 2.32 (II) より明らか. $\boldsymbol{a} \neq \boldsymbol{o}, \boldsymbol{b} \neq \boldsymbol{o}$ かつ $\boldsymbol{a}, \boldsymbol{b}$ が平行でない場合を考える. $k = 0$ のときは, $(0\boldsymbol{a}) \times \boldsymbol{b} = \boldsymbol{a} \times (0\boldsymbol{b}) = 0(\boldsymbol{a} \times \boldsymbol{b}) = \boldsymbol{o}$ である. $k > 0$ または $k < 0$ とする. このとき, $(k\boldsymbol{a}) \times \boldsymbol{b}, \boldsymbol{a} \times (k\boldsymbol{b}), k(\boldsymbol{a} \times \boldsymbol{b})$ の向きは同じになることが確かめられる. また, 大きさについて, 任意のベクトル $\boldsymbol{a} \in \mathbb{R}^3$ とスカラー $k \in \mathbb{R}$ について, $\|k\boldsymbol{a}\| = |k|\|\boldsymbol{a}\|$ であるから, $\boldsymbol{a}$ と $\boldsymbol{b}$ のなす角を θ とすると, 定義 2.32 (I) の (3) により, 大きさは, すべて $|k|\|\boldsymbol{a}\|\|\boldsymbol{b}\|\sin\theta$ でなければならないことがわかる. ∎

▌外積の成分表示▐

外積の基本法則 (定理 2.16) から, 外積の成分表示を求めることができる.

定理 2.17　$\mathbb{R}^3 \ni \boldsymbol{a} = \begin{pmatrix} a_1 \\ a_2 \\ a_3 \end{pmatrix}, \boldsymbol{b} = \begin{pmatrix} b_1 \\ b_2 \\ b_3 \end{pmatrix}$ に対して,

$$\boldsymbol{a} \times \boldsymbol{b} = \begin{pmatrix} a_2 b_3 - a_3 b_2 \\ a_3 b_1 - a_1 b_3 \\ a_1 b_2 - a_2 b_1 \end{pmatrix} = \begin{vmatrix} a_2 & b_2 \\ a_3 & b_3 \end{vmatrix} \boldsymbol{e}_1 - \begin{vmatrix} a_1 & b_1 \\ a_3 & b_3 \end{vmatrix} \boldsymbol{e}_2 + \begin{vmatrix} a_1 & b_1 \\ a_2 & b_2 \end{vmatrix} \boldsymbol{e}_3$$

が成り立つ.

証明　基本ベクトルを使って, $\boldsymbol{a}, \boldsymbol{b}$ を表示すると, $\boldsymbol{a} = a_1 \boldsymbol{e}_1 + a_2 \boldsymbol{e}_2 + a_3 \boldsymbol{e}_3$, $\boldsymbol{b} = b_1 \boldsymbol{e}_1 + b_2 \boldsymbol{e}_2 + b_3 \boldsymbol{e}_3$ であるから, 外積の基本法則 (定理 2.16) を使えば,

$$\boldsymbol{a} \times \boldsymbol{b} = (a_1 \boldsymbol{e}_1 + a_2 \boldsymbol{e}_2 + a_3 \boldsymbol{e}_3) \times (b_1 \boldsymbol{e}_1 + b_2 \boldsymbol{e}_2 + b_3 \boldsymbol{e}_3)$$

$$= a_1 b_1 (\boldsymbol{e}_1 \times \boldsymbol{e}_1) + a_1 b_2 (\boldsymbol{e}_1 \times \boldsymbol{e}_2) + a_1 b_3 (\boldsymbol{e}_1 \times \boldsymbol{e}_3)$$

$$+ a_2 b_1 (\boldsymbol{e}_2 \times \boldsymbol{e}_1) + a_2 b_2 (\boldsymbol{e}_2 \times \boldsymbol{e}_2) + a_2 b_3 (\boldsymbol{e}_2 \times \boldsymbol{e}_3)$$

$$+ a_3 b_1 (\boldsymbol{e}_3 \times \boldsymbol{e}_1) + a_3 b_2 (\boldsymbol{e}_3 \times \boldsymbol{e}_2) + a_3 b_3 (\boldsymbol{e}_3 \times \boldsymbol{e}_3)$$

$$= a_1 b_1 \boldsymbol{o} + a_1 b_2 \boldsymbol{e}_3 + a_1 b_3 (-\boldsymbol{e}_2)$$

$$+ a_2 b_1 (-\boldsymbol{e}_3) + a_2 b_2 \boldsymbol{o} + a_2 b_3 \boldsymbol{e}_1$$

$$+ a_3 b_1 \boldsymbol{e}_2 + a_3 b_2 (-\boldsymbol{e}_1) + a_3 b_3 \boldsymbol{o}$$

$$= (a_2 b_3 - a_3 b_2) \boldsymbol{e}_1 + (a_3 b_1 - a_1 b_3) \boldsymbol{e}_2 + (a_1 b_2 - a_2 b_1) \boldsymbol{e}_3.$$

よって, $\boldsymbol{e}_2$ の項の符号を調整すれば, 定理の主張を得る. ∎

✎　$\boldsymbol{a} \times \boldsymbol{b}$ は形式的に行列式の展開として記憶するとよい.

$$\boldsymbol{a} \times \boldsymbol{b} = \begin{vmatrix} a_1 & b_1 & \boldsymbol{e}_1 \\ a_2 & b_2 & \boldsymbol{e}_2 \\ a_3 & b_3 & \boldsymbol{e}_3 \end{vmatrix} \qquad (\text{第 3 列での展開を考える})$$

$$= \begin{vmatrix} a_2 & b_2 \\ a_3 & b_3 \end{vmatrix} \boldsymbol{e}_1 - \begin{vmatrix} a_1 & b_1 \\ a_3 & b_3 \end{vmatrix} \boldsymbol{e}_2 + \begin{vmatrix} a_1 & b_1 \\ a_2 & b_2 \end{vmatrix} \boldsymbol{e}_3 = \begin{pmatrix} \begin{vmatrix} a_2 & b_2 \\ a_3 & b_3 \end{vmatrix} \\ -\begin{vmatrix} a_1 & b_1 \\ a_3 & b_3 \end{vmatrix} \\ \begin{vmatrix} a_1 & b_1 \\ a_2 & b_2 \end{vmatrix} \end{pmatrix}$$

例 2.42　$\boldsymbol{a} = \begin{pmatrix} -2 \\ 1 \\ -3 \end{pmatrix}, \boldsymbol{b} = \begin{pmatrix} 0 \\ -4 \\ 5 \end{pmatrix}, \boldsymbol{c} = \begin{pmatrix} 6 \\ 2 \\ 7 \end{pmatrix}$ とするとき,

$$\boldsymbol{a} \times \boldsymbol{b} = \begin{vmatrix} 1 & -4 \\ -3 & 5 \end{vmatrix} \boldsymbol{e}_1 - \begin{vmatrix} -2 & 0 \\ -3 & 5 \end{vmatrix} \boldsymbol{e}_2 + \begin{vmatrix} -2 & 0 \\ 1 & -4 \end{vmatrix} \boldsymbol{e}_3 = \begin{pmatrix} 1 \cdot 5 - (-4) \cdot (-3) \\ -((-2) \cdot 5 - 0 \cdot (-3)) \\ -2 \cdot (-4) - 0 \cdot 1 \end{pmatrix} = \begin{pmatrix} -7 \\ 10 \\ 8 \end{pmatrix},$$

$$a \times c = \begin{vmatrix} 1 & 2 \\ -3 & 7 \end{vmatrix} e_1 - \begin{vmatrix} -2 & 6 \\ -3 & 7 \end{vmatrix} e_2 + \begin{vmatrix} -2 & 6 \\ 1 & 2 \end{vmatrix} e_3 = \begin{pmatrix} 1 \cdot 7 - 2 \cdot (-3) \\ -(-2 \cdot 7 - 6 \cdot (-3)) \\ -2 \cdot 2 - 6 \cdot 1 \end{pmatrix} = \begin{pmatrix} 13 \\ -4 \\ -10 \end{pmatrix}$$

であるから, $a \times b + a \times c = \begin{pmatrix} 6 \\ 6 \\ -2 \end{pmatrix}$ を得る. 一方, $b + c = \begin{pmatrix} 6 \\ -2 \\ 12 \end{pmatrix}$ であり,

$$a \times (b + c) = \begin{vmatrix} 1 & -2 \\ -3 & 12 \end{vmatrix} e_1 - \begin{vmatrix} -2 & 6 \\ -3 & 12 \end{vmatrix} e_2 + \begin{vmatrix} -2 & 6 \\ 1 & -2 \end{vmatrix} e_3$$

$$= \begin{pmatrix} 1 \cdot 12 - (-2) \cdot (-3) \\ -(-2 \cdot 12 - 6 \cdot (-3)) \\ -2 \cdot (-2) - 6 \cdot 1 \end{pmatrix} = \begin{pmatrix} 6 \\ 6 \\ -2 \end{pmatrix}$$

となり, 実際の成分表示による計算で, 定理 2.16 (4) を確かめることができる.

問 2.17 $\mathbb{R}^3 \ni a = \begin{pmatrix} -1 \\ 2 \\ 3 \end{pmatrix}$, $b = \begin{pmatrix} 2 \\ -1 \\ 0 \end{pmatrix}$, $c = \begin{pmatrix} 5 \\ -1 \\ 1 \end{pmatrix}$ に対して, 次を計算せよ.

(1) $a \times b$　　　(2) $b \times c$　　　(3) $a \times (b - c)$

定理 2.18 $\mathbb{R}^3 \ni a, b, c$ に対して,

$$(a \times b, c) = \det (a \ b \ c)$$

が成り立つ. また, a, b, c からつくられる平行 6 面体の体積は, $|(a \times b, c)|$ に等しい.

証明 $a = \begin{pmatrix} a_1 \\ a_2 \\ a_3 \end{pmatrix}, b = \begin{pmatrix} b_1 \\ b_2 \\ b_3 \end{pmatrix}, c = \begin{pmatrix} c_1 \\ c_2 \\ c_3 \end{pmatrix}$ とする. 定理 2.17 により,

$$a \times b = \begin{vmatrix} a_2 & b_2 \\ a_3 & b_3 \end{vmatrix} e_1 - \begin{vmatrix} a_1 & b_1 \\ a_3 & b_3 \end{vmatrix} e_2 + \begin{vmatrix} a_1 & b_1 \\ a_2 & b_2 \end{vmatrix} e_3$$

であるから, 内積の定義 2.28 より,

$$(a \times b, c) = \left(\begin{vmatrix} a_2 & b_2 \\ a_3 & b_3 \end{vmatrix} e_1 - \begin{vmatrix} a_1 & b_1 \\ a_3 & b_3 \end{vmatrix} e_2 + \begin{vmatrix} a_1 & b_1 \\ a_2 & b_2 \end{vmatrix} e_3, c \right)$$

$$= \begin{vmatrix} a_2 & b_2 \\ a_3 & b_3 \end{vmatrix} c_1 - \begin{vmatrix} a_1 & b_1 \\ a_3 & b_3 \end{vmatrix} c_2 + \begin{vmatrix} a_1 & b_1 \\ a_2 & b_2 \end{vmatrix} c_3 \qquad (2.25)$$

を得る. ここで, (2.25) 式を 3 次正方行列式において第 3 列で展開したものと考えると (参照 : 定理 1.21 (2)),

$$(a \times b, c) = \begin{vmatrix} a_1 & b_1 & c_1 \\ a_2 & b_2 & c_2 \\ a_3 & b_3 & c_3 \end{vmatrix} = \det (a \ b \ c)$$

となる.

次に, a, b, c からつくられる平行 6 面体を a と b がつくる平行四辺形が底面になるように, 右図のように考えると, 底面積 S は, 定義 2.32 (3) より, $S = \|a \times b\|$ で与えられる. また, $a \times b$ の向きは, $a, b, a \times b$ が右手系をなすから, 右図のようになる. そこで, $a \times b$ と c とのなす角を θ とすると, a と b のつくる平行四辺形を底面とみたときの平行 6 面体の高さは, $\|c\||\cos\theta|$ であるから, 求める体積 V は,

$$V = S\|c\||\cos\theta|$$

で与えられる.

ゆえに, $a \times b$ と c とのなす角を θ としていたから, 定義 2.30 に注意すれば, 求める体積 V は,

$$V = \|a \times b\|\|c\||\cos\theta| = |(a \times b, c)| = |\det(a\ b\ c)|$$

となる.

例題 2.18　$a = \begin{pmatrix} 2 \\ -1 \\ 0 \end{pmatrix}, b = \begin{pmatrix} 1 \\ 0 \\ 3 \end{pmatrix}, c = \begin{pmatrix} 4 \\ -1 \\ 3 \end{pmatrix}$ とするとき, a, b, c からつくられる平行 6 面体の体積を求めよ.

解答　求める体積を V とすると, 定理 2.18 より,

$$V = |\det(a\ b\ c)|$$

である. $A = (a\ b\ c)$ とすると,

$$\det A = \begin{vmatrix} 2 & 1 & 4 \\ -1 & 0 & -1 \\ 0 & 3 & 3 \end{vmatrix} \xrightarrow{\times 2} = \begin{vmatrix} 0 & 1 & 2 \\ -1 & 0 & -1 \\ 0 & 3 & 3 \end{vmatrix} \overset{\text{第 1 列展開}}{=} (-1) \cdot (-1)^{2+1} \begin{vmatrix} 1 & 2 \\ 3 & 3 \end{vmatrix} = 3 - 6 = -3.$$

よって, $V = |-3| = 3$ となる.

問 2.18　$a = \begin{pmatrix} 3 \\ -4 \\ 2 \end{pmatrix}, b = \begin{pmatrix} -5 \\ -2 \\ -3 \end{pmatrix}, c = \begin{pmatrix} 1 \\ 1 \\ 7 \end{pmatrix}$ とするとき, a, b, c からつくられる平行 6 面体の体積を求めよ.

◆◆練習問題 § 2.9◆◆

A

1. $\mathbb{R}^3 \ni a = \begin{pmatrix} -5 \\ 2 \\ -3 \end{pmatrix}, b = \begin{pmatrix} 0 \\ 3 \\ 4 \end{pmatrix}, c = \begin{pmatrix} 1 \\ -1 \\ 1 \end{pmatrix}$ に対して, 次を計算せよ.

(1)　$\pmb{a}\times\pmb{b}$	(2)　$\pmb{b}\times\pmb{c}$	(3)　$\pmb{c}\times\pmb{a}$
(4)　$\pmb{a}\times(\pmb{b}\times\pmb{c})$	(5)　$(\pmb{a}\times\pmb{b})\times\pmb{c}$	(6)　$(\pmb{a}\times\pmb{b},\pmb{c})$
(7)　$\pmb{a}\times(\pmb{b}+\pmb{c})$	(8)　$(2\pmb{b},(\pmb{a}+\pmb{b})\times\pmb{c})$	

2.　次のそれぞれのベクトルのなす角を θ とするとき, $\sin\theta$ を外積を使って計算せよ.

$$(1)\ \begin{pmatrix}1\\0\\-1\end{pmatrix},\begin{pmatrix}-1\\1\\0\end{pmatrix}\quad(2)\ \begin{pmatrix}1\\2\\-3\end{pmatrix},\begin{pmatrix}3\\-4\\5\end{pmatrix}\quad(3)\ \begin{pmatrix}2\\2\\-1\end{pmatrix},\begin{pmatrix}1\\-3\\5\end{pmatrix}$$

3.　空間ベクトル $\pmb{a}=\begin{pmatrix}4\\2\\-3\end{pmatrix}, \pmb{b}=\begin{pmatrix}-1\\1\\2\end{pmatrix}, \pmb{c}=\begin{pmatrix}-7\\-5\\1\end{pmatrix}$ に対して, $\pmb{a},\pmb{b},\pmb{c}$ か

らつくられる平行 6 面体の体積を求めよ.

B

1.　$\pmb{a},\pmb{b},\pmb{c}\in\mathbb{R}^3$ とするとき, 次を示せ.

(1)　$(\pmb{a}\times\pmb{b},\pmb{c})=(\pmb{b}\times\pmb{c},\pmb{a})=(\pmb{c}\times\pmb{a},\pmb{b})$

(2)　$(\pmb{a}\times\pmb{b})\times\pmb{c}=(\pmb{a},\pmb{c})\pmb{b}-(\pmb{b},\pmb{c})\pmb{a}$

§2.10　固有値と固有ベクトル

この節から, 行列の対角化を扱うための準備をする. まず, 行列について, 固有値と固有ベクトルおよび固有多項式などの概念を定義し, その計算方法について学ぶ. これらの概念は, 行列の理論や応用にきわめて重要なものである.

▒固有値と固有ベクトルの定義▒

> **定義 2.33**　$M_n\ni A$ に対して, $\pmb{o}$ でない n 項列ベクトル $\pmb{x}$ と スカラー λ が存在して,
> $$A\pmb{x}=\lambda\pmb{x}$$
> を満たすとき, スカラー λ を A の**固有値**, $\pmb{x}$ を λ に対する A の**固有ベクトル**という.

✎ §2.1, p.99 の注意書きを思い出すと, 上の式 $A\pmb{x}=\lambda\pmb{x}$ は, 行列 A によって, $\pmb{x}$ が 伸縮率 λ で伸縮される場合を考えていると解釈することができる.

例2.43　$A=\begin{pmatrix}-2&2\\2&1\end{pmatrix}$ とするとき, $\pmb{x}=\begin{pmatrix}-2\\1\end{pmatrix}$ を考えると, $A\pmb{x}=\begin{pmatrix}-2&2\\2&1\end{pmatrix}\begin{pmatrix}-2\\1\end{pmatrix}$

$=\begin{pmatrix}6\\-3\end{pmatrix}=-3\begin{pmatrix}-2\\1\end{pmatrix}=-3\pmb{x}$ であるから, -3 は A の固有値で, -3 に対する A の固有

ベクトルは $\pmb{x}=\begin{pmatrix}-2\\1\end{pmatrix}$ である. 同様にして, $\begin{pmatrix}-2&2\\2&1\end{pmatrix}\begin{pmatrix}\frac{1}{2}\\1\end{pmatrix}=\begin{pmatrix}1\\2\end{pmatrix}=2\begin{pmatrix}\frac{1}{2}\\1\end{pmatrix}$ で

あるから, 2 も A の固有値であり, 2 に対する A の固有ベクトルは, $\begin{pmatrix} \dfrac{1}{2} \\ 1 \end{pmatrix}$ となる.

例 2.44　n 次単位行列 $E \in M_n(\mathbb{R})$ を考えるとき, $\forall \boldsymbol{x} \in \mathbb{R}^n$ に対して, $E\boldsymbol{x} = \boldsymbol{x}$ を満たすから, 1 は E の固有値となる. また, $\forall \boldsymbol{x} \in \mathbb{R}^n \ (\boldsymbol{x} \neq \boldsymbol{o})$ は, 固有値 1 に対する E の固有ベクトルとなる.

▌固有多項式の定義と固有値の計算▌

定義 2.33 により, $A = (a_{ij}) \in M_n$ の固有値 λ と, λ に対する A の固有ベクトル $\boldsymbol{x}(\neq \boldsymbol{o})$ の間には, $A\boldsymbol{x} = \lambda\boldsymbol{x}$ の関係が成り立ち, $\lambda\boldsymbol{x} = \lambda E\boldsymbol{x}$ に注意すれば,

$$(\lambda E - A)\boldsymbol{x} = \boldsymbol{o} \tag{2.26}$$

が成り立つことがわかる. 定義 1.43 より, (2.26) は, $\lambda E - A$ を係数行列とする同次連立 1 次方程式と考えることができる. さらに, 定理 1.33 (1) により, $(\lambda E - A)\boldsymbol{x} = \boldsymbol{o}$ が自明でない解 $\boldsymbol{x} \neq \boldsymbol{o}$ をもつための必要十分条件は,

$$|\lambda E - A| = 0$$

である. ここで, $|\lambda E - A|$ は,

$$|\lambda E - A| = \begin{vmatrix} \lambda - a_{11} & -a_{12} & \cdots & -a_{1n} \\ -a_{21} & \lambda - a_{22} & \cdots & -a_{2n} \\ \vdots & & \ddots & \vdots \\ -a_{n1} & -a_{n2} & \cdots & \lambda - a_{nn} \end{vmatrix}$$

であるから, $|\lambda E - A|$ は λ を変数とする n 次の多項式となる. そこで次のように定義しておく.

定義 2.34　n 次正方行列 A に対して, λ を変数とする A に関する n 次多項式 $F_A(\lambda)$ を

$$F_A(\lambda) := |\lambda E - A|$$

で定めて, $F_A(\lambda)$ を A の**固有多項式**といい, $F_A(\lambda) = 0$ を A の**固有方程式**という.

A の固有値は, 固有方程式 $F_A(\lambda) = 0$ の解として与えられ, その解 λ に対する A の固有ベクトルは, $(\lambda E - A)\boldsymbol{x} = \boldsymbol{o}$ の自明でない解ということになる. 特に, $\lambda \in \mathbb{C}$ として考えれば, §1.2, 代数学の基本定理 (p.12, 定理 1.7) により,

$$F_A(\lambda) = (\lambda - \lambda_1)(\lambda - \lambda_2) \cdots (\lambda - \lambda_n)$$

1 次式に分解できる. さらに, $F_A(\lambda) = 0$ の同じ解 λ_i をまとめて,

$$F_A(\lambda) = (\lambda - \lambda_1)^{n_1}(\lambda - \lambda_2)^{n_2} \cdots (\lambda - \lambda_r)^{n_r}$$

と書くとき, 各 n_i を λ_i の**重複度**という. 以上のことを定理にまとめておく.

定理 **2.19**　$M_n \ni A$ について次の (1), (2) が成り立つ.

(1) A の固有値は重複度をこめて n 個あり, 固有方程式 $F_A(\lambda) = 0$ の解全体 $\lambda_1, \lambda_2, \ldots, \lambda_n$ と一致する.

(2) A の各固有値 λ_i に対する固有ベクトル $\boldsymbol{x}(\neq \boldsymbol{o})$ は, 同次連立 1 次方程式 $(\lambda_i E - A)\boldsymbol{x} = \boldsymbol{o}$ の自明でない解である.

例 2.45　$A = \begin{pmatrix} -3 & 1 \\ 0 & 2 \end{pmatrix}$ のとき, 固有多項式 $F_A(\lambda)$ は,

$$F_A(\lambda) = \begin{vmatrix} \lambda + 3 & -1 \\ 0 & \lambda - 2 \end{vmatrix} = (\lambda + 3)(\lambda - 2)$$

となるから, A の固有方程式 $F_A(\lambda) = 0$ から, A の固有値は, $\lambda = 2, -3$ と求めることができる.

例 2.46　$B = \begin{pmatrix} 3 & 0 & 0 \\ 2 & -2 & 0 \\ 1 & 3 & -2 \end{pmatrix}$ のとき, B の固有多項式 $F_B(\lambda)$ は,

$$F_B(\lambda) = \begin{vmatrix} \lambda - 3 & 0 & 0 \\ -2 & \lambda + 2 & 0 \\ -1 & -3 & \lambda + 2 \end{vmatrix} = (\lambda - 3)(\lambda + 2)^2$$

である. B の固有方程式 $F_B(\lambda) = 0$ を解いて, B の固有値 λ を求めると, $\lambda = 3, -2$ (重複度 2) である.

例 2.47　$C := \begin{pmatrix} -1 & -1 \\ 1 & -1 \end{pmatrix}$ のとき,

$$F_C(\lambda) = \begin{vmatrix} \lambda + 1 & 1 \\ -1 & \lambda + 1 \end{vmatrix} = (\lambda + 1)^2 + 1 = \lambda^2 + 2\lambda + 2$$

であるから, $F_C(\lambda) = 0$ を λ について解いて, $\lambda = -1 + i, -1 - i$ を得る.

✎ 上の例 2.47 のように, 固有値は実数とは限らない. n 次正方行列の固有値 λ が $\lambda \in \mathbb{C}$ となるときは, λ に対する固有ベクトル $\boldsymbol{x}(\neq \boldsymbol{o})$ は, $\boldsymbol{x} \in \mathbb{C}^n$ で考える必要がある.

▌固有値と固有ベクトルの計算▐

　n 次正方行列 A の固有値と固有ベクトルは, 定理 2.19 の (1), (2) により, まず, A の固有方程式 $F_A(\lambda) = 0$ から, 固有値 $\lambda = \lambda_1, \lambda_2, \ldots, \lambda_n$ を計算し, 各 λ_i に対して, 固有ベクトル $\boldsymbol{x}_i(\neq \boldsymbol{o})$ を, $(\lambda_i E - A)\boldsymbol{x}_i = \boldsymbol{o}$ の自明でない解として計算すればよい. 次の例題で, 計算方法を確認したい.

例題 **2.19**　次の行列の固有値と固有ベクトルを求めよ.

(1)　$A = \begin{pmatrix} 6 & 2 \\ -11 & -7 \end{pmatrix}$　　　　(2)　$B = \begin{pmatrix} 3 & -2 & 2 \\ -2 & 3 & -1 \\ 2 & 4 & 0 \end{pmatrix}$

解答　(1) A の固有多項式は,

$$F_A(\lambda) = \begin{vmatrix} \lambda - 6 & -2 \\ 11 & \lambda + 7 \end{vmatrix} = (\lambda - 6)(\lambda + 7) + 22 = \lambda^2 + \lambda - 20 = (\lambda - 4)(\lambda + 5)$$

であるから, A の固有値は, $F_A(\lambda) = 0$ を解いて $\lambda = 4, -5$ を得る.

$\lambda = 4$ に対する A の固有ベクトル $\boldsymbol{x} = \begin{pmatrix} x_1 \\ x_2 \end{pmatrix}$ は

$$(4E - A)\boldsymbol{x} = \begin{pmatrix} -2 & -2 \\ 11 & 11 \end{pmatrix} \begin{pmatrix} x_1 \\ x_2 \end{pmatrix} = \begin{pmatrix} 0 \\ 0 \end{pmatrix}$$

の自明でない解である.

ここで, $4E - A \longrightarrow \begin{pmatrix} -2 & -2 \\ 0 & 0 \end{pmatrix}$ と行基本変形できる. よって, rank $(4E - A) = 1$ より解の自由度は 1 だから, $-2x_1 - 2x_2 = 0$ において, $x_2 = c$ とすれば, $x_1 = -x_2 = -c$ である. ゆえに, $\lambda = 4$ に対する A の固有ベクトルは,

$$\boldsymbol{x} = c \begin{pmatrix} -1 \\ 1 \end{pmatrix} \quad [c : 0 でない任意定数].$$

$\lambda = -5$ に対する固有ベクトル $\boldsymbol{x} = \begin{pmatrix} x_1 \\ x_2 \end{pmatrix}$ は, $(-5E - A)\boldsymbol{x} = \boldsymbol{o}$ の自明でない解である. この係数行列 $-5E - A$ は,

$$-5E - A = \begin{pmatrix} -11 & -2 \\ 11 & 2 \end{pmatrix} \xrightarrow{\times 1} \begin{pmatrix} -11 & -2 \\ 0 & 0 \end{pmatrix}$$

のように行基本変形できるから, rank $(-5E - A) = 1$ となり, 解の自由度は 1 である. ゆえに, $-11x_1 - 2x_2 = 0$ において, あとから 11 で割ることを考慮して, $x_2 = 11c$ とおくと, $x_1 = -\frac{2}{11}x_2 = -2c$ となる. よって, $\lambda = -5$ に対する A の固有ベクトルは,

$$\boldsymbol{x} = c \begin{pmatrix} -2 \\ 11 \end{pmatrix} \quad [c : 0 でない任意定数]$$

となる.

(2) B の固有多項式は,

$$F_B(\lambda) = \begin{vmatrix} \lambda - 3 & 2 & -2 \\ 2 & \lambda - 3 & 1 \\ -2 & -4 & \lambda \end{vmatrix} \xrightarrow{\times 1} \begin{vmatrix} \lambda - 3 & 2 & -2 \\ 2 & \lambda - 3 & 1 \\ 0 & \lambda - 7 & \lambda + 1 \end{vmatrix}$$

$$= \begin{vmatrix} \lambda - 3 & 0 & -2 \\ 2 & \lambda - 2 & 1 \\ 0 & 2\lambda - 6 & \lambda + 1 \end{vmatrix}$$

$$\overset{\text{第1列による展開}}{=} (\lambda - 3) \begin{vmatrix} \lambda - 2 & 1 \\ 2\lambda - 6 & \lambda + 1 \end{vmatrix} + 2 \cdot (-1)^{2+1} \begin{vmatrix} 0 & -2 \\ 2\lambda - 6 & \lambda + 1 \end{vmatrix}$$

$$= (\lambda - 3)\{(\lambda - 2)(\lambda + 1) - 2\lambda + 6\} - 2\{0 + 2(2\lambda - 6)\}$$

$$= (\lambda - 3)(\lambda^2 - 3\lambda + 4) - 8(\lambda - 3) = (\lambda - 3)(\lambda^2 - 3\lambda + 4 - 8)$$

$$= (\lambda - 3)(\lambda^2 - 3\lambda - 4) = (\lambda - 3)(\lambda - 4)(\lambda + 1)$$

であるから, B の固有値は, $\lambda = -1, 3, 4$ となる.

$\lambda = -1$ に対する B の固有ベクトル $\boldsymbol{x} = \begin{pmatrix} x_1 \\ x_2 \\ x_3 \end{pmatrix}$ は, $(-E - B)\boldsymbol{x} = \boldsymbol{o}$ の自明でない解である. 係数

行列 $-E - B$ は,

$$-E - B = \begin{pmatrix} -4 & 2 & -2 \\ 2 & -4 & 1 \\ -2 & -4 & -1 \end{pmatrix} \begin{matrix} \times 2 \\ \times 1 \end{matrix} \longrightarrow \begin{pmatrix} 0 & -6 & 0 \\ 2 & -4 & 1 \\ 0 & -8 & 0 \end{pmatrix} \longrightarrow \begin{pmatrix} 2 & -4 & 1 \\ 0 & -6 & 0 \\ 0 & -8 & 0 \end{pmatrix} \times \frac{-8}{6}$$

$$\longrightarrow \begin{pmatrix} 2 & -4 & 1 \\ 0 & -6 & 0 \\ 0 & 0 & 0 \end{pmatrix} \times \left(-\frac{1}{6}\right) \longrightarrow \begin{pmatrix} 2 & -4 & 1 \\ 0 & 1 & 0 \\ 0 & 0 & 0 \end{pmatrix} \times 4 \longrightarrow \begin{pmatrix} 2 & 0 & 1 \\ 0 & 1 & 0 \\ 0 & 0 & 0 \end{pmatrix}$$

と行基本変形できるから, $\mathrm{rank}\,(-E - B) = 2$ であり, 解の自由度は 1 である.

$$\left\{ \begin{array}{l} 2x_1 \quad\;\; + x_3 = 0 \\ \quad\;\; x_2 \quad\quad = 0 \end{array} \right.$$

において, $x_2 = 0$. また, $x_1 = c$ とすれば, $2x_1 + x_3 = 0$ より $x_3 = -2x_1 = -2c$ となる. よって, B の $\lambda = -1$ に対する固有ベクトルは,

$$\boldsymbol{x} = \begin{pmatrix} c \\ 0 \\ -2c \end{pmatrix} = c \begin{pmatrix} 1 \\ 0 \\ -2 \end{pmatrix} \quad [c : 0 \text{ でない任意定数}]$$

となる.

$\lambda = 3$ に対する B の固有ベクトル $\boldsymbol{x}$ は, $(3E - B)\boldsymbol{x} = \boldsymbol{o}$ の自明でない解であるから, 係数行列 $3E - B$ を行基本変形すると,

$$3E - B = \begin{pmatrix} 0 & 2 & -2 \\ 2 & 0 & 1 \\ -2 & -4 & 3 \end{pmatrix} \times 1 \longrightarrow \begin{pmatrix} 0 & 2 & -2 \\ 2 & 0 & 1 \\ 0 & -4 & 4 \end{pmatrix}$$

$$\longrightarrow \begin{pmatrix} 2 & 0 & 1 \\ 0 & 2 & -2 \\ 0 & -4 & 4 \end{pmatrix} \times 2 \longrightarrow \begin{pmatrix} 2 & 0 & 1 \\ 0 & 2 & -2 \\ 0 & 0 & 0 \end{pmatrix} \times \frac{1}{2} \longrightarrow \begin{pmatrix} 2 & 0 & 1 \\ 0 & 1 & -1 \\ 0 & 0 & 0 \end{pmatrix}$$

のように変形できる. よって, $\mathrm{rank}\,(3E - B) = 2$ となり, 解の自由度は 1 である.

$$\left\{ \begin{array}{l} 2x_1 \quad\;\; + x_3 = 0 \\ \quad\;\; x_2 - x_3 = 0 \end{array} \right.$$

において, $x_3 = 2c$ とおけば, $x_1 = \dfrac{-x_3}{2} = -c$, $x_2 = 2c$ となるから, $\lambda = 3$ に対する B の固有ベクトルは,

$$\boldsymbol{x} = \begin{pmatrix} -c \\ 2c \\ 2c \end{pmatrix} = c \begin{pmatrix} -1 \\ 2 \\ 2 \end{pmatrix} \quad [c : 0 \text{ でない任意定数}]$$

となる.

$\lambda = 4$ に対する B の固有ベクトルを $\boldsymbol{x}$ とすると, $\boldsymbol{x}$ は $(4E - B)\boldsymbol{x} = \boldsymbol{o}$ の自明でない解となる. また,

$$4E - B = \begin{pmatrix} 1 & 2 & -2 \\ 2 & 1 & 1 \\ -2 & -4 & 4 \end{pmatrix} \begin{smallmatrix} \times(-2) \\ \times 2 \end{smallmatrix} \longrightarrow \begin{pmatrix} 1 & 2 & -2 \\ 0 & -3 & 5 \\ 0 & 0 & 0 \end{pmatrix}$$

と行基本変形できるから, $\mathrm{rank}\,(4E - B) = 2$ となり, 解の自由度は 1 である.

$$\begin{cases} x_1 + 2x_2 - 2x_3 = 0 \\ \quad\quad -3x_2 + 5x_3 = 0 \end{cases}$$

において, $x_3 = 3c$ とすれば, $x_2 = \dfrac{5x_3}{3} = 5c$, $x_1 = -2x_2 + 2x_3 = -10c + 6c = -4c$ を得るから, $\lambda = 4$ に対する B の固有ベクトルは,

$$\boldsymbol{x} = \begin{pmatrix} -4c \\ 5c \\ 3c \end{pmatrix} = c \begin{pmatrix} -4 \\ 5 \\ 3 \end{pmatrix} \quad [c : 0\text{ でない任意定数}]$$

となる.

> **問 2.19**　次の行列の固有値と固有ベクトルを求めよ.
>
> (1)　$A = \begin{pmatrix} -4 & -2 \\ 7 & 5 \end{pmatrix}$　　　　(2)　$B = \begin{pmatrix} 5 & -4 & 2 \\ 4 & -5 & 4 \\ 2 & -4 & 5 \end{pmatrix}$

■固有ベクトルと 1 次独立■

次の定理は, 固有ベクトルについての 1 次独立性についての主張である.

定理 2.20　$M_n \ni A$ に対して, $\lambda_1, \lambda_2, \ldots, \lambda_r$ を A の異なる固有値とするとき, それぞれの固有値に対応する固有ベクトル $\boldsymbol{x}_1, \boldsymbol{x}_2, \ldots, \boldsymbol{x}_r$ は 1 次独立になる.

証明　$\boldsymbol{x}_1, \boldsymbol{x}_2, \ldots, \boldsymbol{x}_r$ が 1 次独立でない (つまり, 1 次従属) とするならば, ある番号 $k\,(1 \leq k \leq r-1)$ において, $\boldsymbol{x}_1, \boldsymbol{x}_2, \ldots, \boldsymbol{x}_k$ が 1 次独立で, $\boldsymbol{x}_1, \boldsymbol{x}_2, \ldots, \boldsymbol{x}_{k+1}$ が 1 次従属となるような k が存在する. $\boldsymbol{x}_1, \boldsymbol{x}_2, \ldots, \boldsymbol{x}_{k+1}$ が 1 次従属ならば, 定理 2.2 より,

$$\boldsymbol{x}_{k+1} \in \langle \boldsymbol{x}_1, \boldsymbol{x}_2, \ldots, \boldsymbol{x}_k \rangle$$

となるから, 適当なスカラー $c_1, c_2, \ldots, c_k$ を使って

$$\boldsymbol{x}_{k+1} = c_1 \boldsymbol{x}_1 + c_2 \boldsymbol{x}_2 + \cdots + c_k \boldsymbol{x}_k \tag{2.27}$$

と書くことができる. ここで, 各 $\boldsymbol{x}_i$ は A の固有ベクトルであるから, 定義 2.33 により, $A\boldsymbol{x}_i = \lambda_i \boldsymbol{x}_i$ が成り立つ. このことから, (2.27) の両辺に左から A を掛ければ,

$$A\boldsymbol{x}_{k+1} = \lambda_{k+1} \boldsymbol{x}_{k+1} = Ac_1 \boldsymbol{x}_1 + Ac_2 \boldsymbol{x}_2 + \cdots + Ac_k \boldsymbol{x}_k$$

$$= c_1 (A\boldsymbol{x}_1) + c_2 (A\boldsymbol{x}_2) + \cdots + c_k (A\boldsymbol{x}_k)$$

$$= c_1 \lambda_1 \boldsymbol{x}_1 + c_2 \lambda_2 \boldsymbol{x}_2 + \cdots + c_k \lambda_k \boldsymbol{x}_k \tag{2.28}$$

となる. 一方, (2.27) の両辺に, λ_{k+1} を掛ければ,

$$\lambda_{k+1} \boldsymbol{x}_{k+1} = c_1 \lambda_{k+1} \boldsymbol{x}_1 + c_2 \lambda_{k+1} \boldsymbol{x}_2 + \cdots + c_k \lambda_{k+1} \boldsymbol{x}_k \tag{2.29}$$

であるから, (2.29) 式から, (2.28) 式の辺々を引けば,

$$\boldsymbol{o} = c_1 (\lambda_{k+1} - \lambda_1) \boldsymbol{x}_1 + c_2 (\lambda_{k+1} - \lambda_2) \boldsymbol{x}_2 + \cdots + c_k (\lambda_{k+1} - \lambda_k) \boldsymbol{x}_k$$

を得る. ここで, $\boldsymbol{x}_1,\ldots,\boldsymbol{x}_k$ は 1 次独立であるから, 定義 2.15 より,

$$c_1(\lambda_{k+1}-\lambda_1)=c_2(\lambda_{k+1}-\lambda_2)=\cdots=c_k(\lambda_{k+1}-\lambda_k)=0 \tag{2.30}$$

でなければならない. このとき, 仮定から, $\lambda_1,\lambda_2,\ldots,\lambda_{k+1}$ はすべて異なるから, (2.30) を満たすためには, $c_1=c_2=\cdots=c_k=0$ でなければならない. ゆえに, $\boldsymbol{x}_{k+1}=\boldsymbol{o}$ となるが, これは, $\boldsymbol{x}_{k+1}$ が λ_{k+1} に対する A の固有ベクトルであることに反する. 以上から, $\boldsymbol{x}_1,\boldsymbol{x}_2,\ldots,\boldsymbol{x}_r$ は 1 次独立でなければならない. ∎

例 2.48　例題 2.19 (1) の行列における固有値は 4, −5 のように 2 つの異なる固有値で,

$\boldsymbol{x}_1=\begin{pmatrix}-1\\1\end{pmatrix}, \boldsymbol{x}_2=\begin{pmatrix}-2\\11\end{pmatrix}$ は, 各固有値に対する固有ベクトルになる.

$$(\boldsymbol{x}_1\ \boldsymbol{x}_2)=\begin{pmatrix}-1 & -2\\1 & 11\end{pmatrix}\underset{\times 1}{\curvearrowright}\longrightarrow\begin{pmatrix}-1 & -2\\0 & 9\end{pmatrix}$$

のように行基本変形できるから, $\mathrm{rank}\,(\boldsymbol{x}_1\ \boldsymbol{x}_2)=2$ となり, $\boldsymbol{x}_1,\boldsymbol{x}_2$ が 1 次独立であることが確かめられる.

◆◇練習問題 § 2.10 ◇◆

A

1. 次の行列の固有値と固有ベクトルを求めよ.

$(1)\ \begin{pmatrix}-1 & 4\\1 & -1\end{pmatrix}$　　$(2)\ \begin{pmatrix}-5 & 2\\-12 & 5\end{pmatrix}$　　$(3)\ \begin{pmatrix}-3 & -2\\4 & 6\end{pmatrix}$

$(4)\ \begin{pmatrix}2 & 1 & 0\\2 & -3 & -6\\-1 & 1 & 3\end{pmatrix}$　$(5)\ \begin{pmatrix}3 & 3 & -1\\-1 & 2 & 1\\4 & 3 & -2\end{pmatrix}$　$(6)\ \begin{pmatrix}1 & 2 & 4\\3 & 0 & 1\\4 & -4 & -1\end{pmatrix}$

2. $A\in M_2$ の固有値が $-1,2$ で各固有値に対応する固有ベクトルが, それぞれ $\begin{pmatrix}-1\\4\end{pmatrix}$, $\begin{pmatrix}-1\\1\end{pmatrix}$ となるとき, A を求めよ.

B

1. 行列 $\begin{pmatrix}a & b\\c & 0\end{pmatrix}$ の固有値が, $-1,4$ になるとき, 整数 a,b,c を求めよ.

§ 2.11　行列の正則行列による対角化

この節より, 行列の対角化を扱う. まず, 対角化可能であることの定義を行い, 行列が対角化可能となるための必要十分条件などを習得する. また, 実際に, 対角化可能な場合に, 正則行列

により行列の対角化を行うことができるようになることを目標とする.

■ **行列が対角化可能であることの定義** ■

定義 2.35 $M_n \ni A$ に対して, 正則行列 $P \in M_n$ がとれて, $P^{-1}AP$ が対角行列となるとき, A は P により<ruby>対角化可能<rt>たいかくか</rt></ruby>であるという.

$$P^{-1}AP = \begin{pmatrix} \lambda_1 & & & O \\ & \lambda_2 & & \\ & & \ddots & \\ O & & & \lambda_n \end{pmatrix}.$$

このとき, $P^{-1}AP$ の固有多項式は, $P^{-1}AP$ の対角成分を $\lambda_1, \lambda_2, \ldots, \lambda_n$ とすると, $F_{P^{-1}AP}(\lambda) = (\lambda - \lambda_1)(\lambda - \lambda_2)\cdots(\lambda - \lambda_n)$ であるから, 定理 2.19 により, $P^{-1}AP$ の対角成分は, $P^{-1}AP$ の固有値である.

例 2.49 $A = \begin{pmatrix} 6 & 2 \\ -11 & -7 \end{pmatrix}$ に対して, 適当な正則行列 $P = \begin{pmatrix} -2 & -2 \\ 2 & 11 \end{pmatrix}$ を考えると,

$P^{-1} = -\dfrac{1}{18}\begin{pmatrix} 11 & 2 \\ -2 & -2 \end{pmatrix}$ であるから,

$$P^{-1}AP = -\frac{1}{18}\begin{pmatrix} 11 & 2 \\ -2 & -2 \end{pmatrix}\begin{pmatrix} 6 & 2 \\ -11 & -7 \end{pmatrix}\begin{pmatrix} -2 & -2 \\ 2 & 11 \end{pmatrix}$$

$$= -\frac{1}{18}\begin{pmatrix} 44 & 8 \\ 10 & 10 \end{pmatrix}\begin{pmatrix} -2 & -2 \\ 2 & 11 \end{pmatrix} = -\frac{1}{18}\begin{pmatrix} -72 & 0 \\ 0 & 90 \end{pmatrix} = \begin{pmatrix} 4 & 0 \\ 0 & -5 \end{pmatrix}$$

となるから, このとき, A は P により対角化可能である.

A が P により対角化可能であるための必要十分条件を証明するために, 準備として次の定理を示す.

定理 2.21 $A, P \in M_n$ に対して, P が正則行列のとき, A と $P^{-1}AP$ の固有値は一致する.

証明 定理 2.19 より, 固有値は固有方程式の解であるから, $B = P^{-1}AP$ とおくとき, 固有多項式 $F_B(\lambda)$ と $F_A(\lambda)$ が等しいことを示せばよい. $P^{-1}P = E$ であるから, $\lambda E = (E)\lambda E = (P^{-1}P)(\lambda E) = P^{-1}(\lambda E)P$ に注意すれば,

$$F_B(\lambda) = |\lambda E - B|$$
$$= |P^{-1}(\lambda E)P - B| = |P^{-1}(\lambda E)P - P^{-1}AP|.$$

定理 1.9 (2), (3) により, $P^{-1}(\lambda E)P - P^{-1}AP = P^{-1}(\lambda E - A)P$ と整理できて, 定理 1.20 によって, $M_n \ni A, B$ の積の行列式は, $|AB| = |A||B|$ であったこと, および, 定理 1.23 により $|P^{-1}| = |P|^{-1}$ であることに注意すれば,

$$F_B(\lambda) = |P^{-1}(\lambda E - A)P| = |P^{-1}||(\lambda E - A)||P|$$
$$= |P|^{-1}|\lambda E - A||P| = |P|^{-1}|P||\lambda E - A|$$

$$= |\lambda E - A| = F_A(\lambda)$$

を得る. ゆえに, A と B の固有多項式が等しいことから, A と B の固有値は一致する.

▌対角化可能であるための必要十分条件▐

次の定理は, 行列の対角化の問題において基本となる.

定理 2.22　$A \in M_n$ について, 次が成り立つ.

A が対角化可能である $\iff$ A の 1 次独立な n 個の固有ベクトルが存在する.

証明　A が適当な正則行列 P により対角化可能であるとすると,

$$P^{-1}AP = \begin{pmatrix} \lambda_1 & & & O \\ & \lambda_2 & & \\ & & \ddots & \\ O & & & \lambda_n \end{pmatrix}$$

であり, 定理 2.19, 2.21 により, $\lambda_1, \lambda_2, \ldots, \lambda_n$ は A の固有値である. $P = (\boldsymbol{p}_1\ \boldsymbol{p}_2\ \cdots\ \boldsymbol{p}_n)$ とおくと, P が正則行列であることと, 定理 2.3 によって, $\boldsymbol{p}_1, \boldsymbol{p}_2, \ldots, \boldsymbol{p}_n$ は 1 次独立である. 次に, 各 $\boldsymbol{p}_i$ が A の λ_i に対する固有ベクトルであることを示す. 基本ベクトル $\boldsymbol{e}_i$ (p.119, 例 2.22 参照) について, $P\boldsymbol{e}_i = \boldsymbol{p}_i\ (1 \leq i \leq n)$ であることに注意すれば, $A\boldsymbol{p}_i = A(P\boldsymbol{e}_i) = (PP^{-1})A(P\boldsymbol{e}_i) = P(P^{-1}AP)\boldsymbol{e}_i$ を得る. ここで, $P^{-1}AP$ は対角成分が $\lambda_1, \lambda_2, \ldots, \lambda_n$ の対角行列であるから, $P(P^{-1}AP)\boldsymbol{e}_i = P(\lambda_i\boldsymbol{e}_i) = \lambda_i(P\boldsymbol{e}_i)$. 再び, $P\boldsymbol{e}_i = \boldsymbol{p}_i$ を使えば, $A\boldsymbol{p}_i = \lambda_i\boldsymbol{p}_i$ を得る. ゆえに, n 個の各 $\boldsymbol{p}_i$ は A の λ_i に対する固有ベクトルとなる.

逆に, A の 1 次独立な n 個の固有ベクトルを $\boldsymbol{p}_1, \boldsymbol{p}_2, \ldots, \boldsymbol{p}_n$ とすると, 各固有ベクトルに対応する A の n 個の固有値 $\lambda_1, \lambda_2, \ldots, \lambda_n$ によって, $A\boldsymbol{p}_i = \lambda_i\boldsymbol{p}_i\ (1 \leq i \leq n)$ が成り立つ. 適当な正則行列 P で, $P^{-1}AP$ が対角行列になることを示せばよい. そこで, 行列 P を $P = (\boldsymbol{p}_1\ \boldsymbol{p}_2\ \cdots\ \boldsymbol{p}_n)$ とすると, 再び, 定理 2.3 により, P は正則行列である. 標準基底 $\{\boldsymbol{e}_1, \boldsymbol{e}_2, \ldots, \boldsymbol{e}_n\}$ に対して, $P\boldsymbol{e}_i = \boldsymbol{p}_i\ (1 \leq i \leq n)$ であることに注意すれば,

$$(P^{-1}AP)\boldsymbol{e}_i = P^{-1}A(P\boldsymbol{e}_i) = P^{-1}A\boldsymbol{p}_i$$
$$= P^{-1}(A\boldsymbol{p}_i) = P^{-1}(\lambda_i\boldsymbol{p}_i) \quad (\because\ \boldsymbol{p}_i\ \text{は}\ \lambda_i\ \text{に対する}\ A\ \text{の固有ベクトル})$$
$$= \lambda_i P^{-1}\boldsymbol{p}_i = \lambda_i P^{-1}(P\boldsymbol{e}_i) = \lambda_i(P^{-1}P)\boldsymbol{e}_i$$
$$= \lambda_i\boldsymbol{e}_i$$

このことは, $P^{-1}AP$ の第 i 列が $\lambda_i\boldsymbol{e}_i$ であることを示しているから,

$$P^{-1}AP = \begin{pmatrix} \lambda_1 & & & O \\ & \lambda_2 & & \\ & & \ddots & \\ O & & & \lambda_n \end{pmatrix}$$

を得たことになる.

定理 2.20 と定理 2.22 により, 次の定理を得る.

定理 2.23 $M_n \ni A$ の固有値がすべて異なる $\Longrightarrow$ A は対角化可能である.

例 2.50 $A = \begin{pmatrix} 6 & 2 \\ -11 & -7 \end{pmatrix}$ は, 例題 2.19 (1) にあるように異なる固有値 $\lambda = 4, -5$ を

もち, それぞれに対する固有ベクトルとして, $p_1 = \begin{pmatrix} -1 \\ 1 \end{pmatrix}$, $p_2 = \begin{pmatrix} -2 \\ 11 \end{pmatrix}$ を考えるこ

とができる. 定理 2.22 の証明にあるように $P = (p_1 \ p_2) = \begin{pmatrix} -1 & -2 \\ 1 & 11 \end{pmatrix}$ とすれば, 例

2.48 にあるように, p_1 と p_2 は 1 次独立な固有ベクトルになるから, P は正則行列であり,

$P^{-1} = -\dfrac{1}{9} \begin{pmatrix} 11 & 2 \\ -1 & -1 \end{pmatrix}$ となる. さらに,

$$P^{-1}AP = -\frac{1}{9} \begin{pmatrix} 11 & 2 \\ -1 & -1 \end{pmatrix} \begin{pmatrix} 6 & 2 \\ -11 & -7 \end{pmatrix} \begin{pmatrix} -1 & -2 \\ 1 & 11 \end{pmatrix} = -\frac{1}{9} \begin{pmatrix} 44 & 8 \\ 5 & 5 \end{pmatrix} \begin{pmatrix} -1 & -2 \\ 1 & 11 \end{pmatrix}$$

$$= -\frac{1}{9} \begin{pmatrix} -36 & 0 \\ 0 & 45 \end{pmatrix} = \begin{pmatrix} 4 & 0 \\ 0 & -5 \end{pmatrix}$$

のように, A は P により対角化可能である.

正則行列による行列の対角化

行列の対角化に関する定理により, $M_n \ni A$ の正則行列による対角化の手順をまとめると, 次のようになる.

- A について, $F_A(\lambda) = 0$ により固有値 $\lambda = \lambda_1, \lambda_2, \ldots, \lambda_n$ を計算する.
- n 個の固有値がすべて異なれば, A は適当な正則行列 P により対角化可能であると判断できる. 重複度がある場合は, n 個の 1 次独立な固有ベクトルが存在する場合に対角化可能であると判断できる.
- A を対角化するための正則行列 P は, A の固有値 $\lambda = \lambda_1, \lambda_2, \ldots, \lambda_n$ に対する固有ベクトル $p_1, p_2, \ldots, p_n$ をならべたものとして, $P = (p_1 \ p_2 \ \cdots \ p_n)$ により構成する.
- 定理 2.22 の証明より,

$$P^{-1}AP = \begin{pmatrix} \lambda_1 & & & O \\ & \lambda_2 & & \\ & & \ddots & \\ O & & & \lambda_n \end{pmatrix}$$

    のように対角化される.

✎ ここで, 正則行列 P は固有ベクトルのならべ方によりいくつも考えることができ, 一意に定まらない. また, $P^{-1}AP$ の対角成分にあらわれる固有値は, P を構成する固有ベクトルの順にその対応する固有値がならぶことに注意したい.

例題 2.20　次の行列が対角化可能かどうか調べ, 対角化可能であれば, 正則行列 P を求めて対角化せよ.

$$(1)\ A = \begin{pmatrix} -1 & -2 & 1 \\ -2 & 1 & -1 \\ -5 & -2 & 5 \end{pmatrix} \qquad\qquad (2)\ B = \begin{pmatrix} 3 & 1 & 1 \\ 2 & -3 & 2 \\ -1 & -1 & 1 \end{pmatrix}$$

解答　(1) A の固有多項式 $F_A(\lambda)$ は,

$$F_A(\lambda) = \begin{vmatrix} \lambda+1 & 2 & -1 \\ 2 & \lambda-1 & 1 \\ 5 & 2 & \lambda-5 \end{vmatrix} \overset{\times 1}{\curvearrowright} = \begin{vmatrix} \lambda+1 & 2 & -1 \\ \lambda+3 & \lambda+1 & 0 \\ 5 & 2 & \lambda-5 \end{vmatrix}$$

$$\overset{第3列で展開}{=} (-1)\cdot(-1)^{1+3}\begin{vmatrix} \lambda+3 & \lambda+1 \\ 5 & 2 \end{vmatrix} + (\lambda-5)\cdot(-1)^{3+3}\begin{vmatrix} \lambda+1 & 2 \\ \lambda+3 & \lambda+1 \end{vmatrix}$$

$$= -\{2(\lambda+3) - 5(\lambda+1)\} + (\lambda-5)\{(\lambda+1)^2 - 2(\lambda+3)\}$$

$$= (\lambda+1)\{(\lambda-5)(\lambda+1) + 5\} - 2(\lambda+3)\{1 + (\lambda-5)\}$$

$$= (\lambda+1)(\lambda^2 - 4\lambda) - 2(\lambda+3)(\lambda-4) = \lambda(\lambda+1)(\lambda-4) - 2(\lambda+3)(\lambda-4)$$

$$= (\lambda-4)\{\lambda(\lambda+1) - 2(\lambda+3)\} = (\lambda-4)(\lambda^2 - \lambda - 6)$$

$$= (\lambda-4)(\lambda-3)(\lambda+2)$$

であるから, $F_A(\lambda) = 0$ を解いて, A の固有値は, $\lambda = -2, 3, 4$ となる. よって, 固有値がすべて異なるので, A は適当な正則行列により対角化可能である.

$\lambda = -2$ に対する A の固有ベクトル $\boldsymbol{x}$ は, $(-2E - A)\boldsymbol{x} = \boldsymbol{o}$ の自明でない解である.

$$-2E - A = \begin{pmatrix} -1 & 2 & -1 \\ 2 & -3 & 1 \\ 5 & 2 & -7 \end{pmatrix} \overset{\times 2}{\underset{\times 5}{\curvearrowright}} \longrightarrow \begin{pmatrix} -1 & 2 & -1 \\ 0 & 1 & -1 \\ 0 & 12 & -12 \end{pmatrix} \overset{\times(-12)}{\curvearrowright}$$

$$\longrightarrow \begin{pmatrix} -1 & 2 & -1 \\ 0 & 1 & -1 \\ 0 & 0 & 0 \end{pmatrix} \overset{\times(-2)}{\curvearrowright} \longrightarrow \begin{pmatrix} -1 & 0 & 1 \\ 0 & 1 & -1 \\ 0 & 0 & 0 \end{pmatrix}$$

であるから, $\mathrm{rank}\,(-2E - A) = 2$ であり, 解の自由度は 1 である. よって,

$$\begin{cases} -x_1 & + x_3 = 0 \\ x_2 - x_3 = 0 \end{cases}$$

において, $x_3 = c$ とすると, $x_2 = x_3 = c$, $x_1 = x_3 = c$ となり, 固有ベクトルは, $\boldsymbol{x} = \begin{pmatrix} c \\ c \\ c \end{pmatrix} =$

$c\begin{pmatrix} 1 \\ 1 \\ 1 \end{pmatrix}$　$[c : 0 \text{でない任意定数}]$ となる.

$\lambda = 3$ に対する A の固有ベクトル $\boldsymbol{x}$ は, $(3E - A)\boldsymbol{x} = \boldsymbol{o}$ の自明でない解である.

$$3E - A = \begin{pmatrix} 4 & 2 & -1 \\ 2 & 2 & 1 \\ 5 & 2 & -2 \end{pmatrix} \overset{\times(-1)}{\curvearrowright} \longrightarrow \begin{pmatrix} 4 & 2 & -1 \\ 2 & 2 & 1 \\ 1 & 0 & -1 \end{pmatrix} \longrightarrow \begin{pmatrix} 1 & 0 & -1 \\ 2 & 2 & 1 \\ 4 & 2 & -1 \end{pmatrix} \overset{\times(-2)}{\underset{\times(-4)}{\curvearrowright}}$$

$$\longrightarrow \begin{pmatrix} 1 & 0 & -1 \\ 0 & 2 & 3 \\ 0 & 2 & 3 \end{pmatrix} \begin{array}{c} \\ {\scriptstyle\curvearrowright} \end{array} \times(-1) \longrightarrow \begin{pmatrix} 1 & 0 & -1 \\ 0 & 2 & 3 \\ 0 & 0 & 0 \end{pmatrix}$$

と行基本変形して, $\mathrm{rank}\,(3E - A) = 2$ で解の自由度は 1 となる. よって,

$$\begin{cases} x_1 & - & x_3 = 0 \\ & 2x_2 + 3x_3 = 0 \end{cases}$$

において, $x_3 = 2c$ とおけば, $x_2 = -\dfrac{3x_3}{2} = -3c$ となる. また, $x_1 = x_3 = 2c$ であるから, $\lambda = 3$ に対

する A の固有ベクトルは, $\boldsymbol{x} = \begin{pmatrix} 2c \\ -3c \\ 2c \end{pmatrix} = c \begin{pmatrix} 2 \\ -3 \\ 2 \end{pmatrix}$ 　$[c : 0$ でない任意定数$]$ となる.

$\lambda = 4$ に対する A の固有ベクトルは, $(4E - A)\boldsymbol{x} = \boldsymbol{o}$ の自明でない解であり,

$$4E - A = \begin{pmatrix} 5 & 2 & -1 \\ 2 & 3 & 1 \\ 5 & 2 & -1 \end{pmatrix} \begin{array}{c} {\scriptstyle\curvearrowright} \\ \end{array} \times(-1) \longrightarrow \begin{pmatrix} 5 & 2 & -1 \\ 2 & 3 & 1 \\ 0 & 0 & 0 \end{pmatrix} \begin{array}{c} {\scriptstyle\curvearrowright} \\ \end{array} \longrightarrow \begin{pmatrix} 2 & 3 & 1 \\ 5 & 2 & -1 \\ 0 & 0 & 0 \end{pmatrix} \begin{array}{c} \\ {\scriptstyle\curvearrowright} \end{array} \times\left(-\dfrac{5}{2}\right)$$

$$\longrightarrow \begin{pmatrix} 2 & 3 & 1 \\ 0 & \dfrac{-11}{2} & \dfrac{-7}{2} \\ 0 & 0 & 0 \end{pmatrix} \times(-2) \longrightarrow \begin{pmatrix} 2 & 3 & 1 \\ 0 & 11 & 7 \\ 0 & 0 & 0 \end{pmatrix}$$

のように行基本変形できるから, $\mathrm{rank}\,(4E - A) = 2$ となり, 解の自由度は 1 である.

$$\begin{cases} 2x_1 + 3x_2 + x_3 = 0 \\ \quad\quad 11x_2 + 7x_3 = 0 \end{cases}$$

において, $x_3 = 11c$ とおけば, $x_2 = \dfrac{-7x_3}{11} = -7c$. また, $2x_1 = -3x_2 - x_3 = 21c - 11c = 10c$ よ

り, $x_1 = 5c$ であるから, $\lambda = 4$ に対する A の固有ベクトルは, $\boldsymbol{x} = \begin{pmatrix} 5c \\ -7c \\ 11c \end{pmatrix} = c \begin{pmatrix} 5 \\ -7 \\ 11 \end{pmatrix}$ 　$[c :$

0 でない任意定数$]$ となる.

そこで, $\boldsymbol{p}_1 = \begin{pmatrix} 1 \\ 1 \\ 1 \end{pmatrix}$, $\boldsymbol{p}_2 = \begin{pmatrix} 2 \\ -3 \\ 2 \end{pmatrix}$, $\boldsymbol{p}_3 = \begin{pmatrix} 5 \\ -7 \\ 11 \end{pmatrix}$ とし, $P = (\boldsymbol{p}_1\ \boldsymbol{p}_2\ \boldsymbol{p}_3) = \begin{pmatrix} 1 & 2 & 5 \\ 1 & -3 & -7 \\ 1 & 2 & 11 \end{pmatrix}$

とおけば, 定理 2.20 より, $\boldsymbol{p}_1, \boldsymbol{p}_2, \boldsymbol{p}_3$ は, 1 次独立だから, P は正則行列となる. よって,

$$P^{-1}AP = \begin{pmatrix} -2 & 0 & 0 \\ 0 & 3 & 0 \\ 0 & 0 & 4 \end{pmatrix}$$

と対角化される.

(2) B の固有多項式 $F_B(\lambda)$ は,

$$F_B(\lambda) = \begin{vmatrix} \lambda - 3 & -1 & -1 \\ -2 & \lambda + 3 & -2 \\ 1 & 1 & \lambda - 1 \end{vmatrix} \begin{array}{c} {\scriptstyle\times 1} \\ {\scriptstyle\times 2} \end{array} = \begin{vmatrix} \lambda - 2 & 0 & \lambda - 2 \\ 0 & \lambda + 5 & 2(\lambda - 2) \\ 1 & 1 & \lambda - 1 \end{vmatrix}$$

$$= \begin{vmatrix} \lambda - 2 & 0 & 0 \\ 0 & \lambda + 5 & 2(\lambda - 2) \\ 1 & 1 & \lambda - 2 \end{vmatrix} \overset{第\,1\,行展開}{=} (\lambda - 2) \begin{vmatrix} \lambda + 5 & 2(\lambda - 2) \\ 1 & \lambda - 2 \end{vmatrix}$$

$$= (\lambda - 2)\{(\lambda + 5)(\lambda - 2) - 2(\lambda - 2)\} = (\lambda - 2)(\lambda - 2)(\lambda + 5 - 2)$$

$$= (\lambda - 2)^2(\lambda + 3)$$

であるから, $F_B(\lambda) = 0$ を解いて, B の固有値は, $\lambda = -3, 2$ (重複度 2) である[11].

$\lambda = -3$ に対する B の固有ベクトル $\boldsymbol{x}$ は, $(-3E - B)\boldsymbol{x} = \boldsymbol{o}$ の自明でない解である.

$$-3E - B = \begin{pmatrix} -6 & -1 & -1 \\ -2 & 0 & -2 \\ 1 & 1 & -4 \end{pmatrix} \begin{smallmatrix} \times 6 \\ \times 2 \end{smallmatrix} \longrightarrow \begin{pmatrix} 0 & 5 & -25 \\ 0 & 2 & -10 \\ 1 & 1 & -4 \end{pmatrix} \times \left(-\frac{5}{2}\right) \longrightarrow \begin{pmatrix} 0 & 0 & 0 \\ 0 & 2 & -10 \\ 1 & 1 & -4 \end{pmatrix}$$

$$\longrightarrow \begin{pmatrix} 1 & 1 & -4 \\ 0 & 2 & -10 \\ 0 & 0 & 0 \end{pmatrix} \times \frac{1}{2} \longrightarrow \begin{pmatrix} 1 & 1 & -4 \\ 0 & 1 & -5 \\ 0 & 0 & 0 \end{pmatrix} \times (-1) \longrightarrow \begin{pmatrix} 1 & 0 & 1 \\ 0 & 1 & -5 \\ 0 & 0 & 0 \end{pmatrix}$$

のように行基本変形ができるので, $\mathrm{rank}\,(-3E - B) = 2$ であり, 解の自由度は 1 となる.

$$\begin{cases} x_1 & + & x_3 = 0 \\ & x_2 - 5x_3 = 0 \end{cases}$$

において, $x_3 = c$ とおけば, $x_2 = 5c$, $x_1 = -x_3 = -c$ であるから, $\lambda = -3$ に対する B の固有ベクト

ルは, $\boldsymbol{x} = \begin{pmatrix} -c \\ 5c \\ c \end{pmatrix} = c \begin{pmatrix} -1 \\ 5 \\ 1 \end{pmatrix}$ [$c : 0$ でない任意定数] となる.

$\lambda = 2$ に対する固有ベクトル $\boldsymbol{x}$ は, $(2E - B)\boldsymbol{x} = \boldsymbol{o}$ の自明でない解である.

$$2E - B = \begin{pmatrix} -1 & -1 & -1 \\ -2 & 5 & -2 \\ 1 & 1 & 1 \end{pmatrix} \begin{smallmatrix} \times(-2) \\ \times 1 \end{smallmatrix} \longrightarrow \begin{pmatrix} -1 & -1 & -1 \\ 0 & 7 & 0 \\ 0 & 0 & 0 \end{pmatrix} \begin{smallmatrix} \times(-1) \\ \times\frac{1}{7} \end{smallmatrix}$$

$$\longrightarrow \begin{pmatrix} 1 & 1 & 1 \\ 0 & 1 & 0 \\ 0 & 0 & 0 \end{pmatrix} \times(-1) \longrightarrow \begin{pmatrix} 1 & 0 & 1 \\ 0 & 1 & 0 \\ 0 & 0 & 0 \end{pmatrix}$$

と行基本変形できるから, $\mathrm{rank}\,(2E - B) = 2$ となり, 解の自由度は 1 である.

$$\begin{cases} x_1 & + x_3 = 0 \\ x_2 & = 0 \end{cases}$$

において, $x_2 = 0$ となる. また, $x_1 = -x_3$ であるから, $x_3 = c$ とおけば, $x_1 = -c$ となる. よって,

$\lambda = 2$ に対する B の固有ベクトルは, $\boldsymbol{x} = \begin{pmatrix} -c \\ 0 \\ c \end{pmatrix} = c \begin{pmatrix} -1 \\ 0 \\ 1 \end{pmatrix}$ [$c : 0$ でない任意定数] である. 以

上より, B の 1 次独立な固有ベクトルは 2 個であるから対角化されない. ∎

問 2.20　次の行列が対角可能かどうか調べ, 対角化可能であれば, 正則行列 P を求めて対角化せよ.

(1) $\begin{pmatrix} 2 & 1 \\ -4 & -3 \end{pmatrix}$　　　(2) $\begin{pmatrix} 5 & 1 & 4 \\ 1 & 4 & 1 \\ -1 & -1 & 0 \end{pmatrix}$　　　(3) $\begin{pmatrix} 3 & -1 & 1 \\ -1 & 3 & 1 \\ 1 & 1 & 3 \end{pmatrix}$

---

[11] 定理 2.23 からは, 重複度があるだけで, 対角化可能ではないと判断できないことに注意.

◆◆練習問題 § 2.11 ◆◆

A

1. 次の行列について, 対角化可能かどうか調べ, 対角化可能であれば, 適当な正則行列を求めて対角化せよ.

(1) $\begin{pmatrix} 1 & -3 \\ -2 & 0 \end{pmatrix}$ (2) $\begin{pmatrix} 5 & -2 \\ 6 & -8 \end{pmatrix}$ (3) $\begin{pmatrix} 9 & 2 \\ -8 & 1 \end{pmatrix}$

(4) $\begin{pmatrix} 1 & -3 & -3 \\ -3 & 1 & -3 \\ -3 & -3 & 1 \end{pmatrix}$ (5) $\begin{pmatrix} 0 & -1 & -3 \\ 1 & 4 & 1 \\ -2 & -4 & 1 \end{pmatrix}$ (6) $\begin{pmatrix} -4 & -6 & -3 \\ 4 & 5 & 2 \\ 2 & 12 & 3 \end{pmatrix}$

2. 対角化可能な行列 $A \in M_3$ について, A の固有値が $\lambda = 1, -2$ (重複度 2) で, それぞれに対応する固有ベクトルが, $c\begin{pmatrix} -2 \\ 0 \\ 1 \end{pmatrix}$ [c : 0 でない任意定数] と,

$c_1\begin{pmatrix} 1 \\ 0 \\ 1 \end{pmatrix} + c_2\begin{pmatrix} -1 \\ 1 \\ 0 \end{pmatrix}$ [c_1, c_2 : 同時に 0 でない任意定数] であるとき, 適当な正則行列を使って A を求めよ.

B

1. 正則行列 P によって対角化可能な行列 A に対して,
$(P^{-1}AP)^n = (P^{-1}AP)(P^{-1}AP)\cdots(P^{-1}AP) = P^{-1}A^nP$ が成り立つことを使って, 次の対角化可能な行列の n 乗を求めよ.

(1) $\begin{pmatrix} -4 & -3 \\ 10 & 7 \end{pmatrix}$ (2) $\begin{pmatrix} -7 & -4 & -8 \\ 6 & 1 & 6 \\ 1 & 2 & 2 \end{pmatrix}$

§ 2.12   対称行列の対角化

この節では, 対角化可能な行列の例として, 実対称行列を考える. 実対称行列の固有値はすべて実数になり, 適当な直交行列により対角化可能であることを学ぶ.

▌実対称行列の固有値・固有ベクトル▐

すぐあとで提示する実対称行列の性質の証明のために, 複素数のことを少し復習しておきたい. $\mathbb{C} \ni z = x + yi$ に対して, $\bar{z} := x - yi$ を z の共役複素数というのであった (p.3, 定義 1.4). そこで, 行列 $A \in M(m, n, \mathbb{C})$ に対して, 次を定義しておく.

> **定義 2.36**　$M(m,n,\mathbb{C}) \ni A = (a_{ij})$ に対して, A の各成分 a_{ij} を複素共役 $\overline{a_{ij}}$ にした行列 $\overline{A} := (\overline{a_{ij}})$ を A の**共役行列** (または, 単に, 複素共役) という.

✎ $M(m,n,\mathbb{C}) \ni A,B$ に対して, $\overline{A+B} = \overline{A} + \overline{B}$, $M(\ell,m,\mathbb{C}) \ni A, M(m,n,\mathbb{C}) \ni B$ に対して, $\overline{AB} = \overline{A}\,\overline{B}$ が成り立つ. また, $M(m,n,\mathbb{R}) \ni A$ に対して, $\overline{A} = A$ である.

$A \in M_n(\mathbb{R})$ が ${}^tA = A$ を満たすとき, A を実対称行列というのであった. 次の定理は, 実対称行列の固有値・固有ベクトルの性質についての主張である.

> **定理 2.24**　$M_n(\mathbb{R}) \ni A$ が対称行列であるとき, 次の (1), (2) が成り立つ.
>
> (1)　A の固有値はすべて実数である.
>
> (2)　A の異なる固有値に対する固有ベクトルは互いに直交する.

証明　(1) A は対称行列より, ${}^tA = A$ である. $\lambda \in \mathbb{C}$ を A の固有値とする. この λ に対する固有ベクトル p を考えると, $(\lambda E - A)x = o$ の自明でない解であるから, ベクトルの成分は複素数となり, $p \in M(1,n,\mathbb{C})$ である. 固有値・固有ベクトルの定義 (定義 2.33) より,

$$Ap = \lambda p \tag{2.31}$$

でなければならない. そこで, (2.31) 式の両辺の複素共役をとると, $A \in M_n(\mathbb{R})$ より $\overline{A} = A$ であるから,

$$A\overline{p} = \overline{\lambda p} = \overline{\lambda}\,\overline{p} \tag{2.32}$$

を得る. このことに注意して, $\overline{\lambda}({}^t\overline{p}p)$ を考えると,

$$\overline{\lambda}({}^t\overline{p}p) = (\overline{\lambda}\,{}^t\overline{p})p = {}^t(\overline{\lambda}\,\overline{p})p \overset{(2.32)}{=} {}^t(A\overline{p})p \overset{\text{定理 1.10 (3)}}{=} {}^t\overline{p}\,{}^tAp$$

$$= {}^t\overline{p}(Ap) = {}^t\overline{p}(\lambda p)$$

$$= \lambda({}^t\overline{p}p) \tag{2.33}$$

を得る. ここで, $p = \begin{pmatrix} p_1 \\ p_2 \\ \vdots \\ p_n \end{pmatrix}$ とすれば, ${}^t\overline{p}p = \overline{p_1}p_1 + \overline{p_2}p_2 + \cdots + \overline{p_n}p_n$ であるから, $p \neq o$ である

ことにより, ${}^t\overline{p}p > 0$ となる. よって, (2.33) 式の両辺を ${}^t\overline{p}p$ で割れば, $\overline{\lambda} = \lambda$. ゆえに, 定理 1.1 (1) より, λ の実部と虚部は, それぞれ, $\mathrm{Re}\,(\lambda) = \dfrac{\lambda + \overline{\lambda}}{2} = \lambda$, $\mathrm{Im}\,(\lambda) = \dfrac{\lambda - \overline{\lambda}}{2i} = 0$ であるから, $\lambda \in \mathbb{R}$ を満たす.

(2) λ_1, λ_2 を A の異なる固有値とし, p_1, p_2 をそれぞれ λ_1, λ_2 に対する A の固有ベクトルとする. (1) から, $\lambda_1, \lambda_2 \in \mathbb{R}$ である. p_1, p_2 の内積に λ_1 を掛けたものを考えると, 定理 2.11 により,

$$\lambda_1(p_1, p_2) = (\lambda_1 p_1, p_2) \overset{\text{定義 2.33}}{=} (Ap_1, p_2).$$

ここで, 内積の定義 (定義 2.28) により,

$$(Ap_1, p_2) = {}^t(Ap_1)p_2 = ({}^tp_1\,{}^tA)p_2 = {}^tp_1({}^tAp_2) = (p_1, {}^tAp_2)$$

となる. また, A が対称行列であるから, ${}^tA = A$ に注意すれば,

$$(p_1, {}^tAp_2) = (p_1, Ap_2) \overset{\text{定義 2.33}}{=} (p_1, \lambda_2 p_2) = \lambda_2(p_1, p_2).$$

よって, $\lambda_1(p_1, p_2) = \lambda_2(p_1, p_2)$ を得る. ところが, $\lambda_1 \neq \lambda_2$ と仮定していたから, $(p_1, p_2) = 0$ でなければならない. ゆえに, $p_1 \perp p_2$ となる.∎

例 2.51 $A = \begin{pmatrix} 2 & 3 & 1 \\ 3 & 10 & 3 \\ 1 & 3 & 2 \end{pmatrix}$ とすると,

$$F_A(\lambda) = |\lambda E - A| = \begin{vmatrix} \lambda - 2 & -3 & -1 \\ -3 & \lambda - 10 & -3 \\ -1 & -3 & \lambda - 2 \end{vmatrix} \begin{matrix} \times(\lambda-2) \\ \times(-3) \end{matrix} = \begin{vmatrix} 0 & -3\lambda + 3 & (\lambda - 2)^2 - 1 \\ 0 & \lambda - 1 & -3\lambda + 3 \\ -1 & -3 & \lambda - 2 \end{vmatrix}$$

$$\overset{\text{第 1 列展開}}{=} (-1) \cdot (-1)^{3+1} \begin{vmatrix} -3\lambda + 3 & \lambda^2 - 4\lambda + 3 \\ \lambda - 1 & -3\lambda + 3 \end{vmatrix} = (\lambda - 1)(\lambda^2 - 4\lambda + 3) - (3\lambda - 3)^2$$

$$= (\lambda - 1)(\lambda^2 - 4\lambda + 3) - 9(\lambda - 1)^2 = (\lambda - 1)(\lambda^2 - 13\lambda + 12) = (\lambda - 1)^2(\lambda - 12)$$

であるから, $F_A(\lambda) = 0$ を解くと, A の固有値は, $\lambda = 1$ (重複度:2), $12 \in \mathbb{R}$ となる.

$\lambda = 1$ に対する固有ベクトルは, $(E - A)\boldsymbol{x} = \boldsymbol{o}$ の自明でない解で,

$$\begin{pmatrix} -1 & -3 & -1 \\ -3 & -9 & -3 \\ -1 & -3 & -1 \end{pmatrix} \longrightarrow \begin{pmatrix} -1 & -3 & -1 \\ 0 & 0 & 0 \\ 0 & 0 & 0 \end{pmatrix}$$

と行基本変形できるから, $\mathrm{rank}\,(E - A) = 1$ で, 解の自由度は 2 である. $-x_1 - 3x_2 - x_3 = 0$ において, $x_2 = c_1, x_3 = c_2$ とおくと, $x_1 = -3c_1 - c_2$ となるから, $\lambda = 1$ に対する A の固有ベクトルは, $\boldsymbol{x}_1 = \begin{pmatrix} -3c_1 - c_2 \\ c_1 \\ c_2 \end{pmatrix} = c_1 \begin{pmatrix} -3 \\ 1 \\ 0 \end{pmatrix} + c_2 \begin{pmatrix} -1 \\ 0 \\ 1 \end{pmatrix}$ [c_1, c_2:同時に 0 でない任意定数]

である.

同様にして, $\lambda = 12$ に対する固有ベクトルは, $(12E - A)\boldsymbol{x} = \boldsymbol{o}$ の自明でない解で,

$$12E - A = \begin{pmatrix} 10 & -3 & -1 \\ -3 & 2 & -3 \\ -1 & -3 & 10 \end{pmatrix} \begin{matrix} \times 10 \\ \times(-3) \end{matrix} \longrightarrow \begin{pmatrix} 0 & -33 & 99 \\ 0 & 11 & -33 \\ -1 & -3 & 10 \end{pmatrix}$$

$$\longrightarrow \begin{pmatrix} -1 & -3 & 10 \\ 0 & 11 & -33 \\ 0 & -33 & 99 \end{pmatrix} \times(-3) \longrightarrow \begin{pmatrix} -1 & -3 & 10 \\ 0 & 11 & -33 \\ 0 & 0 & 0 \end{pmatrix} \begin{matrix} \times(-1) \\ \times\frac{1}{11} \end{matrix}$$

$$\longrightarrow \begin{pmatrix} 1 & 3 & -10 \\ 0 & 1 & -3 \\ 0 & 0 & 0 \end{pmatrix} \times(-3) \longrightarrow \begin{pmatrix} 1 & 0 & -1 \\ 0 & 1 & -3 \\ 0 & 0 & 0 \end{pmatrix}$$

と行基本変形できる. よって, $\mathrm{rank}\,(12E - A) = 2$ となり, 解の自由度は 1 となる.

$$\begin{cases} x_1 \quad - \quad x_3 = 0 \\ \quad x_2 - 3x_3 = 0 \end{cases}$$

において, $x_3 = d$ とすれば, $x_2 = 3d$ となり, $x_1 = x_3 = d$ より, $\lambda = 12$ に対する A の固有値

ベクトルは, $\boldsymbol{x}_2 = \begin{pmatrix} d \\ 3d \\ d \end{pmatrix} = d \begin{pmatrix} 1 \\ 3 \\ 1 \end{pmatrix}$ 　$[d : 0$ でない任意定数$]$ となる. ここで,

$$(\boldsymbol{x}_1, \boldsymbol{x}_2) = (-3c_1 - c_2)d + c_1 \cdot 3d + c_2 \cdot d = -3c_1 d - c_2 d + 3c_1 d + c_2 d = 0$$

であるから, $\boldsymbol{x}_1 \perp \boldsymbol{x}_2$ となっていることが確かめられる.

定理 2.25　n 次対称行列 $A \in M_n(\mathbb{R})$ は, 適当な直交行列 $P \in M_n(\mathbb{R})$ によって, A の固有値を対角成分にもつ対角行列に対角化される:

$$P^{-1}AP = \begin{pmatrix} \lambda_1 & & & \\ & \lambda_2 & & O \\ & & \ddots & \\ O & & & \lambda_n \end{pmatrix}.$$

証明　対称行列の次数 n に関する帰納法で証明する. $n = 1$ のときは, $P = P^{-1} = (1)$ を考えればよい. $n-1$ 次対称行列に対して, 定理の主張が成り立つと仮定する. A の固有値の 1 つを λ_1 とし, λ_1 に対する A の固有ベクトルを $\boldsymbol{p}_1{'}$ とする. $n-1$ 個のベクトル $\boldsymbol{p}_2{'}, \ldots, \boldsymbol{p}_n{'}$ を適当にとって, $\{\boldsymbol{p}_1{'}, \boldsymbol{p}_2{'}, \ldots, \boldsymbol{p}_n{'}\}$ が $\mathbb{R}^n$ の基底となるようにし, これらに定理 2.14 (p.146) を使って得られた正規直交基底を $\{\boldsymbol{p}_1, \boldsymbol{p}_2, \ldots, \boldsymbol{p}_n\}$ とする. 定理 2.15 により, $P_1 = (\boldsymbol{p}_1 \ \boldsymbol{p}_2 \ \cdots \ \boldsymbol{p}_n)$ とおくと, P_1 は直交行列となるから, $P_1^{-1} = {}^tP_1$ である. また, 定理 2.14 より, $\boldsymbol{p}_1 = \dfrac{1}{\|\boldsymbol{p}_1{'}\|} \boldsymbol{p}_1{'}$ であり,
$A\boldsymbol{p}_1 = \dfrac{1}{\|\boldsymbol{p}_1{'}\|} A\boldsymbol{p}_1{'} = \dfrac{1}{\|\boldsymbol{p}_1{'}\|} \lambda_1 \boldsymbol{p}_1{'} = \lambda_1 \dfrac{1}{\|\boldsymbol{p}_1{'}\|} \boldsymbol{p}_1{'} = \lambda_1 \boldsymbol{p}_1$ であるから, $\boldsymbol{p}_1$ は, λ_1 に対する A の固有ベクトルである. このことに注意して, $P_1^{-1}AP_1$ を考えると,

$$P_1^{-1}AP_1 \overset{P_1 \text{ は直交行列}}{=\!=\!=} {}^tP_1 AP_1 = {}^tP_1(A\boldsymbol{p}_1 \ A\boldsymbol{p}_2 \ \cdots \ A\boldsymbol{p}_n)$$

$$\overset{\boldsymbol{p}_1 \text{ は } A \text{ の固有ベクトル}}{=\!=\!=} \begin{pmatrix} {}^t\boldsymbol{p}_1 \\ {}^t\boldsymbol{p}_2 \\ \vdots \\ {}^t\boldsymbol{p}_n \end{pmatrix} (\lambda_1\boldsymbol{p}_1 \ A\boldsymbol{p}_2 \ \cdots \ A\boldsymbol{p}_n)$$

$$= \begin{pmatrix} \lambda_1{}^t\boldsymbol{p}_1\boldsymbol{p}_1 & {}^t\boldsymbol{p}_1 A\boldsymbol{p}_2 & \cdots & {}^t\boldsymbol{p}_1 A\boldsymbol{p}_n \\ \lambda_1{}^t\boldsymbol{p}_2\boldsymbol{p}_1 & {}^t\boldsymbol{p}_2 A\boldsymbol{p}_2 & \cdots & {}^t\boldsymbol{p}_2 A\boldsymbol{p}_n \\ \vdots & \vdots & \cdots & \vdots \\ \lambda_1{}^t\boldsymbol{p}_n\boldsymbol{p}_1 & {}^t\boldsymbol{p}_n A\boldsymbol{p}_2 & \cdots & {}^t\boldsymbol{p}_n A\boldsymbol{p}_n \end{pmatrix}$$

$$\overset{\text{内積の定義}}{=\!=\!=} \begin{pmatrix} \lambda_1(\boldsymbol{p}_1, \boldsymbol{p}_1) & (\boldsymbol{p}_1, A\boldsymbol{p}_2) & \cdots & (\boldsymbol{p}_1, A\boldsymbol{p}_n) \\ \lambda_1(\boldsymbol{p}_2, \boldsymbol{p}_1) & (\boldsymbol{p}_2, A\boldsymbol{p}_2) & \cdots & (\boldsymbol{p}_2, A\boldsymbol{p}_n) \\ \vdots & \vdots & \cdots & \vdots \\ \lambda_1(\boldsymbol{p}_n, \boldsymbol{p}_1) & (\boldsymbol{p}_n, A\boldsymbol{p}_2) & \cdots & (\boldsymbol{p}_n, A\boldsymbol{p}_n) \end{pmatrix}$$

$$\overset{\|\boldsymbol{p}_1\|=1,\ \boldsymbol{p}_i \perp \boldsymbol{p}_j}{=\!=\!=} \begin{pmatrix} \lambda_1 & (\boldsymbol{p}_1, A\boldsymbol{p}_2) & \cdots & (\boldsymbol{p}_1, A\boldsymbol{p}_n) \\ 0 & (\boldsymbol{p}_2, A\boldsymbol{p}_2) & \cdots & (\boldsymbol{p}_2, A\boldsymbol{p}_n) \\ \vdots & \vdots & \cdots & \vdots \\ 0 & (\boldsymbol{p}_n, A\boldsymbol{p}_2) & \cdots & (\boldsymbol{p}_n, A\boldsymbol{p}_n) \end{pmatrix}$$

ここで, $^tA = A$ であるから, $^t(P_1^{-1}AP_1) = {}^t({}^tP_1AP_1) = {}^tP_1\,{}^tA\,{}^t({}^tP_1) = {}^tP_1AP_1 = P_1^{-1}AP_1$ となり, $P_1^{-1}AP_1$ が対称行列であることがわかる. よって, $P_1^{-1}AP_1$ の 第 1 行目において, $(\boldsymbol{p}_1, A\boldsymbol{p}_2) = (\boldsymbol{p}_1, A\boldsymbol{p}_3) = \cdots = (\boldsymbol{p}_1, A\boldsymbol{p}_n) = 0$ となる:

$$P_1^{-1}AP_1 = \begin{pmatrix} \lambda_1 & 0 & \cdots & 0 \\ 0 & (\boldsymbol{p}_2, A\boldsymbol{p}_2) & \cdots & (\boldsymbol{p}_2, A\boldsymbol{p}_n) \\ \vdots & \vdots & \cdots & \vdots \\ 0 & (\boldsymbol{p}_n, A\boldsymbol{p}_2) & \cdots & (\boldsymbol{p}_n, A\boldsymbol{p}_n) \end{pmatrix}.$$

そこで, $P_1^{-1}AP_1$ の第 1 行, 第 1 列を取り除いた行列を

$$B = \begin{pmatrix} (\boldsymbol{p}_2, A\boldsymbol{p}_2) & (\boldsymbol{p}_2, A\boldsymbol{p}_3) & \cdots & (\boldsymbol{p}_2, A\boldsymbol{p}_n) \\ \vdots & \vdots & \cdots & \vdots \\ (\boldsymbol{p}_n, A\boldsymbol{p}_2) & (\boldsymbol{p}_n, A\boldsymbol{p}_3) & \cdots & (\boldsymbol{p}_n, A\boldsymbol{p}_n) \end{pmatrix}$$

とおくと, B は, $n-1$ 次の対称行列となり, 帰納法の仮定から, 適当な $n-1$ 次の直交行列 Q によって B の固有値 $\lambda_2, \lambda_3, \ldots, \lambda_n$ を対角成分とする対角行列に対角化される:

$$Q^{-1}BQ = {}^tQBQ = \begin{pmatrix} \lambda_2 & & & \\ & \lambda_3 & & \huge O \\ & & \ddots & \\ \huge O & & & \lambda_n \end{pmatrix}.$$

一方, 定理 2.21 により, A と $P_1^{-1}AP_1$ の固有値は一致するから, $P_1^{-1}AP_1$ を分割して構成した行列 B の固有値 $\lambda_2, \ldots, \lambda_n$ は A の固有値である. 直交行列 Q を使って, $P_2 = \begin{pmatrix} 1 & 0 & \cdots & 0 \\ 0 & & & \\ \vdots & & Q & \\ 0 & & & \end{pmatrix}$ とすると, P_2 は直交行列となる. $P = P_1P_2$ とすると, $P^{-1} = (P_1P_2)^{-1} = P_2^{-1}P_1^{-1} = {}^tP_2\,{}^tP_1 = {}^t(P_1P_2) = {}^tP$ であるから, 2 つの直交行列の積 $P = P_1P_2$ はまた直交行列である. ここで, $P^{-1}AP$ を考えると,

$$P^{-1}AP = (P_1P_2)^{-1}A(P_1P_2) = {}^tP_2({}^tP_1AP_1)P_2$$

$$= {}^tP_2 \begin{pmatrix} \lambda_1 & 0 & \cdots & 0 \\ 0 & & & \\ \vdots & & B & \\ 0 & & & \end{pmatrix} P_2$$

$$= {}^t\begin{pmatrix} 1 & 0 & \cdots & 0 \\ 0 & & & \\ \vdots & & Q & \\ 0 & & & \end{pmatrix} \begin{pmatrix} \lambda_1 & 0 & \cdots & 0 \\ 0 & & & \\ \vdots & & B & \\ 0 & & & \end{pmatrix} \begin{pmatrix} 1 & 0 & \cdots & 0 \\ 0 & & & \\ \vdots & & Q & \\ 0 & & & \end{pmatrix}$$

$$= \begin{pmatrix} 1 & 0 & \cdots & 0 \\ 0 & & & \\ \vdots & & {}^tQ & \\ 0 & & & \end{pmatrix} \begin{pmatrix} \lambda_1 & 0 & \cdots & 0 \\ 0 & & & \\ \vdots & & B & \\ 0 & & & \end{pmatrix} \begin{pmatrix} 1 & 0 & \cdots & 0 \\ 0 & & & \\ \vdots & & Q & \\ 0 & & & \end{pmatrix}$$

$$
= \begin{pmatrix} \lambda_1 & 0 & \cdots & 0 \\ 0 & & & \\ \vdots & & {}^t\!QBQ & \\ 0 & & & \end{pmatrix} = \begin{pmatrix} \lambda_1 & & & \\ & \lambda_2 & & O \\ & & \ddots & \\ O & & & \lambda_n \end{pmatrix}
$$

となり，数学的帰納法より，すべての自然数 n に対して定理の主張を得た． ∎

例題 2.21　次の対称行列を適当な直交行列によって対角化せよ．

$$(1)\quad A = \begin{pmatrix} -2 & 1 & 1 \\ 1 & 0 & 1 \\ 1 & 1 & -2 \end{pmatrix} \qquad\qquad (2)\quad B = \begin{pmatrix} 1 & -1 & 1 \\ -1 & 1 & 1 \\ 1 & 1 & 1 \end{pmatrix}$$

解答　(1) まず，A の固有値を計算する．

$$
F_A(\lambda) = |\lambda E - A| = \begin{vmatrix} \lambda+2 & -1 & -1 \\ -1 & \lambda & -1 \\ -1 & -1 & \lambda+2 \end{vmatrix} \begin{smallmatrix} \times(\lambda+2) \\ \times(-1) \end{smallmatrix} = \begin{vmatrix} 0 & \lambda(\lambda+2)-1 & -(\lambda+2)-1 \\ -1 & \lambda & -1 \\ 0 & -(\lambda+1) & \lambda+3 \end{vmatrix}
$$

$$
\overset{\text{第 1 列展開}}{=} (-1)\cdot(-1)^{2+1} \begin{vmatrix} \lambda(\lambda+2)-1 & -(\lambda+3) \\ -(\lambda+1) & \lambda+3 \end{vmatrix} = (\lambda+3)(\lambda^2+2\lambda-1)-(\lambda+1)(\lambda+3)
$$

$$
= (\lambda+3)(\lambda^2+\lambda-2) = (\lambda+3)(\lambda+2)(\lambda-1)
$$

となるから，A の固有値は，$F_A(\lambda)=0$ を解いて，$\lambda=1,-2,-3$ と計算できる．

$\lambda=1$ に対する A の固有ベクトル $\boldsymbol{x} = \begin{pmatrix} x_1 \\ x_2 \\ x_3 \end{pmatrix} \neq \boldsymbol{o}$ は，$(E-A)\boldsymbol{x}=\boldsymbol{o}$ の自明でない解である．

$$
E-A = \begin{pmatrix} 3 & -1 & -1 \\ -1 & 1 & -1 \\ -1 & -1 & 3 \end{pmatrix} \begin{smallmatrix} \times 3 \\ \times(-1) \end{smallmatrix} \longrightarrow \begin{pmatrix} 0 & 2 & -4 \\ -1 & 1 & -1 \\ 0 & -2 & 4 \end{pmatrix} \begin{smallmatrix} \times 1 \end{smallmatrix} \longrightarrow \begin{pmatrix} 0 & 2 & -4 \\ -1 & 1 & -1 \\ 0 & 0 & 0 \end{pmatrix}
$$

$$
\longrightarrow \begin{pmatrix} -1 & 1 & -1 \\ 0 & 2 & -4 \\ 0 & 0 & 0 \end{pmatrix} \begin{smallmatrix} \times(-1) \\ \times\frac{1}{2} \end{smallmatrix} \longrightarrow \begin{pmatrix} 1 & -1 & 1 \\ 0 & 1 & -2 \\ 0 & 0 & 0 \end{pmatrix} \begin{smallmatrix} \times 1 \end{smallmatrix} \longrightarrow \begin{pmatrix} 1 & 0 & -1 \\ 0 & 1 & -2 \\ 0 & 0 & 0 \end{pmatrix}
$$

のように行基本変形すれば，$\mathrm{rank}\,(E-A)=2$ であることがわかる．よって，解の自由度は 1 である．

$$
\begin{cases} x_1 & - & x_3 = 0 \\ & x_2 - 2x_3 = 0 \end{cases}
$$

において，$x_3=c$ とおけば，$x_2=2x_3=2c$, $x_1=x_3=c$ であるから，$\lambda=1$ に対する A の固有ベクト

ルは，$\boldsymbol{x} = \begin{pmatrix} c \\ 2c \\ c \end{pmatrix} = c\begin{pmatrix} 1 \\ 2 \\ 1 \end{pmatrix}$ [c : 0 でない任意定数] となる．そこで，$\boldsymbol{p_1}' = \begin{pmatrix} 1 \\ 2 \\ 1 \end{pmatrix}$ とし，その大き

さを 1 にしたベクトルを $\boldsymbol{p_1}$ とおくと，$\boldsymbol{p_1} = \dfrac{1}{\|\boldsymbol{p_1}'\|}\boldsymbol{p_1}' = \dfrac{1}{\sqrt{1+4+1}}\begin{pmatrix} 1 \\ 2 \\ 1 \end{pmatrix} = \dfrac{1}{\sqrt{6}}\begin{pmatrix} 1 \\ 2 \\ 1 \end{pmatrix}$ である．

次に，$\lambda=-2$ に対する A の固有ベクトル $\boldsymbol{x}\neq\boldsymbol{o}$ を計算するために，$(-2E-A)\boldsymbol{x}=\boldsymbol{o}$ の係数行列 $-2E-A$ を行基本変形すると，

$$-2E - A = \begin{pmatrix} 0 & -1 & -1 \\ -1 & -2 & -1 \\ -1 & -1 & 0 \end{pmatrix} {\scriptstyle \times(-1)} \longrightarrow \begin{pmatrix} 0 & -1 & -1 \\ -1 & -2 & -1 \\ 0 & 1 & 1 \end{pmatrix} {\scriptstyle \times 1} \longrightarrow \begin{pmatrix} 0 & -1 & -1 \\ -1 & -2 & -1 \\ 0 & 0 & 0 \end{pmatrix}$$

$$\longrightarrow \begin{pmatrix} -1 & -2 & -1 \\ 0 & -1 & -1 \\ 0 & 0 & 0 \end{pmatrix} {\scriptstyle \begin{array}{c}\times(-1)\\ \times(-1)\end{array}} \longrightarrow \begin{pmatrix} 1 & 2 & 1 \\ 0 & 1 & 1 \\ 0 & 0 & 0 \end{pmatrix} {\scriptstyle \times(-2)} \longrightarrow \begin{pmatrix} 1 & 0 & -1 \\ 0 & 1 & 1 \\ 0 & 0 & 0 \end{pmatrix}$$

となるから, $\mathrm{rank}\,(-2E - A) = 2$ であり, 解の自由度は 1 である. よって,

$$\begin{cases} x_1 \qquad - x_3 = 0 \\ \quad\; x_2 + x_3 = 0 \end{cases}$$

において, $x_3 = c$ とすると, $x_2 = -x_3 = -c$, $x_1 = x_3 = c$ であるから, $\lambda = 2$ に対する A の固有ベクトルは, $\boldsymbol{x} = \begin{pmatrix} c \\ -c \\ c \end{pmatrix} = c \begin{pmatrix} 1 \\ -1 \\ 1 \end{pmatrix}$ $[c:0$ でない任意定数$]$ となる. そこで, $\boldsymbol{p_2}' = \begin{pmatrix} 1 \\ -1 \\ 1 \end{pmatrix}$ に対

して, $\boldsymbol{p_2}'$ の大きさを 1 にしたベクトルを $\boldsymbol{p_2}$ とおくと, $\boldsymbol{p_2} = \dfrac{1}{\|\boldsymbol{p_2}'\|}\boldsymbol{p_2}' = \dfrac{1}{\sqrt{1+1+1}} \begin{pmatrix} 1 \\ -1 \\ 1 \end{pmatrix} =$

$\dfrac{1}{\sqrt{3}} \begin{pmatrix} 1 \\ -1 \\ 1 \end{pmatrix}$ である.

最後に, $\lambda = -3$ に対する A の固有ベクトル $\boldsymbol{x} \neq \boldsymbol{o}$ を計算するために, $(-3E - A)\boldsymbol{x} = \boldsymbol{o}$ の係数行列 $-3E - A$ を行基本変形すると,

$$-3E - A = \begin{pmatrix} -1 & -1 & -1 \\ -1 & -3 & -1 \\ -1 & -1 & -1 \end{pmatrix} {\scriptstyle \begin{array}{c}\times(-1)\\ \times(-1)\end{array}} \longrightarrow \begin{pmatrix} -1 & -1 & -1 \\ 0 & -2 & 0 \\ 0 & 0 & 0 \end{pmatrix} {\scriptstyle \begin{array}{c}\times(-1)\\ \times\left(-\frac{1}{2}\right)\end{array}}$$

$$\longrightarrow \begin{pmatrix} 1 & 1 & 1 \\ 0 & 1 & 0 \\ 0 & 0 & 0 \end{pmatrix} {\scriptstyle \times(-1)} \longrightarrow \begin{pmatrix} 1 & 0 & 1 \\ 0 & 1 & 0 \\ 0 & 0 & 0 \end{pmatrix}$$

のように変形されるから, $\mathrm{rank}\,(-3E - A) = 2$ である. よって, 解の自由度は 1 になる.

$$\begin{cases} x_1 \qquad + x_3 = 0 \\ \quad\; x_2 \qquad = 0 \end{cases}$$

において, $x_2 = 0$ である. また, $x_3 = c$ とおくと, $x_1 = -x_3 = -c$ であるから, $\lambda = -3$ に対する A の固有ベクトルは, $\boldsymbol{x} = \begin{pmatrix} -c \\ 0 \\ c \end{pmatrix} = c \begin{pmatrix} -1 \\ 0 \\ 1 \end{pmatrix}$ $[c:0$ でない任意定数$]$ である. $\boldsymbol{p_3}' = \begin{pmatrix} -1 \\ 0 \\ 1 \end{pmatrix}$ に対して,

その大きさを 1 にしたベクトルを $\boldsymbol{p_3}$ とすれば, $\boldsymbol{p_3} = \dfrac{1}{\|\boldsymbol{p_3}'\|}\boldsymbol{p_3}' = \dfrac{1}{\sqrt{1+1}} \begin{pmatrix} -1 \\ 0 \\ 1 \end{pmatrix} = \dfrac{1}{\sqrt{2}} \begin{pmatrix} -1 \\ 0 \\ 1 \end{pmatrix}$

となる. そこで, $P = (\boldsymbol{p_1}\ \boldsymbol{p_2}\ \boldsymbol{p_3}) = \begin{pmatrix} \dfrac{1}{\sqrt{6}} & \dfrac{1}{\sqrt{3}} & -\dfrac{1}{\sqrt{2}} \\ \dfrac{2}{\sqrt{6}} & -\dfrac{1}{\sqrt{3}} & 0 \\ \dfrac{1}{\sqrt{6}} & \dfrac{1}{\sqrt{3}} & \dfrac{1}{\sqrt{2}} \end{pmatrix}$ とおけば, $\boldsymbol{p_1}, \boldsymbol{p_2}, \boldsymbol{p_3}$ は, 大きさが

1 の 異なる固有値に対する固有ベクトルであるから, 定理 2.24 (2) により, P は直交行列である. よって, 定理 2.25 により,

$$P^{-1}AP = \begin{pmatrix} 1 & 0 & 0 \\ 0 & -2 & 0 \\ 0 & 0 & -3 \end{pmatrix}$$

のように対角化される.

(2) B の固有値を計算するために, 固有多項式 $F_B(\lambda)$ を計算すると,

$$F_B(\lambda) = |\lambda E - B| = \begin{vmatrix} \lambda - 1 & 1 & -1 \\ 1 & \lambda - 1 & -1 \\ -1 & -1 & \lambda - 1 \end{vmatrix} = \begin{vmatrix} 0 & 0 & -1 \\ -(\lambda - 2) & \lambda - 2 & -1 \\ (\lambda - 1)^2 - 1 & \lambda - 2 & \lambda - 1 \end{vmatrix}$$

$$\overset{\text{第 1 行展開}}{=} (-1) \cdot (-1)^{1+3} \begin{vmatrix} -(\lambda - 2) & \lambda - 2 \\ (\lambda - 1)^2 - 1 & \lambda - 2 \end{vmatrix} = (\lambda - 2)^2 + (\lambda - 2)(\lambda^2 - 2\lambda)$$

$$= (\lambda - 2)^2 (\lambda + 1)$$

となるから, B の固有値は, $\lambda = -1, 2$ (重複度 2) である.

$\lambda = -1$ に対する固有ベクトル $\boldsymbol{x} \neq \boldsymbol{o}$ を求めるために, $(-E - B)\boldsymbol{x} = \boldsymbol{o}$ の係数行列を基本変形すると,

$$-E - B = \begin{pmatrix} -2 & 1 & -1 \\ 1 & -2 & -1 \\ -1 & -1 & -2 \end{pmatrix} \overset{\times 2}{\underset{\times 1}{\longrightarrow}} \begin{pmatrix} 0 & -3 & -3 \\ 1 & -2 & -1 \\ 0 & -3 & -3 \end{pmatrix} \overset{\times(-1)}{\longrightarrow} \begin{pmatrix} 0 & -3 & -3 \\ 1 & -2 & -1 \\ 0 & 0 & 0 \end{pmatrix}$$

$$\longrightarrow \begin{pmatrix} 1 & -2 & -1 \\ 0 & -3 & -3 \\ 0 & 0 & 0 \end{pmatrix} \times\left(-\frac{1}{3}\right) \longrightarrow \begin{pmatrix} 1 & -2 & -1 \\ 0 & 1 & 1 \\ 0 & 0 & 0 \end{pmatrix} \overset{\times 2}{\longrightarrow} \begin{pmatrix} 1 & 0 & 1 \\ 0 & 1 & 1 \\ 0 & 0 & 0 \end{pmatrix}$$

となるから, $\mathrm{rank}\,(-E - B) = 2$ である. よって, 解の自由度が 1 となる.

$$\begin{cases} x_1 & + x_3 = 0 \\ x_2 + x_3 = 0 \end{cases}$$

において, $x_3 = c$ とすると, $x_2 = -x_3 = -c$, $x_1 = -x_3 = -c$ となるから, $\lambda = -1$ に対する B の固有ベクトルは, $\boldsymbol{x} = \begin{pmatrix} -c \\ -c \\ c \end{pmatrix} = c \begin{pmatrix} -1 \\ -1 \\ 1 \end{pmatrix}$ [c : 0 でない任意定数] となる. $\boldsymbol{p}_1' = \begin{pmatrix} -1 \\ -1 \\ 1 \end{pmatrix}$ について, その

大きさを 1 にしたベクトルを $\boldsymbol{p}_1$ とすると, $\boldsymbol{p}_1 = \dfrac{1}{\|\boldsymbol{p}_1'\|} \boldsymbol{p}_1' = \dfrac{1}{\sqrt{1+1+1}} \begin{pmatrix} -1 \\ -1 \\ 1 \end{pmatrix} = \dfrac{1}{\sqrt{3}} \begin{pmatrix} -1 \\ -1 \\ 1 \end{pmatrix}$

である.

次に, $\lambda = 2$ に対する B の固有ベクトル $\boldsymbol{x} \neq \boldsymbol{o}$ を求める. $(2E - B)\boldsymbol{x} = \boldsymbol{o}$ の係数行列は,

$$2E - B = \begin{pmatrix} 1 & 1 & -1 \\ 1 & 1 & -1 \\ -1 & -1 & 1 \end{pmatrix} \overset{\times(-1)}{\underset{\times 1}{\longrightarrow}} \begin{pmatrix} 1 & 1 & -1 \\ 0 & 0 & 0 \\ 0 & 0 & 0 \end{pmatrix}$$

のように行基本変形できるから, $\mathrm{rank}\,(2E - B) = 1$ である. よって, 解の自由度は 2 となるから,

$$x_1 + x_2 - x_3 = 0$$

において，$x_2 = c_1$，$x_3 = c_2$ とすると，$x_1 = -x_2 + x_3 = -c_1 + c_2$ である．よって，$\lambda = 2$ に対する B の固

有ベクトルは，$\boldsymbol{x} = \begin{pmatrix} -c_1 + c_2 \\ c_1 \\ c_2 \end{pmatrix} = c_1 \begin{pmatrix} -1 \\ 1 \\ 0 \end{pmatrix} + c_2 \begin{pmatrix} 1 \\ 0 \\ 1 \end{pmatrix}$ $[c_1, c_2 : 同時に 0 とならない任意定数]$

となる．そこで，$\boldsymbol{u} = \begin{pmatrix} -1 \\ 1 \\ 0 \end{pmatrix}$，$\boldsymbol{v} = \begin{pmatrix} 1 \\ 0 \\ 1 \end{pmatrix}$ とおき，グラム-シュミットの直交化法によって，$\boldsymbol{u}, \boldsymbol{v}$ を正

規直交化する．$\boldsymbol{p}_2 = \dfrac{1}{\|\boldsymbol{u}\|} \boldsymbol{u} = \dfrac{1}{\sqrt{1+1}} \boldsymbol{u} = \dfrac{1}{\sqrt{2}} \begin{pmatrix} -1 \\ 1 \\ 0 \end{pmatrix}$．これは，大きさが 1 の固有値 $\lambda = 2$ に対

する B の固有ベクトルである．$\boldsymbol{v}' = \boldsymbol{v} - (\boldsymbol{v}, \boldsymbol{p}_2) \boldsymbol{p}_2$ とおくと，

$$\boldsymbol{v}' = \begin{pmatrix} 1 \\ 0 \\ 1 \end{pmatrix} - \frac{1}{\sqrt{2}}(-1 + 0 + 0) \cdot \frac{1}{\sqrt{2}} \begin{pmatrix} -1 \\ 1 \\ 0 \end{pmatrix} = \begin{pmatrix} 1 \\ 0 \\ 1 \end{pmatrix} + \frac{1}{2} \begin{pmatrix} -1 \\ 1 \\ 0 \end{pmatrix} = \begin{pmatrix} \frac{1}{2} \\ \frac{1}{2} \\ 1 \end{pmatrix}$$

$$= \frac{1}{2} \begin{pmatrix} 1 \\ 1 \\ 2 \end{pmatrix}$$

となる．$\boldsymbol{p}_3 = \dfrac{1}{\|\boldsymbol{v}'\|} \boldsymbol{v}'$ とおくと，$\boldsymbol{p}_3 = \dfrac{2}{\sqrt{1+1+4}} \dfrac{1}{2} \begin{pmatrix} 1 \\ 1 \\ 2 \end{pmatrix} = \dfrac{1}{\sqrt{6}} \begin{pmatrix} 1 \\ 1 \\ 2 \end{pmatrix}$ となる．

そこで，$P = (\boldsymbol{p}_1 \ \boldsymbol{p}_2 \ \boldsymbol{p}_3) = \begin{pmatrix} -\dfrac{1}{\sqrt{3}} & -\dfrac{1}{\sqrt{2}} & \dfrac{1}{\sqrt{6}} \\ -\dfrac{1}{\sqrt{3}} & \dfrac{1}{\sqrt{2}} & \dfrac{1}{\sqrt{6}} \\ \dfrac{1}{\sqrt{3}} & 0 & \dfrac{2}{\sqrt{6}} \end{pmatrix}$ とすると，P は直交行列で，B は，P により，

$$P^{-1}BP = \begin{pmatrix} -1 & 0 & 0 \\ 0 & 2 & 0 \\ 0 & 0 & 2 \end{pmatrix}$$

のように対角化される．

✎ 対称行列 A を A の固有ベクトル $\boldsymbol{p}_1, \boldsymbol{p}_2, \boldsymbol{p}_3$ から構成する直交行列 $P = (\boldsymbol{p}_1 \ \boldsymbol{p}_2 \ \boldsymbol{p}_3)$ によって，対角化するとき，$P^{-1}AP$ は，$\boldsymbol{p}_1, \boldsymbol{p}_2, \boldsymbol{p}_3$ のならびの順で，それぞれ対応する固有値が対角成分にならぶ．また，P のとり方は一意的ではない．

問 2.21 次の対称行列を適当な直交行列によって対角化せよ．

(1) $\begin{pmatrix} 0 & 2 \\ 2 & 3 \end{pmatrix}$ (2) $\begin{pmatrix} 1 & 1 & 2 \\ 1 & 2 & 1 \\ 2 & 1 & 1 \end{pmatrix}$

◆◆練習問題 § 2.12 ◆◆

A

1. 次の対称行列を適当な直交行列を使って対角化せよ.

(1) $\begin{pmatrix} -1 & -1 \\ -1 & -1 \end{pmatrix}$ (2) $\begin{pmatrix} 3 & -1 \\ -1 & 3 \end{pmatrix}$ (3) $\begin{pmatrix} -1 & 2 \\ 2 & 2 \end{pmatrix}$

(4) $\begin{pmatrix} -2 & 3 & 0 \\ 3 & -2 & 0 \\ 0 & 0 & 3 \end{pmatrix}$ (5) $\begin{pmatrix} 3 & -2 & -2 \\ -2 & 0 & 1 \\ -2 & 1 & 0 \end{pmatrix}$ (6) $\begin{pmatrix} 0 & -1 & -2 \\ -1 & 3 & 1 \\ -2 & 1 & 0 \end{pmatrix}$

2. 次の対称行列を適当な直交行列を使って対角化せよ.

(1) $\begin{pmatrix} 0 & 0 & 0 & 1 \\ 0 & 0 & 1 & 0 \\ 0 & 1 & 0 & 0 \\ 1 & 0 & 0 & 0 \end{pmatrix}$ (2) $\begin{pmatrix} 1 & 0 & -6 & 0 \\ 0 & 1 & 0 & 3 \\ -6 & 0 & 1 & 0 \\ 0 & 3 & 0 & 1 \end{pmatrix}$ (3) $\begin{pmatrix} 0 & 1 & 0 & 1 \\ 1 & 0 & 1 & 0 \\ 0 & 1 & 0 & -1 \\ 1 & 0 & -1 & 0 \end{pmatrix}$

B

1. 行列 $A = (a_{ij}) \in M_n$ の固有値を $\lambda_1, \lambda_2, \ldots, \lambda_n$ とするとき, $|A| = \lambda_1 \lambda_2 \cdots \lambda_n$ であることを示せ.

2. 直交行列の固有値の絶対値は 1 であることを示せ.

ヒントと解答

§ 1.1　複素数

問 1.1　左辺と右辺とそれぞれ計算して等しいことを確かめればよい.

問 1.2　順に, $-1 + 18i$, $16 - 3i$, $\dfrac{14}{13} + \dfrac{5}{13}i$.

練習問題 § 1.1

A

1. (1) -1　　(2) $2i$　　(3) $-1 + i$　　(4) 4

2. (1) $5 - 3i$　　(2) $4 + 2i$　　(3) $9 + i$　　(4) $9 + 5i$　　(5) $1 + 5i$

   (6) $1 + i$　　(7) $16 + 30i$　　(8) $26 + 2i$　　(9) $12 - 16i$　　(10) $14 + 22i$

   (11) $\dfrac{7}{10} + \dfrac{11}{10}i$　　(12) $\dfrac{7}{17} - \dfrac{11}{17}i$　　(13) $\dfrac{13}{10} + \dfrac{1}{10}i$

B

1. $x = \pm 2$

2. $\mathrm{Re}(z) = 0$ であることから, $z = bi\ (b \in \mathbb{R})$ と書くことができることを使えばよい.

3. $z^2 - \overline{z}^2$ が純虚数であることを示すには, $z = a + bi\,(a, b \in \mathbb{R})$, $\overline{z_1}z_2 - z_1\overline{z_2}$ が純虚数であることを示すには $z_1 = x_1 + y_1 i$, $z_2 = x_2 + y_2 i$ とおき, それぞれ考えてみるのもよい.

§ 1.2　複素平面

問 1.3

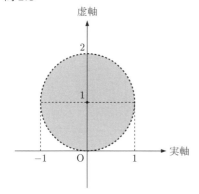

$z = x + yi$ とすると, $|z - i| = \sqrt{x^2 + (y-1)^2} < 1$ であるから, $x^2 + (y-1)^2 < 1^2$ となる. よって, 領域は, 複素平面において, $(0, 1)$ を中心とし, 半径が 1 の円の内部. ただし, 境界を含まない.

問 **1.4** (1) $\sqrt{2}\left(\cos\dfrac{\pi}{4}+i\sin\dfrac{\pi}{4}\right)$ (2) $\sqrt{2}\left(\cos\dfrac{3}{4}\pi+i\sin\dfrac{3}{4}\pi\right)$

(3) $\sqrt{2}\left(\cos\dfrac{5}{4}\pi+i\sin\dfrac{5}{4}\pi\right)$ (4) $\sqrt{2}\left(\cos\dfrac{7}{4}\pi+i\sin\dfrac{7}{4}\pi\right)$

(5) $2(\cos\pi+i\sin\pi)$ (6) $\cos\dfrac{\pi}{2}+i\sin\dfrac{\pi}{2}$

問 **1.5** (1) $1,\qquad \dfrac{1}{2}+\dfrac{\sqrt{3}}{2}i,\qquad -\dfrac{1}{2}+\dfrac{\sqrt{3}}{2}i,\qquad -1,\qquad -\dfrac{1}{2}-\dfrac{\sqrt{3}}{2}i,\qquad \dfrac{1}{2}-\dfrac{\sqrt{3}}{2}i$

(2) $\dfrac{\sqrt{3}}{2}+\dfrac{1}{2}i,\quad -\dfrac{\sqrt{3}}{2}+\dfrac{1}{2}i,\quad -i$ (3) $\sqrt{2}+\sqrt{2}\,i,\quad -\sqrt{2}+\sqrt{2}\,i,\quad -\sqrt{2}-\sqrt{2}\,i,\quad \sqrt{2}-\sqrt{2}\,i$

練習問題 § 1.2

A

1. (1) $4\left(\cos\dfrac{2}{3}\pi+i\sin\dfrac{2}{3}\pi\right)$ (2) $6\left(\cos\dfrac{7}{6}\pi+i\sin\dfrac{7}{6}\pi\right)$

(3) $24\left(\cos\dfrac{11}{6}\pi+i\sin\dfrac{11}{6}\pi\right)$ (4) $\dfrac{3}{2}\left(\cos\dfrac{\pi}{2}+i\sin\dfrac{\pi}{2}\right)$

2. (1)   (2)

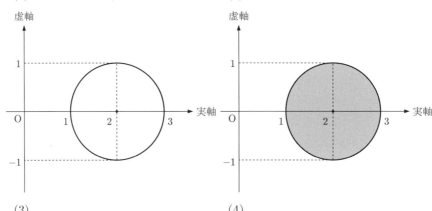

(3)   (4)

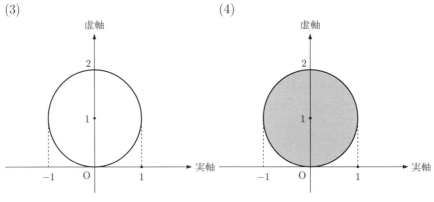

(5)　　　　　　　　　　　　　　(6)

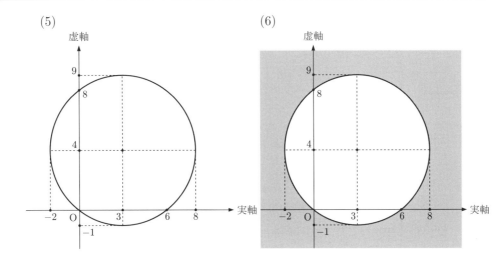

B

1.　(1) $-13 - 5i$　　　　(2) $\dfrac{-2}{5} + \dfrac{1}{5}i$

2.　$|4 - \overline{z}w| = ||z|^2 - \overline{z}w| = |\overline{z}z - \overline{z}w| = |\overline{z}(z-w)| = |\overline{z}||z-w| = |z||\overline{z-w}| = 2|\overline{z} - \overline{w}|$

§ 1.3　行列の定義, 和とスカラー倍

問 1.6　(1) $\begin{pmatrix} 3 & -1 \\ 3 & 3 \end{pmatrix}$　　(2) $\begin{pmatrix} 5 & -1 \\ 1 & 5 \end{pmatrix}$　　(3) $\begin{pmatrix} 0 & -2 \\ -3 & 3 \end{pmatrix}$

(4) $\begin{pmatrix} 14 & -4 \\ 15 & 13 \end{pmatrix}$　　(5) $\begin{pmatrix} 6 & 2 \\ 22 & -2 \end{pmatrix}$　　(6) $\begin{pmatrix} 13 & -7 \\ -6 & 20 \end{pmatrix}$　　(7) $\begin{pmatrix} 0 & -2 \\ -3 & 3 \end{pmatrix}$

練習問題 § 1.3

A

1.　(1) $\begin{pmatrix} -1 & 5 & 9 \\ 3 & 13 & 9 \end{pmatrix}$　　(2) $\begin{pmatrix} -5 & 5 & 3 \\ 5 & 3 & 1 \end{pmatrix}$　　(3) $\begin{pmatrix} -3 & -1 & 22 \\ -12 & 44 & 23 \end{pmatrix}$

(4) $\begin{pmatrix} 11 & 1 & 1 \\ 3 & -3 & 5 \end{pmatrix}$

2.　$a = 3,\ \ b = 1,\ \ c = 0,\ \ d = -1,\ \ e = -2,\ \ f = 0,\ \ g = 5,\ \ h = 6,\ \ i = 1.$

§ 1.4　行列の積, 転置行列

問 1.7　AB は定義されない. $AC = \begin{pmatrix} 26 & 15 \\ 35 & -6 \end{pmatrix}$, $CA = \begin{pmatrix} -2 & 35 & 57 \\ -4 & 7 & 9 \\ 15 & 3 & 15 \end{pmatrix}$

問 1.8　(1) $\begin{pmatrix} 2 & 5 & 10 \\ 3 & 6 & -1 \end{pmatrix}$　　(2) $\begin{pmatrix} 4 & 0 & 2 \\ 5 & 1 & 3 \end{pmatrix}$　　(3) $\begin{pmatrix} 6 & 5 & 12 \\ 8 & 7 & 2 \end{pmatrix}$

(4) $\begin{pmatrix} -2 & 5 & 8 \\ -2 & 5 & -4 \end{pmatrix}$　　(5) $\begin{pmatrix} 28 & 45 \\ 10 & 18 \end{pmatrix}$　　(6) $\begin{pmatrix} 28 & 10 \\ 45 & 18 \end{pmatrix}$

練習問題 §1.4

A

1. (1) $\begin{pmatrix} 7 & -13 \\ -2 & -18 \\ -8 & 13 \end{pmatrix}$ 　　(2) $\begin{pmatrix} 5 & 6 \\ -22 & -2 \\ -9 & 8 \end{pmatrix}$ 　　(3) $\begin{pmatrix} 33 & -6 & -9 & -12 \\ -24 & 5 & -3 & 17 \\ 10 & -2 & 0 & -6 \end{pmatrix}$

(4) $\begin{pmatrix} 2 & 0 & -6 & 4 \\ -8 & 3 & -21 & 23 \\ -7 & 1 & 6 & -1 \end{pmatrix}$ 　　(5) $\begin{pmatrix} 12 & -7 \\ -24 & -20 \\ -17 & 21 \end{pmatrix}$

(6) $\begin{pmatrix} 35 & -6 & -15 & -8 \\ -32 & 8 & -24 & 40 \\ 3 & -1 & 6 & -7 \end{pmatrix}$ 　　(7) $\begin{pmatrix} -5 & -14 \\ 2 & 3 \\ -15 & -3 \\ 16 & 11 \end{pmatrix}$

(8) $\begin{pmatrix} 0 & -13 \\ 1 & 3 \\ -15 & -6 \\ 13 & 13 \end{pmatrix}$ 　　(9) $\begin{pmatrix} -5 & 2 & -15 & 16 \\ -14 & 3 & -3 & 11 \end{pmatrix}$

(10) $\begin{pmatrix} -10 & -67 \\ 7 & 15 \\ -75 & -24 \\ 71 & 61 \end{pmatrix}$ 　　(11) $\begin{pmatrix} 37 & 23 \\ -114 & -28 \\ -29 & 15 \end{pmatrix}$

§1.5　正方行列と正則行列

問 1.9　数学的帰納法を使って示すことができる.

問 1.10　(1) 正則行列, $\begin{pmatrix} 1 & -1 \\ -2 & 3 \end{pmatrix}$ 　　(2) 正則行列ではない

(3) 正則行列, $\begin{pmatrix} \dfrac{3}{2} & -2 \\ -\dfrac{1}{2} & 1 \end{pmatrix}$ 　　(4) 正則行列ではない

(5) 正則行列, $\begin{pmatrix} -5 & 2 \\ -2 & 1 \end{pmatrix}$ 　　(6) 正則行列, $\begin{pmatrix} -\dfrac{2}{9} & -\dfrac{1}{3} \\ -\dfrac{5}{9} & -\dfrac{1}{3} \end{pmatrix}$

問 1.11　$\begin{pmatrix} 1 & -2 & 4 \\ -2 & 3 & 2 \\ 4 & 2 & 2 \end{pmatrix} + \begin{pmatrix} 0 & -3 & 5 \\ 3 & 0 & 4 \\ -5 & -4 & 0 \end{pmatrix}$

問 1.12　$\begin{pmatrix} \cos\theta & -\sin\theta \\ \sin\theta & \cos\theta \end{pmatrix}$ の逆行列を計算すれば直ちに確かめられる.

練習問題 § 1.5

A

1. (1) $\begin{pmatrix} 4 & 0 \\ -5 & 9 \end{pmatrix}$　　(2) $\begin{pmatrix} 8 & 0 \\ -19 & 27 \end{pmatrix}$　　(3) $\begin{pmatrix} 16 & 0 \\ -65 & 81 \end{pmatrix}$

　　(4) $\begin{pmatrix} -2 & -6 \\ 1 & 9 \end{pmatrix}$　　(5) $\begin{pmatrix} 1 & -9 \\ -2 & 6 \end{pmatrix}$　　(6) $\begin{pmatrix} 6 & 0 \\ -8 & 2 \end{pmatrix}$

　　(7) $\begin{pmatrix} 0 & 6 \\ -2 & 8 \end{pmatrix}$　　(8) $\begin{pmatrix} 3 & 3 \\ -5 & 5 \end{pmatrix}$　　(9) $\begin{pmatrix} 9 & 9 \\ -19 & 19 \end{pmatrix}$

2. $A^2 = \begin{pmatrix} 13 & 1 & 3 \\ 8 & 6 & -4 \\ 12 & -2 & 6 \end{pmatrix}$, $A^3 = \begin{pmatrix} 51 & 1 & 15 \\ 8 & -16 & 20 \\ 60 & 10 & 8 \end{pmatrix}$,

　　$A^5 = \begin{pmatrix} 851 & 27 & 239 \\ 216 & -128 & 208 \\ 956 & 104 & 188 \end{pmatrix}$

3. 数学的帰納法で示すことができる.

4. (1) 正則行列, $\begin{pmatrix} \dfrac{7}{2} & -3 \\ -\dfrac{9}{2} & 4 \end{pmatrix}$　　　　　(2) 正則行列ではない

　　(3) 正則行列, $\begin{pmatrix} 3 & -1 \\ \dfrac{5}{3} & -\dfrac{2}{3} \end{pmatrix}$

5. $\begin{pmatrix} 3 & -1 & 2 & -2 \\ -1 & 4 & -3 & 1 \\ 2 & -3 & 0 & 6 \\ -2 & 1 & 6 & 5 \end{pmatrix} + \begin{pmatrix} 0 & -2 & 3 & -1 \\ 2 & 0 & -4 & 5 \\ -3 & 4 & 0 & 2 \\ 1 & -5 & -2 & 0 \end{pmatrix}$

6. (1) $(a, b, c) = (1, 5, 1)$　　　　　(2) $(a, b, c) = (0, -2, -2)$

7. (1) $(a, b) = \left(\dfrac{1}{\sqrt{5}}, \dfrac{2}{\sqrt{5}} \right), \left(-\dfrac{1}{\sqrt{5}}, -\dfrac{2}{\sqrt{5}} \right)$

　　(2) $(a, b, c) = \left(\dfrac{1}{3\sqrt{6}}, -\dfrac{7}{3\sqrt{6}}, \dfrac{2}{3\sqrt{6}} \right), \left(-\dfrac{1}{3\sqrt{6}}, \dfrac{7}{3\sqrt{6}}, -\dfrac{2}{3\sqrt{6}} \right)$

§ 1.6　行列式の定義, サラスの方法

問 **1.13**　(1) 1　　(2) 4　　(3) 6

問 **1.14**　(1) -1　　(2) 1　　(3) -1　　(4) 1　　(5) -1　　(6) 1

問 **1.15**　(1) 2　　(2) 0　　(3) 8　　(4) 0

練習問題 § 1.6

A

1.　(1) 転倒数 5　符号 -1　　(2) 転倒数 4　符号 1
　　(3) 転倒数 6　符号 1　　(4) 転倒数 7　符号 -1
　　(5) 転倒数 3　符号 -1　　(6) 転倒数 15　符号 -1

2.　(1) 18　　　(2) 0　　　(3) 1　　　(4) 210

3.　(1) $x = 2$　　　(2) $x = 3, -4$　　　(3) $x = 1, -12$　　　(4) $x = 1, \dfrac{-1 \pm \sqrt{13}}{2}$

4.　$(a, b) = (2, 3)$

5.　(1) $x = -1, y = 3$　　　(2) $x = -11, y = -4$

B

1.　$\varepsilon(1\ 2\ 3\ 4) = 1,$ 　　$\varepsilon(1\ 2\ 4\ 3) = -1,$ 　$\varepsilon(1\ 3\ 2\ 4) = -1,$
　　$\varepsilon(1\ 3\ 4\ 2) = 1,$ 　　$\varepsilon(1\ 4\ 2\ 3) = 1,$ 　$\varepsilon(1\ 4\ 3\ 2) = -1,$
　　$\varepsilon(2\ 1\ 3\ 4) = -1,$ 　$\varepsilon(2\ 1\ 4\ 3) = 1,$ 　$\varepsilon(2\ 3\ 1\ 4) = 1,$
　　$\varepsilon(2\ 3\ 4\ 1) = -1,$ 　$\varepsilon(2\ 4\ 1\ 3) = -1,$ 　$\varepsilon(2\ 4\ 3\ 1) = 1,$
　　$\varepsilon(3\ 1\ 2\ 4) = 1,$ 　　$\varepsilon(3\ 1\ 4\ 2) = -1,$ 　$\varepsilon(3\ 2\ 1\ 4) = -1,$
　　$\varepsilon(3\ 2\ 4\ 1) = 1,$ 　　$\varepsilon(3\ 4\ 1\ 2) = 1,$ 　$\varepsilon(3\ 4\ 2\ 1) = -1,$
　　$\varepsilon(4\ 1\ 2\ 3) = -1,$ 　$\varepsilon(4\ 1\ 3\ 2) = 1,$ 　$\varepsilon(4\ 2\ 1\ 3) = 1,$
　　$\varepsilon(4\ 2\ 3\ 1) = -1,$ 　$\varepsilon(4\ 3\ 1\ 2) = -1,$ 　$\varepsilon(4\ 3\ 2\ 1) = 1.$

2.　$a_{11}a_{22}a_{33}a_{44} - a_{11}a_{22}a_{34}a_{43} - a_{11}a_{23}a_{32}a_{44}$
　　$+ a_{11}a_{23}a_{34}a_{42} + a_{11}a_{24}a_{32}a_{43} - a_{11}a_{24}a_{33}a_{42}$
　　$- a_{12}a_{21}a_{33}a_{44} + a_{12}a_{21}a_{34}a_{43} + a_{12}a_{23}a_{31}a_{44}$
　　$- a_{12}a_{23}a_{34}a_{41} - a_{12}a_{24}a_{31}a_{43} + a_{12}a_{24}a_{33}a_{41}$
　　$+ a_{13}a_{21}a_{32}a_{44} - a_{13}a_{21}a_{34}a_{42} - a_{13}a_{22}a_{31}a_{44}$
　　$+ a_{13}a_{22}a_{34}a_{41} + a_{13}a_{24}a_{31}a_{42} - a_{13}a_{24}a_{32}a_{41}$
　　$- a_{14}a_{21}a_{32}a_{43} + a_{14}a_{21}a_{33}a_{42} + a_{14}a_{22}a_{31}a_{43}$
　　$- a_{14}a_{22}a_{33}a_{41} - a_{14}a_{23}a_{31}a_{42} + a_{14}a_{23}a_{32}a_{41}$

§ 1.7　行列式の基本性質

問 1.16　$|A| = 6, |B| = 3 \begin{vmatrix} -2 & 1 \\ 4 & 5 \end{vmatrix} = -42, |C| = 2 \cdot 4 \cdot (-3) = -24.$

問 1.17　(1) 176　　　(2) -2

問 1.18　(1), (2) ともに, 行列式の基本性質を使って, 因数分解しながら行列式を計算すればよい.

問 1.19　(1) は, $|AB| = |A||B|$ を, (2) は $|BA| = |B||A| = |A||B|$ を使って証明すればよい.

練習問題 § 1.7

A

1.　(1) 24　　　(2) 1　　　(3) 924　　　(4) 7

2. $|A| = -1$, $|B| = -1$, $|{}^t B\,{}^t A| = 1$

3. いずれも, 行列式の基本性質を使って, 因数分解しながら行列式を計算すればよい.

4. A^2, B^2 の行列式を考えてみるとよい.

B

1. 直交行列の定義について, 転置行列の行列式と行列の積の行列式を考えるとよい.

§ 1.8 行列式の展開

問 1.20 $A_{11} = 3$, $A_{12} = -6$, $A_{13} = 3$, $A_{21} = 6$, $A_{22} = -12$, $A_{23} = 6$, $A_{31} = 3$, $A_{32} = -6$, $A_{33} = 3$.

問 1.21 (1) $A_{11} = 10$, $A_{12} = 5$, $A_{13} = 0$, $|A| = 35$ (2) $A_{13} = 0$, $A_{33} = 2$, $|A| = 2$

練習問題 § 1.8

A

1. (1) $A_{11} = 18$, $A_{31} = 6$, $|A| = 6$. (2) $A_{22} = -5$, $A_{24} = 0$, $|A| = -15$.

(3) $A_{13} = 12$, $A_{23} = 0$, $A_{33} = 6$, $|A| = 6$. (4) $A_{41} = 0$, $A_{42} = -60$, $A_{43} = 20$,

$|A| = a_{41}A_{41} + a_{42}A_{42} + a_{43}A_{43} + a_{44}A_{44} = 1 \cdot 0 + 1 \cdot (-60) + 3 \cdot 20 + 0 \cdot A_{44} = 0$.

§ 1.9 逆行列とクラメルの公式

問 1.22 (1) 正則行列, $A^{-1} = \dfrac{1}{4} \begin{pmatrix} 5 & -6 \\ -3 & 4 \end{pmatrix}$ (2) 正則行列ではない.

(3) 正則行列, $A^{-1} = \begin{pmatrix} 1 & -4 & -16 \\ 0 & 1 & 3 \\ 2 & -5 & -22 \end{pmatrix}$ (4) 正則行列ではない.

(5) 正則行列, $A^{-1} = \dfrac{1}{5} \begin{pmatrix} -16 & 10 & -7 \\ -6 & 5 & -2 \\ 35 & -20 & 15 \end{pmatrix}$.

問 1.23 (1) $(x, y) = (7, -11)$ (2) $(x, y) = (-36, 59)$

(3) $(x_1, x_2, x_3) = (57, -55, -13)$ (4) $(x_1, x_2, x_3) = (-10, 17, -38)$

練習問題 § 1.9

A

1. (1) 正則行列, $A^{-1} = \begin{pmatrix} 1 & 33 & -12 \\ -1 & -38 & 14 \\ -1 & -36 & 13 \end{pmatrix}$

(2) 正則行列, $A^{-1} = \begin{pmatrix} 1 & 48 & -22 \\ -1 & -37 & 17 \\ -1 & -46 & 21 \end{pmatrix}$

(3) 正則行列, $A^{-1} = \dfrac{1}{6} \begin{pmatrix} -8 & 12 & -14 \\ 7 & -9 & 13 \\ 18 & -24 & 30 \end{pmatrix}$

(4) 正則行列, $A^{-1} = \dfrac{1}{8} \begin{pmatrix} 18 & -2 & -11 \\ -52 & 4 & 34 \\ -10 & 2 & 7 \end{pmatrix}$

2. (1) $(x_1, x_2, x_3) = (23, -34, 25)$ (2) $(x_1, x_2, x_3) = (76, -85, -95)$

(3) $(x_1, x_2, x_3) = (-17, -8, 18)$ (4) $(x_1, x_2, x_3) = (-19, -25, -23)$

§ 1.10　行列の基本変形

問 **1.24**　(1) $(x_1, x_2, x_3) = (4, 3, -1)$ (2) $(x_1, x_2, x_3) = (2, 1, -3)$

問 **1.25**　$P = \begin{pmatrix} 0 & 0 & -1 \\ 0 & 1 & -2 \\ 1 & -3 & 3 \end{pmatrix}, \ PA = \begin{pmatrix} 1 & 2 & 6 \\ 0 & 3 & 4 \\ 0 & 0 & -5 \end{pmatrix}$

練習問題 § 1.10

A

1. (1) $(x_1, x_2, x_3) = (1, 0, -1)$ (2) $(x_1, x_2, x_3) = (-2, -1, 1)$

(3) $(x_1, x_2, x_3) = (3, 2, -1)$

2. (1) $P = \begin{pmatrix} 0 & 1 & 0 \\ 1 & -3 & 0 \\ 1 & -4 & 1 \end{pmatrix}, \ PA = \begin{pmatrix} 1 & 2 & 3 & 1 \\ 0 & -3 & -7 & 1 \\ 0 & 0 & 0 & 0 \end{pmatrix}$

(2) $P = \begin{pmatrix} -11 & -19 & -9 \\ -4 & -7 & -3 \\ 9 & 16 & 7 \end{pmatrix}, \ PA = \begin{pmatrix} 1 & 0 & 0 \\ 0 & 1 & 0 \\ 0 & 0 & 1 \end{pmatrix}$

§ 1.11　行列の階数

問 **1.26**　(1) 2　　(2) 1　　(3) 3　　(4) 2

問 **1.27**　(1) $\begin{pmatrix} 3 & 2 & -3 \\ -2 & 1 & 3 \\ -3 & 0 & 4 \end{pmatrix}$　　(2) $\dfrac{1}{2} \begin{pmatrix} 7 & 28 & -4 \\ 3 & 12 & -2 \\ 2 & 7 & -1 \end{pmatrix}$

練習問題 § 1.11

A

1. (1) 1　　(2) 2　　(3) 2　　(4) 3

2. (1) $\begin{pmatrix} 5 & -7 \\ -2 & 3 \end{pmatrix}$　　(2) $\dfrac{1}{4} \begin{pmatrix} -9 & -7 \\ 2 & 2 \end{pmatrix}$

(3) $\begin{pmatrix} 15 & 13 & 2 \\ -3 & -2 & 0 \\ 4 & 4 & 1 \end{pmatrix}$ (4) $\dfrac{1}{6}\begin{pmatrix} -9 & 6 & 3 \\ 0 & 10 & -6 \\ 6 & 2 & -6 \end{pmatrix}$

§ 1.12 連立 1 次方程式の解法

問 **1.28** (1) $\begin{pmatrix} -1 \\ 2 \\ 0 \end{pmatrix} + c\begin{pmatrix} -5 \\ 1 \\ 1 \end{pmatrix}$ [c : 任意定数] (2) $\begin{pmatrix} -5 \\ 0 \\ -4 \end{pmatrix} + c\begin{pmatrix} -8 \\ 1 \\ -2 \end{pmatrix}$ [c : 任意定数]

問 **1.29** (1) $a = -15$, $\begin{pmatrix} x \\ y \end{pmatrix} = \begin{pmatrix} -6 \\ 0 \end{pmatrix} + c\begin{pmatrix} 2 \\ 1 \end{pmatrix}$ [c : 任意定数]

(2) $a = 4$, $\begin{pmatrix} x_1 \\ x_2 \\ x_3 \end{pmatrix} = \begin{pmatrix} \frac{2}{5} \\ \frac{6}{5} \\ 0 \end{pmatrix} + c\begin{pmatrix} 11 \\ -7 \\ 5 \end{pmatrix}$ [c : 任意定数]

練習問題 § **1.12**

A

1. (1) $\begin{pmatrix} x_1 \\ x_2 \end{pmatrix} = \begin{pmatrix} -\frac{23}{3} \\ \frac{16}{3} \end{pmatrix}$ (2) $\begin{pmatrix} x_1 \\ x_2 \end{pmatrix} = \begin{pmatrix} 0 \\ 5 \end{pmatrix} + c\begin{pmatrix} 1 \\ -2 \end{pmatrix}$ [c : 任意定数]

(3) 解をもたない (4) $\begin{pmatrix} x_1 \\ x_2 \\ x_3 \end{pmatrix} = \begin{pmatrix} 79 \\ 91 \\ -\frac{53}{2} \end{pmatrix}$

(5) 解をもたない (6) $\begin{pmatrix} x_1 \\ x_2 \\ x_3 \end{pmatrix} = \begin{pmatrix} -1 \\ 2 \\ 0 \end{pmatrix} + c\begin{pmatrix} -1 \\ -1 \\ 1 \end{pmatrix}$ [c : 任意定数]

(7) $\begin{pmatrix} x_1 \\ x_2 \\ x_3 \end{pmatrix} = \begin{pmatrix} 0 \\ 0 \\ -3 \end{pmatrix} + c_1\begin{pmatrix} 1 \\ 0 \\ 2 \end{pmatrix} + c_2\begin{pmatrix} 0 \\ 1 \\ 1 \end{pmatrix}$ [c_1, c_2 : 任意定数]

2. (1) $a = 14$, $\begin{pmatrix} x_1 \\ x_2 \end{pmatrix} = \begin{pmatrix} 7 \\ 0 \end{pmatrix} + c\begin{pmatrix} -3 \\ 1 \end{pmatrix}$ [c : 任意定数]

(2) $a = -\dfrac{4}{5}$, $\begin{pmatrix} x_1 \\ x_2 \end{pmatrix} = \begin{pmatrix} \frac{4}{5} \\ 0 \end{pmatrix} + c\begin{pmatrix} -2 \\ 1 \end{pmatrix}$ [c : 任意定数]

(3) $a = 10$, $\begin{pmatrix} x_1 \\ x_2 \\ x_3 \end{pmatrix} = \begin{pmatrix} -11 \\ 0 \\ 7 \end{pmatrix} + c\begin{pmatrix} -5 \\ 1 \\ 3 \end{pmatrix}$ [c : 任意定数]

$$(4)\ a = \frac{5}{2} \quad \begin{pmatrix} x_1 \\ x_2 \\ x_3 \end{pmatrix} = \begin{pmatrix} \dfrac{17}{26} \\ -\dfrac{3}{26} \\ 0 \end{pmatrix} + c \begin{pmatrix} -17 \\ 3 \\ 13 \end{pmatrix} \quad [c : 任意定数]$$

$$(5)\ a = -3, \quad \begin{pmatrix} x_1 \\ x_2 \\ x_3 \end{pmatrix} = \begin{pmatrix} 4 \\ 0 \\ 0 \end{pmatrix} + c_1 \begin{pmatrix} 2 \\ 1 \\ 0 \end{pmatrix} + c_2 \begin{pmatrix} -3 \\ 0 \\ 1 \end{pmatrix} \quad [c_1, c_2 : 任意定数]$$

§ 1.13　同次連立 1 次方程式と応用

問 1.30　(1) $\begin{pmatrix} x_1 \\ x_2 \\ x_3 \end{pmatrix} = c \begin{pmatrix} -1 \\ -3 \\ 2 \end{pmatrix}$ 　$[c : 任意定数]$

$(2)\ \begin{pmatrix} x_1 \\ x_2 \\ x_3 \end{pmatrix} = c \begin{pmatrix} -18 \\ 19 \\ 11 \end{pmatrix}$ 　$[c : 任意定数]$

問 1.31　(1) $a = -3, 3,$ 　$a = -3$ のとき, $\begin{pmatrix} x \\ y \end{pmatrix} = c \begin{pmatrix} 1 \\ 2 \end{pmatrix}$ 　$[c : 任意定数],$

$a = 3$ のとき, $\begin{pmatrix} x \\ y \end{pmatrix} = c \begin{pmatrix} 1 \\ -2 \end{pmatrix}$ 　$[c : 任意定数]$

(2) 　$a = 0, 2,$ 　$a = 0$ のとき, $\begin{pmatrix} x_1 \\ x_2 \\ x_3 \end{pmatrix} = c \begin{pmatrix} 1 \\ 0 \\ 3 \end{pmatrix}$ 　$[c : 任意定数],$

$a = 2$ のとき, $\begin{pmatrix} x_1 \\ x_2 \\ x_3 \end{pmatrix} = c \begin{pmatrix} -1 \\ 1 \\ -4 \end{pmatrix}$ 　$[c : 任意定数]$

問 1.32　(1) $\begin{pmatrix} x_1 \\ x_2 \\ x_3 \end{pmatrix} = \begin{pmatrix} 4 \\ 3 \\ 0 \end{pmatrix} + c \begin{pmatrix} -7 \\ 2 \\ -6 \end{pmatrix}$ 　$[c : 任意定数]$

$(2)\ \begin{pmatrix} x_1 \\ x_2 \\ x_3 \\ x_4 \end{pmatrix} = \begin{pmatrix} -5 \\ 2 \\ 0 \\ 0 \end{pmatrix} + c_1 \begin{pmatrix} -7 \\ 1 \\ 2 \\ 0 \end{pmatrix} + c_2 \begin{pmatrix} -5 \\ -1 \\ 0 \\ 2 \end{pmatrix}$ 　$[c_1, c_2 : 任意定数]$

問 1.33　ヒント : (x, y) 平面上の直線の式 $kx + \ell y + m = 0\ ((k, l) \neq (0, 0))$ の係数 (k, ℓ, m) を未知数として同次連立方程式を考える.

練習問題 § 1.13

A

1. 　(1) $\begin{pmatrix} x_1 \\ x_2 \end{pmatrix} = c \begin{pmatrix} 2 \\ 1 \end{pmatrix}$ 　$[c : 任意定数]$

(2) $\begin{pmatrix} x_1 \\ x_2 \end{pmatrix} = c \begin{pmatrix} 1 \\ -3 \end{pmatrix}$ [c：任意定数]

(3) $\begin{pmatrix} x_1 \\ x_2 \\ x_3 \end{pmatrix} = c \begin{pmatrix} 9 \\ -4 \\ 1 \end{pmatrix}$ [c：任意定数]

(4) $\begin{pmatrix} x_1 \\ x_2 \\ x_3 \end{pmatrix} = c \begin{pmatrix} -3 \\ 1 \\ 2 \end{pmatrix}$ [c：任意定数]

2. (1) $a = 0,\quad c \begin{pmatrix} -1 \\ 1 \end{pmatrix}$ [c：任意定数]

(2) $a = 1, 2,\quad a = 1$ のとき，$\begin{pmatrix} x_1 \\ x_2 \end{pmatrix} = c \begin{pmatrix} -1 \\ 1 \end{pmatrix}$ [c：任意定数]

$a = 2$ のとき，$\begin{pmatrix} x_1 \\ x_2 \end{pmatrix} = c \begin{pmatrix} -2 \\ 3 \end{pmatrix}$ [c：任意定数]

(3) $a = -3, 0$ ，$\quad a = -3$ のとき，$\begin{pmatrix} x_1 \\ x_2 \\ x_3 \end{pmatrix} = c \begin{pmatrix} 1 \\ 3 \\ 0 \end{pmatrix}$ [c：任意定数]

$a = 0$ のとき，$\begin{pmatrix} x_1 \\ x_2 \\ x_3 \end{pmatrix} = c \begin{pmatrix} 1 \\ 0 \\ 0 \end{pmatrix}$ [c：任意定数]

(4) $a = -1, 1, 2,\quad a = -1$ のとき，$\begin{pmatrix} x_1 \\ x_2 \\ x_3 \end{pmatrix} = c \begin{pmatrix} -1 \\ 0 \\ 1 \end{pmatrix}$ [c：任意定数]

$a = 1$ のとき，$\begin{pmatrix} x_1 \\ x_2 \\ x_3 \end{pmatrix} = c \begin{pmatrix} -1 \\ 2 \\ 1 \end{pmatrix}$ [c：任意定数]

$a = 2$ のとき，$\begin{pmatrix} x_1 \\ x_2 \\ x_3 \end{pmatrix} = c \begin{pmatrix} 2 \\ -9 \\ 1 \end{pmatrix}$ [c：任意定数]

3.　(1)　$\begin{pmatrix} x_1 \\ x_2 \\ x_3 \end{pmatrix} = \begin{pmatrix} -5 \\ 3 \\ 0 \end{pmatrix} + c \begin{pmatrix} -5 \\ 2 \\ 1 \end{pmatrix}$　$[c : 任意定数]$

(2)　$\begin{pmatrix} x_1 \\ x_2 \\ x_3 \end{pmatrix} = \begin{pmatrix} -1 \\ 0 \\ 1 \end{pmatrix} + c \begin{pmatrix} 7 \\ 1 \\ -2 \end{pmatrix}$　$[c : 任意定数]$

(3)　$\begin{pmatrix} x_1 \\ x_2 \\ x_3 \\ x_4 \end{pmatrix} = \begin{pmatrix} -8 \\ 6 \\ 3 \\ 0 \end{pmatrix} + c \begin{pmatrix} 10 \\ -5 \\ -2 \\ 1 \end{pmatrix}$　$[c : 任意定数]$

(4)　$\begin{pmatrix} x_1 \\ x_2 \\ x_3 \\ x_4 \end{pmatrix} = \begin{pmatrix} 1 \\ 1 \\ 0 \\ 0 \end{pmatrix} + c_1 \begin{pmatrix} 5 \\ -2 \\ 1 \\ 0 \end{pmatrix} + c_2 \begin{pmatrix} 8 \\ -3 \\ 0 \\ 1 \end{pmatrix}$　$[c_1, c_2 : 任意定数]$

B

1.　ヒント：空間内の平面の式 $kx + \ell y + mz + n = 0,\ ((k,\ell,m) \neq (0,0,0))$ の係数 (k,ℓ,m,n) を未知数として同次連立方程式を考える.

§2.1　ベクトル

問 **2.1**　(1)　$\begin{pmatrix} -6 \\ -2 \\ -1 \end{pmatrix}$　　(2)　$\begin{pmatrix} 30 \\ 10 \\ 5 \end{pmatrix}$　　(3)　$\begin{pmatrix} 15 \\ 19 \\ 20 \end{pmatrix}$

問 **2.2**　$\begin{pmatrix} -52 \\ 12 \\ -55 \end{pmatrix}$

問 **2.3**　$\dfrac{-n\,\boldsymbol{a} + m\,\boldsymbol{b}}{m - n}$.

練習問題 §2.1

A

1.　(1)　$\sqrt{5}$　　(2)　$\sqrt{97}$　　(3)　$\sqrt{82}$　　(4)　$\sqrt{185}$

2.　(1) $6\boldsymbol{e}_1 - 5\boldsymbol{e}_2 + 2\boldsymbol{e}_3$　(2) $-2\boldsymbol{e}_1 - 15\boldsymbol{e}_2 + 11\boldsymbol{e}_3$　(3) $10\boldsymbol{e}_1 - 28\boldsymbol{e}_2 + 19\boldsymbol{e}_3$

(4) $-8\boldsymbol{e}_1 - 19\boldsymbol{e}_2 + 9\boldsymbol{e}_3$

3.　(1) $\boldsymbol{x} = \boldsymbol{a} - 3\boldsymbol{b}$　(2) $\boldsymbol{x} = \dfrac{1}{2}\boldsymbol{a} + \dfrac{3}{4}\boldsymbol{b}$　(3) $\boldsymbol{x} = -\dfrac{5}{3}\boldsymbol{a} - 3\boldsymbol{b}$　(4) $\boldsymbol{x} = -3\boldsymbol{a}$

B

1.　(1) $-2\boldsymbol{a} + 4\boldsymbol{b}$　(2) $-8\boldsymbol{a} + 13\boldsymbol{b}$　(3) $-13\boldsymbol{a} + 20\boldsymbol{b}$　(4) $3\boldsymbol{a} - 5\boldsymbol{b}$

2.　$\dfrac{1}{3}(a_1 + b_1 + c_1)\boldsymbol{e}_1 + \dfrac{1}{3}(a_2 + b_2 + c_2)\boldsymbol{e}_2 + \dfrac{1}{3}(a_3 + b_3 + c_3)\boldsymbol{e}_3$

§ 2.2　線形空間の定義と数ベクトル空間

問 2.4　ヒント: P が元の和とスカラー倍がまた P の元になっていることを示し，定義 2.11 の (1) から (8) を順に示せばよい．

問 2.5　ヒント: $W_1 \cap W_2$ の条件は，W_1 と W_2 の条件を連立させたものであるから，同次連立 1 次方程式に帰着させて考えればよい．

練習問題 § 2.2

A

1. (1) 部分空間である　　(2) 部分空間ではない　　(3) 部分空間である
   (4) 部分空間である

2. ヒント: 1. の W_3 と W_4 の条件を連立させて，同次連立 1 次方程式に帰着させればよい．

B

1. ヒント: 例題 2.4 を参考に考えてみればよい．
2. ヒント: V において，和とスカラー倍が V のベクトルになるか考えよ．

§ 2.3　ベクトルの 1 次独立と 1 次従属

問 2.6　ヒント: 例題 2.6 にならって，a_1, a_2, a_3 の線形結合における スカラーを未知数として同次連立 1 次方程式が自明な解のみをもつのかどうか議論せよ. (a_1, a_2, a_4 についても同様)．

問 2.7　$b = a_1 + a_2$ (または $a_1 + a_2 + 0 \cdot a_3$)．

練習問題 § 2.3

A

1. (1) 1 次独立　　(2) 1 次従属　　(3) 1 次独立　　(4) 1 次従属
2. (1) $3a + 7b$　　(2) $2a - 3b$

B

1. (1) -9　　(2) 10
2. ヒント: (1), (2) ともに，a, b の 1 次結合で表されることを示せばよい．

§ 2.4　基底と次元

問 2.8
(1) 1 次独立　　(2) 1 次従属　　(3) 1 次独立　　(4) 1 次従属

問 2.9

W_1 の基底は $\left\{ \begin{pmatrix} 1 \\ 0 \\ 2 \end{pmatrix}, \begin{pmatrix} 0 \\ 1 \\ 3 \end{pmatrix} \right\}$ で，$\dim W_1 = 2$. W_2 の基底は $\left\{ \begin{pmatrix} 5 \\ 2 \\ 0 \end{pmatrix}, \begin{pmatrix} 0 \\ 0 \\ 1 \end{pmatrix} \right\}$ で，

$\dim W_2 = 2$. $W_1 \cap W_2$ の基底は $\left\{ \begin{pmatrix} 5 \\ 2 \\ 16 \end{pmatrix} \right\}$ で，$\dim (W_1 \cap W_2) = 1$.

練習問題 § 2.4

A

1. (1) 1 次独立　　(2) 1 次従属　　(3) 1 次独立　　(4) 1 次独立

　　(5) 1 次従属　　(6) 1 次独立

2. (1) $\left\{ \begin{pmatrix} 2 \\ -3 \end{pmatrix} \right\}$, $\dim W_1 = 1$　　(2) 部分空間ではない

　　(3) 部分空間ではない　　　　　　　(4) 部分空間ではない

　　(5) $\left\{ \begin{pmatrix} 1 \\ 0 \\ -2 \end{pmatrix}, \begin{pmatrix} 0 \\ 1 \\ 3 \end{pmatrix} \right\}$, $\dim W_5 = 2$　(6) $\left\{ \begin{pmatrix} 5 \\ -1 \\ 1 \end{pmatrix} \right\}$, $\dim W_6 = 1$

　　(7) $\left\{ \begin{pmatrix} -5 \\ 5 \\ 4 \end{pmatrix} \right\}$, $\dim W_7 = 1$

3. (1) $a \neq -\dfrac{2}{5}$　　(2) $a \neq -\dfrac{2}{3}$　　(3) $-8a - 3b \neq 0$　　(4) $a \neq 1$

　　(5) $a \neq \dfrac{20}{9}$　　(6) $a \neq \dfrac{4}{3}$

B

1. $\left\{ \begin{pmatrix} 1 \\ -3 \\ -4 \end{pmatrix}, \begin{pmatrix} 15 \\ 3 \\ 0 \end{pmatrix} \right\}$, $\dim W_1 \cap W_2 = 2$

§ 2.5　写像の定義と線形写像

問 2.10

(1) 線形写像ではない　　(2) 線形写像である

練習問題 § 2.5

A

1. (1) 線形写像ではない　　(2) 線形写像である　　(3) 線形写像である

　　(4) 線形写像ではない　　(5) 線形写像である　　(6) 線形写像である

B

1. $(a, b, c) = (0, -2, 0)$

§ 2.6　線形写像と行列

問 2.11　直線 $-9x - 10y - 7 = 0$

問 2.12　(1) $f(\boldsymbol{e}_1) = \begin{pmatrix} -2 \\ 1 \\ 5 \end{pmatrix}$, $f(\boldsymbol{e}_2) = \begin{pmatrix} 3 \\ 0 \\ -1 \end{pmatrix}$, $f(\boldsymbol{e}_3) = \begin{pmatrix} 0 \\ -2 \\ 1 \end{pmatrix}$

(2) $A = \begin{pmatrix} -2 & 3 & 0 \\ 1 & 0 & -2 \\ 5 & -1 & 1 \end{pmatrix}$

問 **2.13**　点 $\left(\dfrac{31}{20}, -\dfrac{1}{20} \right)$

練習問題 § **2.6**

A

1.　(1) 点 $(17, 2)$　　(2) 点 $(-4, 14)$　　　　(3) 点 $(-2, 7)$

　　(4) 点 $(5, 3)$　　(5) 点 $(-2\sqrt{2} + 15, 7\sqrt{2} + 9)$　(6) 点 $\left(16, \dfrac{11}{2} \right)$

2.　直線 $-25x - 5y - 4 = 0$

3.　(1) $f(\boldsymbol{e}_1) = \begin{pmatrix} 2 \\ -1 \\ 1 \end{pmatrix}, f(\boldsymbol{e}_2) = \begin{pmatrix} 1 \\ 3 \\ 0 \end{pmatrix}, f(\boldsymbol{e}_3) = \begin{pmatrix} -2 \\ 4 \\ 5 \end{pmatrix}$

　　(2) $A = \begin{pmatrix} 2 & 1 & -2 \\ -1 & 3 & 4 \\ 1 & 0 & 5 \end{pmatrix}$

4.　(1) $\begin{pmatrix} 0 & 4 \\ -1 & -2 \end{pmatrix}$　　(2) $\begin{pmatrix} 12 & -20 \\ -4 & 6 \end{pmatrix}$, 点 $(-108, 34)$

B

1.　$a = \dfrac{26}{3}, \quad b = -\dfrac{11}{9}$

2.　(1) $\begin{pmatrix} \dfrac{1}{3} & 0 \\ 0 & \dfrac{1}{2} \end{pmatrix}$　　(2) $\dfrac{x^2}{4} + \dfrac{y^2}{9} = 1$

§ 2.7　ベクトルの内積

問 **2.14**　(1) -3　　(2) -6　　(3) 241

問 **2.15**　$\pm \dfrac{1}{\sqrt{411}} \begin{pmatrix} -1 \\ 11 \\ 17 \end{pmatrix}$

練習問題 § **2.7**

A

1.　(1) $\sqrt{11}$　　(2) $\sqrt{21}$　　(3) $\sqrt{30}$　　(4) $\sqrt{197}$　　(5) $\sqrt{146}$　　(6) -1

　　(7) -10　　(8) -3　　(9) -13　　(10) -48　　(11) 175　　(12) -185

2.　(1) $\cos\theta = \dfrac{13}{\sqrt{14}\sqrt{29}}, \sin\theta = \dfrac{\sqrt{237}}{\sqrt{14}\sqrt{29}}$

　　(2) $\cos\theta = \dfrac{5}{\sqrt{29}\sqrt{10}}, \sin\theta = \dfrac{\sqrt{53}}{\sqrt{2}\sqrt{29}}$

(3) $\cos\theta = \dfrac{3}{\sqrt{10}\sqrt{14}}, \ \sin\theta = \dfrac{\sqrt{131}}{\sqrt{10}\sqrt{14}}$

(4) $\cos\theta = \dfrac{4}{21\sqrt{2}}, \ \sin\theta = \dfrac{\sqrt{433}}{21}$

(5) $\cos\theta = 0, \ \sin\theta = 1$

(6) $\cos\theta = \dfrac{-16}{\sqrt{17}\sqrt{29}}, \ \sin\theta = \dfrac{\sqrt{237}}{\sqrt{17}\sqrt{29}}$

(7) $\cos\theta = \dfrac{-9}{7\sqrt{11}}, \ \sin\theta = \dfrac{\sqrt{458}}{7\sqrt{11}}$

§ 2.8 グラム-シュミットの直交化法

問 2.16 $\left\{ \dfrac{1}{\sqrt{5}} \begin{pmatrix} 2 \\ 0 \\ -1 \end{pmatrix}, \ \dfrac{-1}{3\sqrt{5}} \begin{pmatrix} 2 \\ 5 \\ 4 \end{pmatrix}, \ \dfrac{1}{3} \begin{pmatrix} -1 \\ 2 \\ -2 \end{pmatrix} \right\}$

練習問題 § 2.8

A

1. (1) $\dfrac{1}{\sqrt{10}} \begin{pmatrix} 1 \\ 3 \end{pmatrix}, \ \dfrac{1}{\sqrt{10}} \begin{pmatrix} 3 \\ -1 \end{pmatrix}$

(2) $\dfrac{1}{\sqrt{3}} \begin{pmatrix} 1 \\ 1 \\ 1 \end{pmatrix}, \ \dfrac{1}{\sqrt{6}} \begin{pmatrix} 1 \\ 1 \\ -2 \end{pmatrix}, \ \dfrac{1}{\sqrt{2}} \begin{pmatrix} 1 \\ -1 \\ 0 \end{pmatrix}$

(3) $\dfrac{1}{\sqrt{3}} \begin{pmatrix} -1 \\ 1 \\ 1 \end{pmatrix}, \ \dfrac{1}{\sqrt{2}} \begin{pmatrix} 0 \\ -1 \\ 1 \end{pmatrix}, \ \dfrac{1}{\sqrt{6}} \begin{pmatrix} 2 \\ 1 \\ 1 \end{pmatrix}$

2. $\left\{ \dfrac{1}{\sqrt{10}} \begin{pmatrix} -3 \\ 1 \\ 0 \end{pmatrix}, \ \dfrac{1}{\sqrt{110}} \begin{pmatrix} 1 \\ 3 \\ -10 \end{pmatrix}, \ \dfrac{1}{\sqrt{11}} \begin{pmatrix} 1 \\ 3 \\ 1 \end{pmatrix} \right\}$

B

1. (1) $a = \pm\dfrac{1}{\sqrt{6}}, \ b = \pm\dfrac{1}{\sqrt{6}}, \ c = \pm\dfrac{2}{\sqrt{6}}$ (複号同順)

(2) $a = \pm\dfrac{1}{\sqrt{5}}, \ b = \pm\dfrac{1}{3\sqrt{5}}, \ c = \pm\dfrac{1}{3}$

§ 2.9 外積の定義と応用

問 2.17 (1) $\begin{pmatrix} 3 \\ 6 \\ -3 \end{pmatrix}$ (2) $\begin{pmatrix} -1 \\ -2 \\ 3 \end{pmatrix}$ (3) $\begin{pmatrix} -2 \\ -10 \\ 6 \end{pmatrix}$

問 2.18 167

練習問題 § 2.9

A

1.　(1) $\begin{pmatrix} 17 \\ 20 \\ -15 \end{pmatrix}$　(2) $\begin{pmatrix} 7 \\ 4 \\ -3 \end{pmatrix}$　(3) $\begin{pmatrix} 1 \\ -2 \\ -3 \end{pmatrix}$　(4) $\begin{pmatrix} 6 \\ -36 \\ -34 \end{pmatrix}$

　　(5) $\begin{pmatrix} 5 \\ -32 \\ -37 \end{pmatrix}$　(6) -18　(7) $\begin{pmatrix} 16 \\ 22 \\ -12 \end{pmatrix}$　(8) 36

2.　(1) $\dfrac{\sqrt{3}}{2}$　(2) $\dfrac{\sqrt{3}}{\sqrt{7}}$　(3) $\dfrac{\sqrt{26}}{\sqrt{35}}$

3.　18

B

1.　ヒント: (1) 定理 2.18 と 行列式の性質を使って考えるとよい. (2) は成分表示で考えればよい. たとえば, $(\boldsymbol{a} \times \boldsymbol{b}) \times \boldsymbol{c}$ の第 1 成分については, $-a_1$ と b_1 でくくったあと, $b_1 a_1 c_1 - a_1 b_1 c_1 = 0$ を加えて整理すればよい. 第 2, 3 成分についても同様.

§ 2.10　固有値と固有ベクトル

問 2.19　(1) 固有値は $-2, 3$ で, -2 に対する固有ベクトルは $c\begin{pmatrix} -1 \\ 1 \end{pmatrix}$　[c : 0 でない任意定数], 3 に対する固有ベクトルは $c\begin{pmatrix} -2 \\ 7 \end{pmatrix}$　[c : 0 でない任意定数],

　(2) 固有値は $-1, 3$ (重複度 : 2) で, -1 に対する固有ベクトルは $c\begin{pmatrix} 1 \\ 2 \\ 1 \end{pmatrix}$　[c : 0 でない任意定数], 3 に対する固有ベクトルは $c_1\begin{pmatrix} 2 \\ 1 \\ 0 \end{pmatrix} + c_2\begin{pmatrix} -1 \\ 0 \\ 1 \end{pmatrix}$　[c_1, c_2 : 同時に 0 でない任意定数]

練習問題 § 2.10

A

1.　(1) 固有値は $1, -3$, それぞれの固有値に対する固有ベクトルは, 固有値の順に,

　　$c\begin{pmatrix} 2 \\ 1 \end{pmatrix}$　[c : 0 でない任意定数], $c\begin{pmatrix} -2 \\ 1 \end{pmatrix}$　[c : 0 でない任意定数].

　(2) 固有値は $-1, 1$, それぞれの固有値に対する固有ベクトルは, 順に, $c\begin{pmatrix} 1 \\ 2 \end{pmatrix}$

　　[c : 0 でない任意定数], $c\begin{pmatrix} 1 \\ 3 \end{pmatrix}$　[c : 0 でない任意定数].

(3) 固有値は $-2, 5$, それぞれの固有値に対する固有ベクトルは, 順に, $c \begin{pmatrix} -2 \\ 1 \end{pmatrix}$

$[c : 0$ でない任意定数$]$, $c \begin{pmatrix} 1 \\ -4 \end{pmatrix}$ $[c : 0$ でない任意定数$]$.

(4) 固有値は $1, 3, -2$, それぞれの固有値に対する固有ベクトルは, 順に, $c \begin{pmatrix} 1 \\ -1 \\ 1 \end{pmatrix}$

$[c : 0$ でない任意定数$]$, $c \begin{pmatrix} -3 \\ -3 \\ 2 \end{pmatrix}$ $[c : 0$ でない任意定数$]$, $c \begin{pmatrix} 1 \\ -4 \\ 1 \end{pmatrix}$

$[c : 0$ でない任意定数$]$.

(5) 固有値は $-1, 2$ (重複度 : 2), それぞれの固有値に対する固有ベクトルは, 順に,

$c \begin{pmatrix} -2 \\ 1 \\ -5 \end{pmatrix}$ $[c : 0$ でない任意定数$]$, $c \begin{pmatrix} 1 \\ 0 \\ 1 \end{pmatrix}$ $[c : 0$ でない任意定数$]$.

(6) 固有値は $2, 3, -5$, それぞれの固有値に対する固有ベクトルは, 順に,

$c \begin{pmatrix} -10 \\ -13 \\ 4 \end{pmatrix}$ $[c : 0$ でない任意定数$]$, $c \begin{pmatrix} 1 \\ 1 \\ 0 \end{pmatrix}$ $[c : 0$ でない任意定数$]$,

$c \begin{pmatrix} -3 \\ 1 \\ 4 \end{pmatrix}$ $[c : 0$ でない任意定数$]$.

2. $\begin{pmatrix} 3 & 1 \\ -4 & -2 \end{pmatrix}$

B

1. $(a, b, c) = (3, \pm 4, \pm 1), (3, \pm 1, \pm 4), (3, \pm 2, \pm 2)$ (複号同順)

§ 2.11 行列の正則行列による対角化

問 2.20 (1) $P = \begin{pmatrix} -1 & 1 \\ 1 & -4 \end{pmatrix}$, $\begin{pmatrix} 1 & 0 \\ 0 & -2 \end{pmatrix}$ (2) 対角化されない

(3) $P = \begin{pmatrix} -1 & -1 & 1 \\ -1 & 1 & 0 \\ 1 & 0 & 1 \end{pmatrix}$, $\begin{pmatrix} 1 & 0 & 0 \\ 0 & 4 & 0 \\ 0 & 0 & 4 \end{pmatrix}$

練習問題 § **2.11**

A

1. (1) $\begin{pmatrix} 1 & -3 \\ 1 & 2 \end{pmatrix}$ により $\begin{pmatrix} -2 & 0 \\ 0 & 3 \end{pmatrix}$ のように対角化される

(2) $\begin{pmatrix} 2 & 1 \\ 1 & 6 \end{pmatrix}$ により $\begin{pmatrix} 4 & 0 \\ 0 & -7 \end{pmatrix}$ のように対角化される　　(3) 対角化されない

(4) $\begin{pmatrix} 1 & -1 & -1 \\ 1 & 1 & 0 \\ 1 & 0 & 1 \end{pmatrix}$ により $\begin{pmatrix} -5 & 0 & 0 \\ 0 & 4 & 0 \\ 0 & 0 & 4 \end{pmatrix}$ のように対角化される

(5) 対角化されない

(6) $\begin{pmatrix} 6 & 1 & -2 \\ -5 & 0 & 1 \\ 8 & -2 & 4 \end{pmatrix}$ により, $\begin{pmatrix} -3 & 0 & 0 \\ 0 & 2 & 0 \\ 0 & 0 & 5 \end{pmatrix}$ のように対角化される

2. $\begin{pmatrix} 0 & 2 & -2 \\ 0 & -2 & 0 \\ -1 & -1 & -1 \end{pmatrix}$

B

1. (1) $\begin{pmatrix} 6 - 5 \cdot 2^n & 3 - 3 \cdot 2^n \\ -10 + 10 \cdot 2^n & -5 + 6 \cdot 2^n \end{pmatrix}$

(2) $\begin{pmatrix} -1 + 2(-3)^n & -1 + (-3)^n & -2 + 2(-3)^n \\ 6(-2)^n - 6(-3)^n & 4(-2)^n - 3(-3)^n & 6(-2)^n - 6(-3)^n \\ 1 - 3(-2)^n + 2(-3)^n & 1 - 2(-2)^n + (-3)^n & 2 - 3(-2)^n + 2(-3)^n \end{pmatrix}$

§ 2.12　　対称行列の対角化

問 **2.21**　(1) $\dfrac{1}{\sqrt{5}} \begin{pmatrix} -2 & 1 \\ 1 & 2 \end{pmatrix}, \begin{pmatrix} -1 & 0 \\ 0 & 4 \end{pmatrix}$ (2) $\begin{pmatrix} -\dfrac{1}{\sqrt{2}} & \dfrac{1}{\sqrt{6}} & \dfrac{1}{\sqrt{3}} \\ 0 & -\dfrac{2}{\sqrt{6}} & \dfrac{1}{\sqrt{3}} \\ \dfrac{1}{\sqrt{2}} & \dfrac{1}{\sqrt{6}} & \dfrac{1}{\sqrt{3}} \end{pmatrix}, \begin{pmatrix} -1 & 0 & 0 \\ 0 & 1 & 0 \\ 0 & 0 & 4 \end{pmatrix}$

練習問題 § **2.12**

A

1. (1) $\dfrac{1}{\sqrt{2}} \begin{pmatrix} -1 & 1 \\ 1 & 1 \end{pmatrix}, \begin{pmatrix} 0 & 0 \\ 0 & -2 \end{pmatrix}$ 　　　　(2) $\dfrac{1}{\sqrt{2}} \begin{pmatrix} 1 & -1 \\ 1 & 1 \end{pmatrix}, \begin{pmatrix} 2 & 0 \\ 0 & 4 \end{pmatrix}$

(3) $\dfrac{1}{\sqrt{5}}\begin{pmatrix} -2 & 1 \\ 1 & 2 \end{pmatrix}$, $\begin{pmatrix} -2 & 0 \\ 0 & 3 \end{pmatrix}$ (4) $\begin{pmatrix} -\dfrac{1}{\sqrt{2}} & \dfrac{1}{\sqrt{2}} & 0 \\ \dfrac{1}{\sqrt{2}} & \dfrac{1}{\sqrt{2}} & 0 \\ 0 & 0 & 1 \end{pmatrix}$, $\begin{pmatrix} -5 & 0 & 0 \\ 0 & 1 & 0 \\ 0 & 0 & 3 \end{pmatrix}$

(5) $P = \begin{pmatrix} \dfrac{1}{\sqrt{5}} & \dfrac{2}{\sqrt{30}} & -\dfrac{2}{\sqrt{6}} \\ 0 & \dfrac{5}{\sqrt{30}} & \dfrac{1}{\sqrt{6}} \\ \dfrac{2}{\sqrt{5}} & -\dfrac{1}{\sqrt{30}} & \dfrac{1}{\sqrt{6}} \end{pmatrix}$, $\begin{pmatrix} -1 & 0 & 0 \\ 0 & -1 & 0 \\ 0 & 0 & 5 \end{pmatrix}$

(6) $P = \begin{pmatrix} \dfrac{1}{\sqrt{2}} & -\dfrac{1}{\sqrt{3}} & -\dfrac{1}{\sqrt{6}} \\ 0 & -\dfrac{1}{\sqrt{3}} & \dfrac{2}{\sqrt{6}} \\ \dfrac{1}{\sqrt{2}} & \dfrac{1}{\sqrt{3}} & \dfrac{1}{\sqrt{6}} \end{pmatrix}$, $\begin{pmatrix} -2 & 0 & 0 \\ 0 & 1 & 0 \\ 0 & 0 & 4 \end{pmatrix}$

2. (1) $\begin{pmatrix} 0 & \dfrac{1}{\sqrt{2}} & 0 & -\dfrac{1}{\sqrt{2}} \\ \dfrac{1}{\sqrt{2}} & 0 & -\dfrac{1}{\sqrt{2}} & 0 \\ \dfrac{1}{\sqrt{2}} & 0 & \dfrac{1}{\sqrt{2}} & 0 \\ 0 & \dfrac{1}{\sqrt{2}} & 0 & \dfrac{1}{\sqrt{2}} \end{pmatrix}$, $\begin{pmatrix} 1 & 0 & 0 & 0 \\ 0 & 1 & 0 & 0 \\ 0 & 0 & -1 & 0 \\ 0 & 0 & 0 & -1 \end{pmatrix}$

(2) $\begin{pmatrix} 0 & -\dfrac{1}{\sqrt{2}} & 0 & \dfrac{1}{\sqrt{2}} \\ \dfrac{1}{\sqrt{2}} & 0 & -\dfrac{1}{\sqrt{2}} & 0 \\ 0 & \dfrac{1}{\sqrt{2}} & 0 & \dfrac{1}{\sqrt{2}} \\ \dfrac{1}{\sqrt{2}} & 0 & \dfrac{1}{\sqrt{2}} & 0 \end{pmatrix}$, $\begin{pmatrix} 4 & 0 & 0 & 0 \\ 0 & 7 & 0 & 0 \\ 0 & 0 & -2 & 0 \\ 0 & 0 & 0 & -5 \end{pmatrix}$

(3) $\dfrac{1}{2}\begin{pmatrix} 1 & -1 & 1 & 1 \\ -\sqrt{2} & 0 & \sqrt{2} & 0 \\ 1 & 1 & 1 & -1 \\ 0 & \sqrt{2} & 0 & \sqrt{2} \end{pmatrix}$, $\begin{pmatrix} -\sqrt{2} & 0 & 0 & 0 \\ 0 & -\sqrt{2} & 0 & 0 \\ 0 & 0 & \sqrt{2} & 0 \\ 0 & 0 & 0 & \sqrt{2} \end{pmatrix}$

B

1. ヒント：A の固有多項式 $F_A(\lambda) = |\lambda E - A| = (\lambda - \lambda_1)(\lambda - \lambda_2)\cdots(\lambda - \lambda_n)$ において，$F_A(0)$ を考えればよい.

2. ヒント：A の固有値 λ と λ に対応する A の固有ベクトル $\boldsymbol{x} \neq \boldsymbol{o}$ について，λ と $\boldsymbol{x}$ を実部と虚部に分けて内積などを考察せよ.

索　引

■あ 行

(i, j) 小行列式 51
(i, j) 成分 13
(i, j) 余因子 52
一意的 6
1 次結合 111
1 次従属 111
1 次独立 111
1 次変換 128
1 の n 乗根 11
位置ベクトル 97
一般解 90
上三角行列 42
上にはき出す 68
n 次の行列式 37
演算について閉じている 3
オイラーの公式 7
同じ型の行列 15

■か 行

階数 77
外積 150
階段行列 74
回転移動 137
解の自由度 82
ガウス平面 6
拡大係数行列 66
簡約階段行列 74
幾何ベクトル 96
基底 118
基本解 90
基本行列 70
基本ベクトル 101
基本ベクトル表示 101
基本変形 64
逆行列 28
逆像 126
逆ベクトル 97
逆写像 127

行 13
行基本変形 64
行ベクトル 14
共役行列 170
共役複素数 3
行列 13
行列式 34, 37
行列に対応する線形写像 ..131
行列の積 18
極形式 7
極表示 7
虚軸 6
虚数 1
虚数単位 1
虚部 2
空間ベクトル 96
空集合 104
グラム-シュミットの直交化法
　　　　　146
クロネッカーの δ 26
係数行列 60
計量ベクトル空間 139
元 1
合成写像 135
交代行列 31
恒等写像 127
固有多項式 157
固有値 156
固有ベクトル 156
固有方程式 157

■さ 行

差 100
サラスの方法 38
三角行列 43
次元 121
下三角行列 43
下にはき出す 68
実行列 14

実軸 6
実線形空間 104
実部 2
実ユニタリ行列 32
自明でない解 88
自明な解 88
写像 125
純虚数 1
順列 35
順列 $(p_1\ p_2\ \cdots\ p_n)$ の符号 36
小行列 66
数ベクトル空間 105
スカラー行列 26
スカラー倍 16, 98
正規直交基底 145
正規直交系 145
斉次連立 1 次方程式 87
生成する部分空間 111
正則行列 28
成分 13
成分表示 98
正方行列 14
絶対値 6
線形空間 104
線形結合 111
線形写像 128
線形写像に対応する行列 ..133
線形変換 128
全射 126
全単射 127
像 125

■た 行

対角化可能 163
対角行列 26
対角成分 25
対称行列 31
代数学の基本定理 12
単位行列 26

単位ベクトル 97, 141
単射 126
重複度 157
直交行列 32
直交系 145
直交する 143
定義 1
定理 4
転置行列 21
転倒数 36
同次連立 1 次方程式 87
ド・モアブルの公式 11

■な 行
内積 139
内積空間 139
なす角 143
任意の 29

■は 行
はき出し法 85

張られる部分空間 111
非自明解 88
ピボット 68
ピボットにてはき出す 69
被約階段行列 74
標準的基底 119
複素行列 14
複素数 1
複素線形空間 104
複素平面 6
部分空間 107
部分集合 107
分割 65
平行 100
平面ベクトル 96
ベクトル 96, 104
ベクトル空間 103
ベクトル積 150
ベクトルの大きさ 96, 141
ベクトルの長さ 96, 141
偏角 6

■ま 行
右手系 150

■や 行
有向線分 96
余因子行列 57
要素 1

■ら 行
ランク 77
零因子 20
零行列 16
零ベクトル 97, 104
列 13
列ベクトル 14

■わ 行
和 15, 98
和空間 109

執筆者一覧

冨田　耕史　名城大学理工学部
（とみた　こうし）

長郷　文和　名城大学理工学部
（ながさと　ふみかず）

日比野　正樹　名城大学理工学部
（ひびの　まさき）

理工系のための [詳解] 線形代数入門
（りこうけい）（しょうかい　せんけいだいすうにゅうもん）

2021 年 10 月 31 日　　第 1 版　第 1 刷　発行
2023 年 2 月 10 日　　第 1 版　第 2 刷　発行

著　　者　　冨田 耕史
　　　　　　長郷 文和
　　　　　　日比野 正樹
発 行 者　　発田 和子
発 行 所　　株式会社　学術図書出版社

〒113−0033　東京都文京区本郷 5 丁目 4 の 6
TEL 03−3811−0889　振替 00110−4−28454
印刷　三美印刷 (株)

定価はカバーに表示してあります.

本書の一部または全部を無断で複写 (コピー)・複製・転載することは，著作権法でみとめられた場合を除き，著作者および出版社の権利の侵害となります. あらかじめ，小社に許諾を求めて下さい.

© 2021　TOMITA K., NAGASATO F., HIBINO M.
Printed in Japan
ISBN 978−4−7806−1067−3　C3041